統計ライブラリー

# 回帰診断

蓑谷千凰彦
［著］

朝倉書店

# まえがき

正規線形回帰モデルを推定した後，均一分散，時系列データであれば自己相関なし，正規性，これらの仮定が成立しているかどうか，定式化ミスはないかどうかを検定することも，広い意味での回帰診断である．本書2章から4章および6章で説明しているのは，このような検定に合格した「正しい」と思われる回帰モデルに対して，回帰診断の方法に期を画したといわれる Belsley et al., *Regression Diagnostics*（1980）以降に展開されてきた回帰診断を適用してモデルの問題点を摘出し，対処する方法である．5章はこれまで行われたことのない微小影響分析の実証分析である．

2章でハット行列，マハラノビスの距離，平方残差率，診断プロットなど外れ値検出のための統計量とグラフを示す．

「正しい」と判断された回帰モデルに，$i$ 番目の観測値削除という「揺らぎ」を与え，この揺らぎに対するモデルの安定性をチェックするのが3章の影響分析である．$i$ 番目の観測値を削除したときの係数推定値およびその分散，被説明変数の推定値，回帰係数の $t$ 値，決定係数への影響を調べる．きわめて大きな影響を与える観測値があれば，観測値自体の精査，もし観測値に問題がなければモデルの安定性に疑念が生ずる．

大きな外れ値や影響点があるとき，この観測値にどう対処するかによって，「正しい」と判断された回帰モデルの推定結果は異なってくる．定式化は同じでもパラメータ推定値が変われば，被説明変数への影響を示す（弾力性などの）回帰係数の意味，予測区間，生存分析であれば危険率（死亡率）も異なってくる．頑健回帰推定も含め，外れ値・影響点への対処をあつかっているのが4章である．

被説明変数 $Y$，説明変数 $X_j$ ともに連続変数のとき，$X_j$ あるいは $Y$ の微小変化に対して，回帰係数 $\beta_j$ の推定値 $\hat{\beta}_j$，$t$ 値，$Y$ の推定値 $\hat{Y}$，決定係数 $R^2$ がどの程度変化するかを分析するのが5章の微小影響分析である．微小影響分析の実証分析はこれまで皆無である．いくつかの応用例によって，微小影響分析は3章の「揺らぎ」に対する影響分析と補完的であることを示す．

6章はロジットモデルの回帰診断である．

以下，各章の概要をもう少し詳細に示す．

1章は2章以降のための予備知識として，証明は省略し，正規線形回帰モデルの主要な結果をまとめた．パラメータ推定，モデルの説明力，仮説検定という3つの目的からの要約である．フリッシュ・ウォフ・ラベルの定理（FWLの定理）は2章以降でも応用し，$X$, $Y$ 両方向の外れ値検出に有用な偏回帰作用点プロットも多用する．均一分散の検定（ブロイシュ・ペーガンテストBP，ホワイトテストW），定式化ミスなしの検定（RESETテスト），正規性の検定（シャピロ・ウィルク検定SW，ジャルク・ベラ検定JB）についても，簡単にではあるが，説明した．

2章は回帰診断の説明である．説明変数の $i$ 番目の観測値（$X_{2i}$, $X_{3i}$, $\cdots$, $X_{ki}$）が $X$ 方向の外れ値ではないかどうかを検定するのが，ハット行列 $\boldsymbol{H}$ の（$i$, $i$）要素 $h_{ii}$ とマハラノビスの距離の2乗である．ハット行列とその性質を2.2節，マハラノビスの距離を2.3節で説明した．2.4節の診断プロットは図による回帰診断である．本書でよく用いるのは $LR$ プロット（leverage-residual plot）である．$X_j$ の非線形変換が必要かどうかを判断する修正 $APR$ プロット（adjusted potential-residual plot）が有用な場合もある．$Y$ 方向の外れ値検出は，平方残差率

$$a_i^2 = 100 \times \frac{e_i^2}{\sum e_j^2}, \quad e = \text{最小 2 乗残差}$$

および（外的）スチューデント化残差 $t_i$ によって判断している．

「正しい」と判断された回帰モデルに「揺らぎ」を与え，モデルの安定性や問題点を精査するという実験を行う．この実験は，$i$ 番目の観測値（$\boldsymbol{x}_i'$, $Y_i$）を削除して推定するという「揺らぎ」であり，これが3章の影響分析である．回帰係数ベクトル $\boldsymbol{\beta}$ の最小2乗推定量 $\hat{\boldsymbol{\beta}}$ への影響力を示すスカラーの尺度がクックの $D$（3.7節），修正クックの $D$ であるアトキンソンの $C$（3.8.1項），ウェルシュの $WL$（3.8.2項）である．個々の $\hat{\beta}_j$ への影響は，$DFBETA_j(i)$，$DFBETAS_j(i)$ によって表すことができる．

外れ値検出にも有効な最小2乗残差を規準化した（内的）スチューデント化残差 $r_i$（3.3.1項），（外的）スチューデント化残差 $t_i$（3.3.2項）を定義し，その特徴を述べ，誤差項の正規性検定に用いられる $t_i$ による正規確率プロットも説明した（3.4節）．3章では，さらに，以下の診断統計量を具体例とともに説明した．

モデルの予測力と *PRESS*, *PRESS* 残差　（3.5節）

$Y$ の推定値 $\hat{Y}$ への影響を示す *DFFITS*　（3.6節）

外れ値検出にも有効なアンドリウス・プレジボンの $1-AP$

$\mathrm{var}(\hat{\boldsymbol{\beta}})$ 推定量への影響を示すスカラーの尺度 *COVRATIO* と $\mathrm{var}(\hat{Y}_i)$ 推定量への影響度を測る *FVARATIO*　（3.10節）

$t$ 値の変化および $R^2$ の変化（3.11節）

4章は外れ値，とくに $Y$ 方向の外れ値への対処の仕方によって，モデルは同じでもパラメータ推定値が異なってくるから，$E(Y)$ や $Y$ の予測区間，生存分析においては危険度（死亡率），生存確率が異なってくることを示す．さらに，$\beta_j$ の推定値 $\hat{\beta}_j$ の $t$ 値，不均一分散，定式化ミス，非正規性という問題が生ずることもある．外れ値への対処は，外れ値の削除（平方残差率 $a_i^2$ が $100\times(3/n)\%$ を超える値，あるいはスチューデント化残差 $|t_i|\geq 3$ の値），あるいは頑健回帰推定が主な方法である．4章の頑健回帰推定は，Collins の $\psi$ 関数を用い，3段階S推定とMM推定のみに限定した（4.2節）．外れ値の削除と予測区間の例は4.3節で示している．

4.4節から4.6節は，肺がん患者の生存日数に関するデータを用いた生存分析である．対数正規分布モデルに頑健回帰推定を適用した．患者128人を9ケースに分類し，それぞれのケースで全データによる推定と頑健回帰推定のパラメータから生存確率と危険度（死亡率）を計算し，比較する．頑健回帰推定や生存分析に対する予備知識は不要である．基本的なことは本文で説明している．

5章は，回帰モデルの被説明変数 $Y$，説明変数 $X_j$ が連続変数のとき，$Y$ あるいは $X_j$ の微小変化に対する $\beta_j$ の推定値 $\hat{\beta}_j$ や $t$ 値の変化を測る微小影響分析である．5.2節から5.4節までが線形回帰モデル，5.5節で非線形回帰モデルをあつかう．ただし，5.5節は微小影響分析の結果のみ導出し，実証分析は行っていない．5章は以下の微小影響分析である．

$\dfrac{\partial\hat{\boldsymbol{\beta}}}{\partial Y_i},\quad i=1,\cdots,n$　（5.3.1項）

$\dfrac{\partial \hat{\boldsymbol{\beta}}}{\partial X_{ji}}$, $j=2, \cdots, k$, $i=1, \cdots, n$ (5.3.2 項)

$\dfrac{\partial \hat{Y}_i}{\partial X_{ji}}$, $j=2, \cdots, k$, $i=1, \cdots, n$ (5.3.3 項)

加重最小 2 乗推定量に対して，$\boldsymbol{x}_i$ の削除あるいは参入による影響分析 (5.3.4 項).

$\dfrac{\partial R^2}{\partial Y_i}$, $i=1, \cdots, n$ (5.3.5 項)

$\dfrac{\partial \boldsymbol{t}}{\partial Y_i}$, $i=1, \cdots, n$ (5.3.6 項)

$\dfrac{\partial \boldsymbol{t}}{\partial X_{ji}}$, $j=2, \cdots, k$, $i=1, \cdots, n$ (5.3.7 項)

微小影響分析は実証分析の例がなく，したがって影響点をいかなる基準で判断するかも議論されたことはない．本書は次の方法によって影響点を検出した(5.4 節).

たとえば，$m, j$ を固定したとき

$$\frac{\partial \hat{\beta}_m}{\partial X_{ji}} = Z_i, \quad i=1, \cdots, n$$

と表し，規準化 $Z_i$ を $SZ_i$ とすると

$$|SZ_i| \geq 2$$

となる $Z_i$ を $X_{ji}$ の $\hat{\beta}_m$ への影響点とした.

もし $SZ_i$ の形状が左すそが厚い，あるいは右すそが厚いという 0 を中心とした非対称性がきわめて強く，あるいは二山分布であれば，この方法による影響点の検出は適切ではない．しかし幸い，いくつかの具体例の $SZ_i$ のカーネル密度関数に示されているように，正規分布にはならないが，0 を中心とする対称性は大きく崩れていない.

このようにして求められた影響点は，もちろん，3 章の $i$ 番目観測値削除によって検出される影響点とは意味が異なる．4 章までの回帰診断，影響分析と微小影響分析を，同じ具体例で比較することによって，両者の相違と類似点が明らかになる．この比較から 4 章までの回帰診断，影響分析と 5 章の微小影響分析は代替的な方法ではなく，補完的な方法であることがわかる.

6 章は，二値変数のロジットモデルの回帰診断である．6.2 節から 6.7 節まで

はロジットモデルの基礎的な説明に充てたので，ロジットモデルに対する予備知識は不要である．ロジットモデルの回帰診断も，1回の推定のみで可能であると述べたのは Pregibon（1981）である．6.8節はプレジボンの近似法を用いて，具体例によりロジットモデルの回帰診断を行っている．$i$ 番目の観測値を削除したときの $\hat{\beta}_j$ の変化

$$DFBETA_j(i) = \hat{\beta}_j - \hat{\beta}_j(i)$$

のプレジボンの方法による近似値を，$i$ 番目の観測値を削除したときの正確な値と比較した結果，近似値の精度は粗く，この近似法は余り信用できないことがわかった（6.9節）．$DFBETA_j(i)$ の近似値にもとづく $SDFBETA_j(i)$ も具体例で示した．

$\hat{\beta}_j$ への影響点は次のようにして求めた．

$i$ 番目の観測値を削除したときの $\hat{\beta}_j - \hat{\beta}_j(i)$ の正確な値を $DIFB_j(i)$ と表すと，$DIFB_j(i)$ を各 $j$ について，$i=1$ から $n$ までの平均と標準偏差を用いて規準化し，それを $SDIFB_j(i)$ とし，$|SDIFB_j(i)| \geq 2$ となる観測値 $i$ を $\hat{\beta}_j$ への影響点とした．

$i$ 番目の観測値削除によるロジットモデルの推定は，簡単なプログラムを組めば可能であるから，プレジボンの方法による $\hat{\beta}_j - \hat{\beta}_j(i)$ の近似法は用いない方がよい．ロジットモデルの説明変数に連続変数があるときの微小影響分析は6.10節で説明した．

本書『回帰診断』は，昨年刊行の『頑健回帰推定』（朝倉書店）と補完的な関係にある．とくに，本書4章では Collins の $\psi$ 関数による3段階S推定と MM 推定のみ用いたが，その他の $\psi$ 関数，頑健回帰推定法に関する詳細は『頑健回帰推定』を参照されたい．

最後になりましたが，本書も企画の段階から始まって，構成・内容・編集，ゲラの校正と，朝倉書店編集部の方々にお世話になったことを記し，御礼申し上げます．

2017年2月

蓑谷千凰彦

# 目　　次

# 1

# 正規線形回帰モデルにおける最小2乗法の主要な結果

## 1.1 は じ め に

2章以降で説明する回帰診断の準備として，本章で最小2乗法の主要な結果を，証明は省略して，重要な事項のみ述べる．

正規線形回帰モデルの諸仮定と意味を説明し（1.2節），パラメータ推定と最小2乗残差の性質を1.3節で述べる．回帰係数$\boldsymbol{\beta}$の最小2乗推定量（1.3.1項），最小2乗残差の性質（1.3.2項），誤差分散$\sigma^2$の推定（1.3.3項），$\hat{\boldsymbol{\beta}}$の特性（1.3.4項），$s^2$の特性（1.3.5項）である．

1.4節は$\hat{\beta}_j$（偏回帰推定量）の意味を説明し，1.5節でフリッシュ・ウォフ・ラベルの定理（FWLの定理）と，ダミー変数を用いる観測値除去の方法を応用例として示す．1.4節，1.5節と関連ある偏回帰作用点プロットと具体例を1.6節に示す．2章以降においても偏回帰作用点プロットを多用する．

1.7節でモデルの説明力を表す統計量として，決定係数（1.7.1項）．自由度修正済み決定係数（1.7.2項），赤池情報量基準（AIC），シュワルツ・ベイズ情報量基準（SBIC）を説明した．

1.8節は仮説検定を，個々の回帰係数$=0$の検定（1.8.1項），回帰係数$\boldsymbol{\beta}$に関する線形制約の検定（1.8.2項）に分けて説明した．

本書で用いている均一分散の検定，ブロイシュ・ペーガンテスト（BP）とホワイトテスト（W）を1.9節，定式化ミスの検定RESETを1.10節，正規性の検定としてシャピロ・ウィルクテスト（SW），ジャルク・ベラテスト（JB）を1.11節で，簡単にではあるが，概要を示した．

## 1.2 線形回帰モデルと諸仮定

線形回帰モデルを

$$Y_i = \beta_1 + \beta_{2i} X_{2i} + \cdots + \beta_k X_{ki} + u_i, \quad i = 1, \cdots, n \tag{1.1}$$

とする．$Y_i$ は $i$ 番目の被説明変数，$X_{ji}$ は説明変数 $j$ の $i$ 番目，$u_i$ は $i$ 番目の誤差項を示す．$i=1, \cdots, n$ について（1.1）式が成立するとすれば

$$\begin{aligned} Y_1 &= \beta_1 + \beta_2 X_{21} + \cdots + \beta_k X_{k1} + u_1 \\ Y_2 &= \beta_1 + \beta_2 X_{22} + \cdots + \beta_k X_{k2} + u_2 \\ &\vdots \\ Y_n &= \beta_1 + \beta_2 X_{2n} + \cdots + \beta_k X_{kn} + u_n \end{aligned}$$

である．いま

$$\boldsymbol{y} = \begin{bmatrix} Y_1 \\ Y_2 \\ \vdots \\ Y_n \end{bmatrix}, \quad \boldsymbol{X} = \begin{bmatrix} 1 & X_{21} & \cdots & X_{k1} \\ 1 & X_{22} & \cdots & X_{k2} \\ \vdots & \vdots & & \vdots \\ 1 & X_{2n} & \cdots & X_{kn} \end{bmatrix}, \quad \boldsymbol{\beta} = \begin{bmatrix} \beta_1 \\ \beta_2 \\ \vdots \\ \beta_k \end{bmatrix}, \quad \boldsymbol{u} = \begin{bmatrix} u_1 \\ u_2 \\ \vdots \\ u_n \end{bmatrix}$$

とすれば，この線形回帰モデルは

$$\boldsymbol{y} = \boldsymbol{X\beta} + \boldsymbol{u} \tag{1.2}$$

と表すことができる．

古典的正規線形回帰モデルとは，いいかえれば理想的なモデルであり，次の諸仮定が成立する場合である．

（1）　$E(\boldsymbol{u}) = \boldsymbol{0}$

（2）　$E(\boldsymbol{uu}') = \sigma^2 \boldsymbol{I}$

　　　$\boldsymbol{I}$ は $n \times n$ の単位行列

（3）　$u_i$ は正規分布に従う

（4）　$\boldsymbol{X}$ は所与

$$\mathrm{rank}(\boldsymbol{X}) = k < n$$

$$\lim_{n\to\infty} \frac{\boldsymbol{X}'\boldsymbol{X}}{n} = \boldsymbol{Q} \neq \boldsymbol{0}, \quad \boldsymbol{Q} \text{ は非特異行列}$$

仮定（2）は $u_i$ が自己相関なし，均一分散 $\sigma^2$ をもつということを表している．さらに仮定（3）より $u_i$ が正規分布に従えば自己相関なし（$u_i$ の共分散 0）とい

う仮定は $u_i$ の独立を意味する.

仮定（4）の $\boldsymbol{X}$ 所与は説明変数 $X_{ji}$, $j=2, \cdots, k$ のなかに $Y_i$ と同時決定される変数はなく，$X_{ji}$ は確率変数であってもその値は所与である，ということを意味する．したがって正確には，たとえば $\boldsymbol{y}$ の期待値は $E(\boldsymbol{y}|\boldsymbol{x})$ と書くべきであるが，以下簡単に $E(\boldsymbol{y})$ と表す.

$\mathrm{rank}(\boldsymbol{X})=k$ は（1.2）式の $\boldsymbol{X}$ の $k$ 本の列ベクトルが 1 次独立，いいかえれば $k$ 個の説明変数間に，たとえば

$$X_{ki}=\gamma_1+\gamma_2 X_{2i}+\cdots+\gamma_{k-1}X_{k-1,i}$$

のような厳密な線形関係はない，という仮定である.

$\lim\limits_{n\to\infty}\dfrac{\boldsymbol{X}'\boldsymbol{X}}{n}=\boldsymbol{Q}$ の仮定は，時系列データであれば，$X_{ji}$, $j=2, \cdots, k$, $i=1, \cdots, n$ が定常過程に従っており，非定常過程ではない，ということを意味する.

## 1.3　パラメータ推定と最小 2 乗残差の性質

（1.1）式の未知パラメータは回帰係数 $\boldsymbol{\beta}$ と誤差項の分散 $\sigma^2$ である.

### 1.3.1　$\boldsymbol{\beta}$ の最小 2 乗推定量

$\boldsymbol{\beta}$ の最小 2 乗推定量 ordinary least squares estimator（OLSE）は次式で与えられる.

$$\hat{\boldsymbol{\beta}}=(\boldsymbol{X}'\boldsymbol{X})^{-1}\boldsymbol{X}'\boldsymbol{y} \tag{1.3}$$

もし $k=n$ で $\mathrm{rank}(\boldsymbol{X})=k$ ならば $\boldsymbol{X}$ は $k\times k$ の正方行列になり，逆行列をもち，（1.3）式より

$$\hat{\boldsymbol{\beta}}=\boldsymbol{X}^{-1}\boldsymbol{y}$$

を得る．このときモデル（1.1）式からの $\boldsymbol{y}$ の推定値 $\hat{\boldsymbol{y}}=\boldsymbol{X}\hat{\boldsymbol{\beta}}=\boldsymbol{y}$, したがって最小 2 乗残差 $\boldsymbol{e}=\boldsymbol{y}-\hat{\boldsymbol{y}}=\boldsymbol{0}$ となる．これは完全決定といわれる場合であり，自由度 $n-k=0$ のとき，決定係数 $=1$ となることを示す.

1.2 節の仮定（1）～（4）のもとで，$\boldsymbol{\beta}$ の OLSE は最尤推定量 maximum likelihood estimator（MLE）に等しい.

### 1.3.2　最小 2 乗残差の性質

最小 2 乗残差 $\boldsymbol{e}$ の主要な性質をみておこう.

$$\boldsymbol{e}=\boldsymbol{y}-\hat{\boldsymbol{y}}=\boldsymbol{y}-\boldsymbol{X}\hat{\boldsymbol{\beta}}=\boldsymbol{y}-\boldsymbol{X}(\boldsymbol{X}'\boldsymbol{X})^{-1}\boldsymbol{X}'\boldsymbol{y}$$
$$=\left[\boldsymbol{I}-\boldsymbol{X}(\boldsymbol{X}'\boldsymbol{X})^{-1}\boldsymbol{X}'\right]\boldsymbol{y}=\boldsymbol{M}\boldsymbol{y}$$

ここで

$$\boldsymbol{M}=\boldsymbol{I}-\boldsymbol{X}(\boldsymbol{X}'\boldsymbol{X})^{-1}\boldsymbol{X}' \tag{1.4}$$

である. この

$$\boldsymbol{e}=\boldsymbol{M}\boldsymbol{y} \tag{1.5}$$

すなわち $\boldsymbol{y}$ に左から (1.4) 式で定義される $\boldsymbol{M}$ をかけると, これは, $\boldsymbol{y}$ の $\boldsymbol{X}$ への線形回帰を行ったときの残差を示すことに注目しよう. (1.4) 式の $\boldsymbol{M}$ は

$$\boldsymbol{M}=\boldsymbol{M}'$$
$$\boldsymbol{M}=\boldsymbol{M}^2 \tag{1.6}$$

を満たす行列, すなわち, 対称でベキ等な行列である. また

$$\boldsymbol{M}\boldsymbol{X}=\boldsymbol{0} \tag{1.7}$$

であるから

$$\boldsymbol{e}=\boldsymbol{M}\boldsymbol{y}=\boldsymbol{M}(\boldsymbol{X}\boldsymbol{\beta}+\boldsymbol{u})=\boldsymbol{M}\boldsymbol{u} \tag{1.8}$$

と表すこともできる.

定数項をもつモデルのとき, すべての要素が 1 の $n\times1$ ベクトルを $\boldsymbol{i}$, 残りの説明変数から作られる $n\times(k-1)$ 行列を $\boldsymbol{X}_2$ とすると

$$\boldsymbol{X}=(\boldsymbol{i}\quad \boldsymbol{X}_2)$$

と分割できるから, (1.7) 式より

$$\boldsymbol{M}\boldsymbol{i}=\boldsymbol{0}$$
$$\boldsymbol{M}\boldsymbol{X}_2=\boldsymbol{0}$$

が得られる.

最小 2 乗残差 $\boldsymbol{e}$ の性質を以下結果のみ示す.

(1)　$\boldsymbol{X}'\boldsymbol{e}=\boldsymbol{0}$

(2)　$\boldsymbol{e}'\hat{\boldsymbol{y}}=0$

(3)　$E(\boldsymbol{e})=\boldsymbol{0}$

(4)　$\mathrm{var}(\boldsymbol{e})=\sigma^2\boldsymbol{M}$

(5)　$\boldsymbol{e}\sim N(\boldsymbol{0},\sigma^2\boldsymbol{M})$

すなわち $e_1, \cdots, e_n$ は独立でなく，均一分散でもない．

ベキ等行列 $\boldsymbol{M}$ は

$$\boldsymbol{M}=\boldsymbol{I}-\boldsymbol{H}$$
$$\boldsymbol{H}=\boldsymbol{X}(\boldsymbol{X}'\boldsymbol{X})^{-1}\boldsymbol{X}'$$

と表されることもある．このとき

$$\mathrm{var}(\boldsymbol{e})=\sigma^2(\boldsymbol{I}-\boldsymbol{H}) \tag{1.9}$$

と表すこともできる．要素 $e_i$ の分散のみを示せば

$$\begin{aligned}\mathrm{var}(e_i)&=\sigma^2(1-h_{ii})\\ \mathrm{cov}(e_i, e_j)&=-\sigma^2 h_{ij}, \quad i \neq j\end{aligned} \tag{1.10}$$

である．$h_{ii}$ は $\boldsymbol{H}$ の $(i, i)$ 要素，$h_{ij}$ は $(i, j)$ 要素を表す．

行列 $\boldsymbol{H}$ は

$$\hat{\boldsymbol{y}}=\boldsymbol{X}\hat{\boldsymbol{\beta}}=\boldsymbol{X}(\boldsymbol{X}'\boldsymbol{X})^{-1}\boldsymbol{X}'\boldsymbol{y}=\boldsymbol{H}\boldsymbol{y}$$

と $\boldsymbol{y}$ に左から $\boldsymbol{H}$ をかけると $\hat{\boldsymbol{y}}$（ワイハットと読む）を与えるので，ハット行列とよばれる．$\boldsymbol{H}$ も

$$\boldsymbol{H}'=\boldsymbol{H}, \quad \boldsymbol{H}^2=\boldsymbol{H}$$

を満たす対称・ベキ等行列である．

また，(1.10) 式より

$$\frac{e_i}{\sigma(1-h_{ii})^{\frac{1}{2}}} \tag{1.11}$$

が残差 $e_i$ を規準化することがわかる．

### 1.3.3 $\boldsymbol{\sigma}^2$ の推定

$\sigma^2$ の不偏推定量は，残差平方和を $e_1, \cdots, e_n$ の自由度 $n-k$ で割った

$$s^2=\frac{\sum e^2}{n-k} \tag{1.12}$$

である．

この不偏推定量は

$$E(\boldsymbol{e}'\boldsymbol{e})=(n-k)\sigma^2$$

より得られる．

### 1.3.4　$\hat{\boldsymbol{\beta}}$ の特性

$\boldsymbol{\beta}$ の OSLE である $\hat{\boldsymbol{\beta}}$ の特性と，その特性が成立するために必要な仮定を示す．

(1)　$\hat{\boldsymbol{\beta}}$ は $\boldsymbol{\beta}$ の不偏推定量である．

すなわち

$$E(\hat{\boldsymbol{\beta}})=\boldsymbol{\beta}$$

が成り立つ．この不偏性は 1.2 節の仮定 (1) と (4) が満たされれば成立する．

(2)　$\hat{\boldsymbol{\beta}}$ は $\boldsymbol{\beta}$ の最良線形不偏推定量 best linear unbiased estimator (BLUE) である（ガウス・マルコフの定理 Gauss-Markov's theorem）．

まず，$\hat{\boldsymbol{\beta}}$ の共分散行列は次式で与えられる．

$$\mathrm{var}(\hat{\boldsymbol{\beta}})=\sigma^2(\boldsymbol{X}'\boldsymbol{X})^{-1} \tag{1.13}$$

いま，$\boldsymbol{y}$ に関して線形である $\boldsymbol{\beta}$ の任意の不偏推定量を

$$\tilde{\boldsymbol{\beta}}=\boldsymbol{C}\boldsymbol{y}$$

$$\boldsymbol{C}=(\boldsymbol{X}'\boldsymbol{X})^{-1}\boldsymbol{X}'+\boldsymbol{D}$$

とおく．$\boldsymbol{C}$ は $k\times n$ の行列である．このとき

$$\mathrm{var}(\hat{\boldsymbol{\beta}})=\mathrm{var}(\tilde{\boldsymbol{\beta}})+\sigma^2\boldsymbol{D}\boldsymbol{D}'$$

となり，$k\times k$ 行列 $\boldsymbol{D}\boldsymbol{D}'$ は正値半定符号であるから，$\hat{\boldsymbol{\beta}}$ は $\tilde{\boldsymbol{\beta}}$ より有効性 efficiency が高い．

このガウス・マルコフの定理は，1.2 節の仮定 (1)，(2)，(4) が満たされれば成立する．さらに，仮定 (3) の正規性が満たされると，$\hat{\boldsymbol{\beta}}$ は次の特性をもつ．

(3)　$\hat{\boldsymbol{\beta}}$ は $\boldsymbol{\beta}$ の最小分散不偏推定量 minimum variance unbiased estimator (MVUE) である．有効推定量といわれることもある．

$\boldsymbol{\theta}'=(\boldsymbol{\beta},\sigma^2)'$ とおき，$\boldsymbol{\theta}$ の不偏推定量を $\hat{\boldsymbol{\theta}}$ とすると

$$\mathrm{var}(\hat{\boldsymbol{\theta}})-\boldsymbol{I}(\boldsymbol{\theta})^{-1}\ \text{は正値半定符号}$$

$$\mathrm{var}(\hat{\boldsymbol{\theta}})\geq\boldsymbol{I}(\boldsymbol{\theta})^{-1} \tag{1.14}$$

と表されることもある．この不等式はクラメール・ラオの不等式 Cramér-Rao inequality とよばれる．

ここで $\boldsymbol{I}(\boldsymbol{\theta})$ はフィッシャーの情報行列 information matrix であり

$$\boldsymbol{I}(\boldsymbol{\theta})=-E\left(\frac{\partial^2\log L}{\partial\boldsymbol{\theta}\partial\boldsymbol{\theta}'}\right)$$

$$\log L=-\frac{n}{2}\log(2\pi)-\frac{n}{2}\log\sigma^2-\frac{1}{2\sigma^2}(\boldsymbol{y}-\boldsymbol{X}\boldsymbol{\beta})'(\boldsymbol{y}-\boldsymbol{X}\boldsymbol{\beta})$$

である.

したがって

$$I(\boldsymbol{\theta})=\begin{bmatrix}\dfrac{1}{\sigma^2}(\boldsymbol{X}'\boldsymbol{X}) & 0 \\ 0 & \dfrac{n}{2\sigma^4}\end{bmatrix}$$

$$I(\boldsymbol{\theta})^{-1}=\begin{bmatrix}\sigma^2(\boldsymbol{X}'\boldsymbol{X})^{-1} & 0 \\ 0 & \dfrac{2\sigma^4}{n}\end{bmatrix} \tag{1.15}$$

が得られる.

$I(\boldsymbol{\theta})^{-1}$ の $\sigma^2(\boldsymbol{X}'\boldsymbol{X})^{-1}=\mathrm{var}(\hat{\boldsymbol{\beta}})$ であり, (1.13)式で与えられる $\mathrm{var}(\hat{\boldsymbol{\beta}})$ はクラメール・ラオの下限に等しい. すなわち $\hat{\boldsymbol{\beta}}$ は $\boldsymbol{\beta}$ の MVUE である.

(4)　$u$ が正規分布しなくても, $\hat{\boldsymbol{\beta}}$ の漸近的分布は正規分布となり, $\hat{\boldsymbol{\beta}}$ は漸近的有効性をもつ.

すなわち

$$\sqrt{n}(\hat{\boldsymbol{\beta}}-\boldsymbol{\beta}) \xrightarrow{d} N(\boldsymbol{0}, \sigma^2\boldsymbol{Q}^{-1})$$

ここで

$$\boldsymbol{Q}^{-1}=\lim_{n\to\infty}\left(\frac{\boldsymbol{X}'\boldsymbol{X}}{n}\right)^{-1}$$

である.

(5)　$\hat{\boldsymbol{\beta}}$ は $\boldsymbol{\beta}$ の一致推定量である.

$$\operatorname*{plim}_{n\to\infty}\hat{\boldsymbol{\beta}}=\boldsymbol{\beta}$$

あるいは

$$\hat{\boldsymbol{\beta}} \xrightarrow{p} \boldsymbol{\beta}$$

と表される.

### 1.3.5　$s^2$ の特性

(1.12) 式で与えられる $s^2$ の特性を以下に示す.

(1)　$s^2$ は $\sigma^2$ の不偏推定量である.

$$E(s^2)=\sigma^2$$

(2)　$s^2$ は $\sigma^2$ の最小ノルム2次不偏推定量 minimum norm quadratic unbiased estimator (MINQUE) である．MINQUE とは $\sigma^2$ の任意の2次不偏推定量を

$$\tilde{\sigma}^2=\boldsymbol{y}'\boldsymbol{A}\boldsymbol{y},\quad \boldsymbol{A}\text{ は } n\times n \text{ の正値半定符号行列}$$

とするとき，行列 $\boldsymbol{A}=\{a_{ij}\}$ のノルム

$$\|\boldsymbol{A}\|=\left(\sum_{i=1}^{n}\sum_{j=1}^{n}a_{ij}^2\right)^{\frac{1}{2}}=\left[\mathrm{tr}(\boldsymbol{A}\boldsymbol{A}')\right]^{\frac{1}{2}}$$

を最小にする推定量である．

$$\boldsymbol{A}=\frac{\boldsymbol{M}}{n-k}$$

となるから，$s^2$ は $\sigma^2$ の MINQUE である．$\boldsymbol{M}$ は (1.4) 式である．MINQUE の証明に $u$ の正規分布の仮定は不要である．$u$ が正規分布すれば，$s^2$ はさらに次の性質をもつ．

(3)　$s^2$ は $\sigma^2$ の最良2次不偏推定量 best quadratic unbiased estimator (BQUE) である．BQUE とは $\boldsymbol{y}$ に関して2次の $\sigma^2$ の不偏推定量

$$\tilde{\sigma}^2=\boldsymbol{y}'\boldsymbol{A}\boldsymbol{y},\quad \boldsymbol{A}\text{ は正値半定符号}$$

$$E(\tilde{\sigma}^2)=\sigma^2$$

のクラスのなかで $\mathrm{var}(\tilde{\sigma}^2)$ が最小となる推定量である．$\boldsymbol{u}\sim\mathrm{NID}(\boldsymbol{0},\sigma^2\boldsymbol{I})$ のとき，$s^2$ は $\sigma^2$ の BQUE である．

## 1.4　偏回帰係数推定量の意味

(1.1) 式の偏回帰係数 $\beta_j$ の OLSE である $\hat{\beta}_j$ が有している意味を示す．

(1.2) 式を

$$\boldsymbol{y}=\boldsymbol{X}\boldsymbol{\beta}+\boldsymbol{u}=(\boldsymbol{X}_1\ \ \boldsymbol{X}_2)\begin{pmatrix}\boldsymbol{\beta}_1\\ \boldsymbol{\beta}_2\end{pmatrix}+\boldsymbol{u}$$

$$=\boldsymbol{X}_1\boldsymbol{\beta}_1+\boldsymbol{X}_2\boldsymbol{\beta}_2+\boldsymbol{u} \tag{1.16}$$

と表す．ここで $\boldsymbol{X}_1$ は $n\times k_1$，$\boldsymbol{X}_2$ は $n\times k_2$，$\boldsymbol{\beta}_1$ は $k_1\times 1$，$\boldsymbol{\beta}_2$ は $k_2\times 1$，$k_1+k_2=k$ である．

$$\boldsymbol{X}'\boldsymbol{X}=\begin{bmatrix}\boldsymbol{X}_1'\\ \boldsymbol{X}_2'\end{bmatrix}[\boldsymbol{X}_1\ \ \boldsymbol{X}_2]=\begin{bmatrix}\boldsymbol{X}_1'\boldsymbol{X}_1 & \boldsymbol{X}_1'\boldsymbol{X}_2\\ \boldsymbol{X}_2'\boldsymbol{X}_1 & \boldsymbol{X}_2'\boldsymbol{X}_2\end{bmatrix}$$

となるから

$$(\boldsymbol{X}'\boldsymbol{X})^{-1}=\begin{bmatrix}\boldsymbol{X}_1'\boldsymbol{X}_1 & \boldsymbol{X}_1'\boldsymbol{X}_2\\ \boldsymbol{X}_2'\boldsymbol{X}_1 & \boldsymbol{X}_2'\boldsymbol{X}_2\end{bmatrix}^{-1}$$

に分割行列の逆行列を求める方法を適用し，(1.16) 式の $\boldsymbol{\beta}_1$, $\boldsymbol{\beta}_2$ の OLSE は，それぞれ次式のように表すことができる．

$$\hat{\boldsymbol{\beta}}_1=(\boldsymbol{X}_1'\boldsymbol{M}_2\boldsymbol{X}_1)^{-1}\boldsymbol{X}_1'\boldsymbol{M}_2\boldsymbol{y}=\left[(\boldsymbol{M}_2\boldsymbol{X}_1)'(\boldsymbol{M}_2\boldsymbol{X}_1)\right]^{-1}(\boldsymbol{M}_2\boldsymbol{X}_1)'(\boldsymbol{M}_2\boldsymbol{y}) \quad (1.17)$$

$$\hat{\boldsymbol{\beta}}_2=(\boldsymbol{X}_2'\boldsymbol{M}_1\boldsymbol{X}_2)^{-1}\boldsymbol{X}_2'\boldsymbol{M}_1\boldsymbol{y}=\left[(\boldsymbol{M}_1\boldsymbol{X}_2)'(\boldsymbol{M}_1\boldsymbol{X}_2)\right]^{-1}(\boldsymbol{M}_1\boldsymbol{X}_2)'(\boldsymbol{M}_1\boldsymbol{y}) \quad (1.18)$$

ここで

$$\boldsymbol{M}_1=\boldsymbol{I}-\boldsymbol{X}_1(\boldsymbol{X}_1'\boldsymbol{X}_1)^{-1}\boldsymbol{X}_1'$$
$$\boldsymbol{M}_2=\boldsymbol{I}-\boldsymbol{X}_2(\boldsymbol{X}_2'\boldsymbol{X}_2)^{-1}\boldsymbol{X}_2'$$

である．$\boldsymbol{M}_1$, $\boldsymbol{M}_2$ ともに対称・ベキ等行列である．

まず (1.17) 式の

$\boldsymbol{M}_2\boldsymbol{X}_1=\boldsymbol{X}_1$ の $\boldsymbol{X}_2$ への線形回帰における OLS 残差

$\boldsymbol{M}_2\boldsymbol{y}=\boldsymbol{y}$ の $\boldsymbol{X}_2$ への線形回帰における OLS 残差

である．いいかえれば，$\boldsymbol{y}$ から $\boldsymbol{X}_2$ の線形関数によって説明できる部分を除いた残りが $\boldsymbol{M}_2\boldsymbol{y}$ であり，$\boldsymbol{M}_2\boldsymbol{X}_1$ も同様である．$\hat{\boldsymbol{\beta}}_1$ はこの $\boldsymbol{M}_2\boldsymbol{y}$ の $\boldsymbol{M}_2\boldsymbol{X}_1$ への線形回帰を行ったときの係数推定量である．

同様に，(1.18) 式は，$\boldsymbol{y}$ および $\boldsymbol{X}_2$ から $\boldsymbol{X}_1$ の線形の影響を除去した上での，$\boldsymbol{X}_2$ の $\boldsymbol{y}$ への係数推定値を与える．

いま，$\boldsymbol{X}_1$ を説明変数 $X_j$ のみからなる $n\times1$ ベクトル，$\boldsymbol{\beta}_1$ をスカラー $\beta_j$, $\boldsymbol{X}_2$ を定数項 $+X_j$ 以外の説明変数行列とすれば，$\hat{\beta}_j$ は $Y$ および $X_j$ 双方から，$X_j$ 以外の定数項を含む説明変数の線形の影響を除去した後の，$X_j$ の $Y$ への影響を示すパラメータ推定値であることがわかる．

## 1.5 FWL の定理

フリッシュ・ウォフ・ラベル Frisch-Waugh-Lovell の定理（FWL の定理）を述べる．

(1.16) 式の両辺に左から $\boldsymbol{M}_2$ を掛け，$\boldsymbol{M}_2\boldsymbol{X}_2=\boldsymbol{0}$ に注意すれば次式を得る．

$$\boldsymbol{M}_2\boldsymbol{y}=\boldsymbol{M}_2\boldsymbol{X}_1\boldsymbol{\beta}_1+\boldsymbol{M}_2\boldsymbol{u} \quad (1.19)$$

(1.16) 式の両辺に左から $\boldsymbol{M}_1$ を掛け，$\boldsymbol{M}_1\boldsymbol{X}_1=\boldsymbol{0}$ であるから次式を得る．

$$\boldsymbol{M}_1\boldsymbol{y}=\boldsymbol{M}_1\boldsymbol{X}_2\boldsymbol{\beta}_2+\boldsymbol{M}_1\boldsymbol{u} \quad (1.20)$$

(1.16) 式の $\boldsymbol{\beta}_1$, $\boldsymbol{\beta}_2$ の OLSE をそれぞれ $\hat{\boldsymbol{\beta}}_1$, $\hat{\boldsymbol{\beta}}_2$, (1.19) 式の $\boldsymbol{\beta}_1$ の OLSE を

$\boldsymbol{b}_1$,（1.20）式の $\boldsymbol{\beta}_2$ の OLSE を $\boldsymbol{b}_2$ とする．FWL の定理は次の２つから成る．

(1)　$\hat{\boldsymbol{\beta}}_1 = \boldsymbol{b}_1,\quad \hat{\boldsymbol{\beta}}_2 = \boldsymbol{b}_2$

(2)　(1.16）式の OLS 残差 =（1.19）式の OLS 残差 =（1.20）式の OLS 残差

(1) は（1.17）式と（1.19）式への OLS,（1.18）式と（1.20）式への OLS を対応させれば明らかであろう．

(2) の（1.16）式の残差 =（1.19）式の OLS 残差の証明は以下の通りである．(1.16）式の OLS 残差を $\boldsymbol{e}$，推定値を $\hat{\boldsymbol{y}}$ とすると

$$\begin{aligned}\boldsymbol{M}_2\boldsymbol{y} &= \boldsymbol{M}_2(\hat{\boldsymbol{y}}+\boldsymbol{e}) = \boldsymbol{M}_2(\boldsymbol{X}_1\hat{\boldsymbol{\beta}}_1 + \boldsymbol{X}_2\hat{\boldsymbol{\beta}}_2 + \boldsymbol{e}) = \boldsymbol{M}_2\boldsymbol{X}_1\hat{\boldsymbol{\beta}}_1 + \boldsymbol{M}_2\boldsymbol{e}\\ &= \boldsymbol{M}_2\boldsymbol{X}_1\boldsymbol{b}_1 + \boldsymbol{M}_2\boldsymbol{M}\boldsymbol{y}\end{aligned}$$

$(\boldsymbol{M}_2\boldsymbol{X}_2 = \boldsymbol{0},\ \hat{\boldsymbol{\beta}}_1 = \boldsymbol{b}_1,\ \boldsymbol{e} = \boldsymbol{M}\boldsymbol{y}$ を使用$)$

さらに

$$\boldsymbol{M}_2\boldsymbol{M} = \left[\boldsymbol{I} - \boldsymbol{X}_2(\boldsymbol{X}_2'\boldsymbol{X}_2)^{-1}\boldsymbol{X}_2'\right]\boldsymbol{M} = \boldsymbol{M} \quad (\because \boldsymbol{X}_2'\boldsymbol{M} = \boldsymbol{0})$$

であるから

$$\boldsymbol{M}_2\boldsymbol{y} = \boldsymbol{M}_2\boldsymbol{X}_1\boldsymbol{b}_1 + \boldsymbol{M}\boldsymbol{y}$$

となる．上式の

$\boldsymbol{M}_2\boldsymbol{y} - \boldsymbol{M}_2\boldsymbol{X}_1\boldsymbol{b}_1 =$（1.19）式の OLS 残差

$\boldsymbol{M}\boldsymbol{y} =$（1.16）式の OLS 残差

であるから FWL の定理の（2）の前半が得られた．定理の（2）の後半も同様にして得られる．

FWL の定理の応用例として，3 章以降で用いるダミー変数による観測値除去の方法を示そう．

**▶例 1.1　ダミー変数による観測値除去**

モデルを

$$\underset{n\times 1}{\boldsymbol{y}} = \underset{n\times k}{\boldsymbol{X}}\underset{k\times 1}{\boldsymbol{\beta}} + \underset{n\times 1}{\boldsymbol{d}_i}\underset{1\times 1}{\gamma} + \underset{n\times 1}{\boldsymbol{u}} \tag{1.21}$$

とする．ここで $\boldsymbol{d}_i$ は $i$ 番目の要素のみ 1，その他は 0 の $n\times 1$ ベクトルである．したがって

$$\boldsymbol{d}_i'\boldsymbol{d}_i = 1,\quad \boldsymbol{d}_i'\boldsymbol{y} = Y_i$$

となる．

(1.21) 式は，(1.16) 式で

$$\boldsymbol{X}_1=\boldsymbol{d}_i,\quad \boldsymbol{X}_2=\boldsymbol{X}$$

と考えれば

$$\boldsymbol{M}_1=\boldsymbol{I}-\boldsymbol{d}_i(\boldsymbol{d}_i'\boldsymbol{d}_i)^{-1}\boldsymbol{d}_i'=\boldsymbol{I}-\boldsymbol{d}_i\boldsymbol{d}_i'$$

したがって

$$\boldsymbol{M}_1\boldsymbol{y}=(\boldsymbol{I}-\boldsymbol{d}_i\boldsymbol{d}_i')\boldsymbol{y}=\boldsymbol{y}-\boldsymbol{d}_iY_i$$

$$=\begin{bmatrix} Y_1 \\ \vdots \\ Y_i \\ \vdots \\ Y_n \end{bmatrix}-\begin{bmatrix} 0 \\ \vdots \\ Y_i \\ \vdots \\ 0 \end{bmatrix}=\begin{bmatrix} Y_1 \\ \vdots \\ 0 \\ \vdots \\ Y_n \end{bmatrix}\quad (i\text{ 番目})$$

となり，同様に次の結果が得られる．

$$\boldsymbol{M}_1\boldsymbol{X}=\begin{bmatrix} 1 & X_{21} & \cdots & X_{k1} \\ \vdots & \vdots & & \vdots \\ 0 & 0 & \cdots & 0 \\ \vdots & \vdots & & \vdots \\ 1 & X_{2n} & \cdots & X_{kn} \end{bmatrix}\quad (i\text{ 番目})$$

次に，(1.21) 式の両辺に左から $\boldsymbol{M}_1$ を掛け，$\boldsymbol{M}_1\boldsymbol{d}_i=[\boldsymbol{I}-\boldsymbol{d}_i(\boldsymbol{d}_i'\boldsymbol{d}_i)^{-1}\boldsymbol{d}_i']\boldsymbol{d}_i=\boldsymbol{d}_i-\boldsymbol{d}_i=\boldsymbol{0}$ に注意すれば

$$\boldsymbol{M}_1\boldsymbol{y}=\boldsymbol{M}_1\boldsymbol{X}\boldsymbol{\beta}+\boldsymbol{M}_1\boldsymbol{u}$$

となる．

上式の $\boldsymbol{\beta}$ の OLSE は，次式で与えられる．

$$\hat{\boldsymbol{\beta}}=\left[(\boldsymbol{M}_1\boldsymbol{X})'(\boldsymbol{M}_1\boldsymbol{X})\right]^{-1}(\boldsymbol{M}_1\boldsymbol{X})'\boldsymbol{M}_1\boldsymbol{y}$$

ところが $i$ 番目の観測値を除いた被説明変数ベクトルを

$$\underset{(n-1)\times 1}{\boldsymbol{y}(i)}=\begin{bmatrix} Y_1 \\ \vdots \\ Y_{i-1} \\ Y_{i+1} \\ \vdots \\ Y_n \end{bmatrix}$$

$i$ 番目を除いた説明変数行列を

$$\underset{(n-1)\times k}{\boldsymbol{X}(i)} = \begin{bmatrix} 1 & X_{21} & \cdots & X_{k1} \\ \vdots & \vdots & & \vdots \\ 1 & X_{2,i-1} & \cdots & X_{k,i-1} \\ 1 & X_{2,i+1} & \cdots & X_{k,i+1} \\ \vdots & \vdots & & \vdots \\ 1 & X_{2n} & \cdots & X_{kn} \end{bmatrix}$$

とすると

$$(\boldsymbol{M}_1\boldsymbol{X})'(\boldsymbol{M}_1\boldsymbol{y}) = \boldsymbol{X}'(i)\boldsymbol{y}(i)$$
$$(\boldsymbol{M}_1\boldsymbol{X})'(\boldsymbol{M}_1\boldsymbol{X}) = \boldsymbol{X}'(i)\boldsymbol{X}(i)$$

であるから，$\hat{\boldsymbol{\beta}}$ は $\boldsymbol{y}(i)$ と $\boldsymbol{X}(i)$ を用いて

$$\hat{\boldsymbol{\beta}}(i) = \left[\boldsymbol{X}'(i)\boldsymbol{X}(i)\right]^{-1}\boldsymbol{X}'(i)\boldsymbol{y}(i) \tag{1.22}$$

と表すこともできる．

すなわち（1.21）式の $\boldsymbol{\beta}$ の OLSE は，$i$ 番目の観測値を除いた $\boldsymbol{y}(i)$ の $\boldsymbol{X}(i)$ への回帰を行ったときの回帰係数推定値 $\hat{\boldsymbol{\beta}}(i)$ に等しい．（1.16）式で $i$ 番目の観測値（$Y_i$ 1 $X_{2i}$ $\cdots$ $X_{ki}$）を除いてパラメータを推定したいとき，ダミー変数ベクトル $\boldsymbol{d}_i$ を説明変数として（1.16）式に追加すればよい，ということを（1.22）式は示している．

さらに，（1.21）式の推定値を

$$\hat{\boldsymbol{y}} = \boldsymbol{X}\hat{\boldsymbol{\beta}}(i) + \boldsymbol{d}_i\hat{\gamma}$$

とし，残差ベクトルを $\boldsymbol{q}$ とすると

$$\boldsymbol{y} = \hat{\boldsymbol{y}} + \boldsymbol{q} = \boldsymbol{X}\hat{\boldsymbol{\beta}}(i) + \boldsymbol{d}_i\hat{\gamma} + \boldsymbol{q}$$

と表すことができる．

上式両辺に左から $\boldsymbol{d}_i'$ を掛け

$$\boldsymbol{d}_i'\boldsymbol{y} = Y_i$$
$$\boldsymbol{d}_i'\boldsymbol{X} = \boldsymbol{x}_i' = (1\ \ X_{2i}\ \ \cdots\ \ X_{ki})$$
$$\boldsymbol{d}_i'\boldsymbol{d}_i = 1$$
$$\boldsymbol{d}_i'\boldsymbol{q} = q_i = 0$$

$\left(\because\right.$1.3.2 項（1）の性質を用いて $\begin{pmatrix}\boldsymbol{X}' \\ \boldsymbol{d}_i'\end{pmatrix}\boldsymbol{q} = \begin{pmatrix}\boldsymbol{X}'\boldsymbol{q} \\ \boldsymbol{d}_i'\boldsymbol{q}\end{pmatrix} = \boldsymbol{0}\left.\right)$

に注意すれば

$$Y_i = \boldsymbol{x}_i'\hat{\boldsymbol{\beta}}(i) + \hat{\gamma}$$

が得られる．すなわち

$$\hat{\gamma} = Y_i - \boldsymbol{x}_i'\hat{\boldsymbol{\beta}}(i)$$

となる．ここで

$\boldsymbol{x}_i'\hat{\boldsymbol{\beta}}(i) = \boldsymbol{y}(i)$ の $\boldsymbol{X}(i)$ への回帰を行ったとき，パラメータ推定に用いなかった $i$ 番目の $Y_i$ を $\boldsymbol{x}_i'\hat{\boldsymbol{\beta}}(i)$ で予測したときの予測値

であるから，$\boldsymbol{d}_i$ の係数 $\gamma$ の推定値 $\hat{\gamma}$ は，$i$ 番目の観測値の予測誤差である．

$\gamma$ が 0 と有意に異なれば，(1.21) 式より，$i$ 番目の

$$E(Y_i) = \boldsymbol{x}_i'\boldsymbol{\beta} + \gamma \neq \boldsymbol{x}_i'\boldsymbol{\beta}$$

となるから $Y_i$ の期待値が $\boldsymbol{x}_i'\boldsymbol{\beta}$ から $\gamma$ だけ変化したことを示す．

$\gamma = 0$ の検定統計量は 3.3.2 項で説明する（外的）スチューデント化残差 $t_i \sim t(n-k-1)$ である．

### ▶例 1.2　丘陵レースの優勝時間

**表 1.1** のデータは 1984 年にスコットランドで開催された丘陵レースの記録である．表の

$RTIME$ = 優勝時間（単位：分）

$DIST$ = 距離（単位：マイル）

$CLIMB$ = 高度（単位：フィート）

**表 1.1**　丘陵レースのデータ

| $i$ | $RTIME$ | $DIST$ | $CLIMB$ | $i$ | $RTIME$ | $DIST$ | $CLIMB$ | $i$ | $RTIME$ | $DIST$ | $CLIMB$ |
|---|---|---|---|---|---|---|---|---|---|---|---|
| 1 | 16.083 | 2.5 | 650 | 13 | 65.000 | 9.5 | 2200 | 25 | 18.683 | 3.0 | 600 |
| 2 | 48.350 | 6.0 | 2500 | 14 | 44.133 | 6.0 | 500 | 26 | 26.217 | 4.0 | 2000 |
| 3 | 33.650 | 6.0 | 900 | 15 | 26.933 | 4.5 | 1500 | 27 | 34.433 | 6.0 | 800 |
| 4 | 45.600 | 7.5 | 800 | 16 | 72.250 | 10.0 | 3000 | 28 | 28.567 | 5.0 | 950 |
| 5 | 62.267 | 8.0 | 3070 | 17 | 98.417 | 14.0 | 2200 | 29 | 50.500 | 6.5 | 1750 |
| 6 | 73.217 | 8.0 | 2866 | 18 | 78.650 | 3.0 | 350 | 30 | 20.950 | 5.0 | 500 |
| 7 | 204.617 | 16.0 | 7500 | 19 | 17.417 | 4.5 | 1000 | 31 | 85.583 | 10.0 | 4400 |
| 8 | 36.367 | 6.0 | 800 | 20 | 32.567 | 5.5 | 600 | 32 | 32.383 | 6.0 | 600 |
| 9 | 29.750 | 5.0 | 800 | 21 | 15.950 | 3.0 | 300 | 33 | 170.250 | 18.0 | 5200 |
| 10 | 39.750 | 6.0 | 650 | 22 | 27.900 | 3.5 | 1500 | 34 | 28.100 | 4.5 | 850 |
| 11 | 192.667 | 28.0 | 2100 | 23 | 47.650 | 6.0 | 2200 | 35 | 159.833 | 20.0 | 5000 |
| 12 | 43.050 | 5.0 | 2000 | 24 | 17.933 | 2.0 | 900 | | | | |

出所：Staudte and Sheather (1990), p. 267, Table 7.9.

である．

$Y=\log(RTIME)$，$X_2=\log(DIST)$，$X_3=CLIMB^{1.21}\times 10^{-4}$ とおき，モデルを

$$Y_i=\beta_1+\beta_2 X_{2i}+\beta_3 X_{3i}+u_i \tag{1.23}$$

とする．

1.21 は，*RTIME* と *DIST* の対数の型は固定して *CLIMB* のボックス・コックス変換から求めた値である．

(1.23) 式を OLS で推定した結果は次の通りである．下付きの（　）内は $t$ 値である．

$$Y=\underset{(11.48)}{2.0948}+\underset{(7.09)}{0.8227}\,X_2+\underset{(3.02)}{0.1987}\,X_3 \tag{1.24}$$

$\bar{R}^2=0.8283$,　$s=0.2921$

BP＝2.08040 (0.353),　W＝4.42837 (0.490)

RESET(2)＝0.92250 (0.344)

RESET(3)＝1.17434 (0.323)

SW＝0.69806 (0.000),　JB＝290.513 (0.000)

BP（ブロイシュ・ペーガンテスト），W（ホワイトテスト）は，(1.23) 式の誤差項 $u$ は均一分散という仮説に対する検定統計量であり，（　）内は均一分散の仮説のもとでの $p$ 値である．均一分散の仮説は棄却されない．

RESET(2)，(3) は，仮説：定式化ミスなしを検定する統計量であり，（　）内は仮説のもとでの $p$ 値である．定式化ミスは検出されない．

SW（シャピロ・ウィルクテスト），JB（ジャルク・ベラテスト）は，$u$ は正規分布する，という仮説を検定する統計量であり，（　）内は正規性の仮説のもとでの $p$ 値である．SW，JB とも $u$ の正規性を棄却する．$u$ が正規分布すれば歪度＝0，尖度＝3 である．(1.23) 式の OLS 残差から

標本歪度＝2.843,　標本尖度＝18.167

が得られ，正規性は明らかに成立していない．

**表 1.2** は $Y_i$，$Y_i$ の推定値，残差 $e_i=Y_i-Y_i$ の推定値および平方残差率（%）

$$a_i^2=100\times\frac{e_i^2}{\sum_{i=1}^{n}e_i^2},\quad i=1,\cdots,n \tag{1.25}$$

である．#18 の平方残差率は，この1個のみで残差平方和の 66.03% を占め，き

**表 1.2** 丘陵レースの推定値，残差，平方残差率

| $i$ | $Y$ | $Y$の推定値 | 残差 | 平方残差率 | $i$ | $Y$ | $Y$の推定値 | 残差 | 平方残差率 |
|---|---|---|---|---|---|---|---|---|---|
| 1 | 2.77776 | 2.89901 | −0.12124 | 0.54 | 19 | 2.85745 | 3.41702 | −0.55957 | 11.47 |
| 2 | 3.87847 | 3.82577 | 0.05270 | 0.10 | 20 | 3.48330 | 3.54305 | −0.05975 | 0.13 |
| 3 | 3.51601 | 3.64356 | −0.12755 | 0.60 | 21 | 2.76946 | 3.01843 | −0.24897 | 2.27 |
| 4 | 3.81991 | 3.81724 | 0.00267 | 0.00 | 22 | 3.32863 | 3.26392 | 0.06470 | 0.15 |
| 5 | 4.13143 | 4.13491 | −0.00347 | 0.00 | 23 | 3.86388 | 3.78897 | 0.07492 | 0.21 |
| 6 | 4.29343 | 4.10862 | 0.18481 | 1.25 | 24 | 2.88664 | 2.73970 | 0.14694 | 0.79 |
| 7 | 5.32114 | 5.34627 | −0.02513 | 0.02 | 25 | 2.92761 | 3.04436 | −0.11675 | 0.50 |
| 8 | 3.59366 | 3.63365 | −0.03999 | 0.06 | 26 | 3.26641 | 3.43142 | −0.16501 | 1.00 |
| 9 | 3.39283 | 3.48365 | −0.09082 | 0.30 | 27 | 3.53902 | 3.63365 | −0.09463 | 0.33 |
| 10 | 3.68261 | 3.61928 | 0.06333 | 0.15 | 28 | 3.35225 | 3.49860 | −0.14635 | 0.78 |
| 11 | 5.26096 | 5.04429 | 0.21667 | 1.72 | 29 | 3.92197 | 3.80161 | 0.12037 | 0.53 |
| 12 | 3.76236 | 3.61500 | 0.14736 | 0.80 | 30 | 3.04214 | 3.45559 | −0.41345 | 6.26 |
| 13 | 4.17439 | 4.16704 | 0.00735 | 0.00 | 31 | 4.44949 | 4.49819 | −0.04870 | 0.09 |
| 14 | 3.78721 | 3.60559 | 0.18162 | 1.21 | 32 | 3.47763 | 3.61463 | −0.13700 | 0.69 |
| 15 | 3.29335 | 3.47069 | −0.17734 | 1.15 | 33 | 5.13727 | 5.09579 | 0.04148 | 0.06 |
| 16 | 4.28013 | 4.30943 | −0.02930 | 0.03 | 34 | 3.33577 | 3.40189 | −0.06612 | 0.16 |
| 17 | 4.58921 | 4.48606 | 0.10315 | 0.39 | 35 | 5.07413 | 5.15360 | −0.07947 | 0.23 |
| 18 | 4.36501 | 3.02248 | 1.34253 | 66.03 | | | | | |

わめて大きな外れ値である．#18 の 350 フィート（約 107 m）の高度，3 マイル（約 4.8 km）の距離のレース優勝時間 78.65 分は，恐らく記録ミスであろう．

この #18 を削除して，(1.23) 式を推定してみよう．次のダミー変数 $D18$ を定義する．

$$D18_i=\begin{cases}1, & i=18\text{ のとき}\\ 0, & \text{その他}\end{cases}$$

(1.23) 式にこの $D18$ を追加し

$$Y_i=\alpha_1+\alpha_2X_{2i}+\alpha_3X_{3i}+\gamma D18_i+v_i \tag{1.26}$$

上式の OLS による推定結果は以下の通りである．

$$\underset{(18.45)}{Y=1.8852}+\underset{(14.31)}{0.9166X_2}+\underset{(5.44)}{0.1949X_3}+\underset{(8.77)}{1.4495D18} \tag{1.27}$$

$\bar{R}^2=0.9491,\quad s=0.1590$

BP = 2.14966 (0.542)，W = 2.40839 (0.879)

RESET(2) = $0.702929\times10^{-3}$ (0.979)

RESET(3) = 2.05535 (0.146)

SW = 0.92217 (0.016)，JB = 11.0859 (0.004)

#18を推定から外しても誤差項の非正規性は変わらないが，均一分散，定式化ミスなしは崩れない．パラメータ推定値，$t$ 値は変化し，とくに $\bar{R}^2$ は0.8283から0.9491へと説明力は高くなる．

$D18$ の係数 $\gamma$ は0と有意に異なり，$\hat{\gamma}=1.4495$ は#18を除いた（1.23）式の推定式（1.26）式からの#18の予測誤差である．すなわち

$$\hat{\gamma}=1.4495=Y_{18}-(\hat{\alpha}_1+\hat{\alpha}_2X_{2,18}+\hat{\alpha}_3X_{3,18})$$

である．

## 1.6 偏回帰作用点プロット

例1.2で1は $Y$，2は $X_2$，3は $X_3$ を示すものとする．そして $R13$, $R23$ はそれぞれ $Y$, $X_2$ から $X_3$ の線形の影響を除去した変数，すなわち $Y$ の $X_3$ への線形回帰の残差

$$R13_i=Y_i-(a_1+a_2X_{3i})$$

同様に

$$R23_i=X_{2i}-(c_1+c_2X_{3i})$$

であり，さらに

$$R12_i=Y_i-(d_1+d_2X_{2i})$$

$$R32_i=X_{3i}-(e_1+e_2X_{2i})$$

である．このときFWLの定理（1）は $R13$ の $R23$ への線形回帰

$$R13_i=b_2R23_i$$

の $b_2$ は（1.23）式の $\hat{\beta}_2=0.8227$ に等しく

$$R12_i=b_3R32_i$$

の $b_3$ は（1.23）式の $\hat{\beta}_3=0.1987$ に等しいことを示している．

重回帰モデルのとき，$Y$ と $X_j$, $j=2, \cdots, k$ 個々の散布図を描いても，この散布図は $Y$ と $X_j$ のみの単相関の関係を与えるだけで重回帰モデルにおける $X_j$ の役割を正しく伝えない．$R13$ と $R23$ のプロットの方が，$Y$ と $X_2$ のプロットよりも（1.23）式における $X_2$ と $Y$ の真の関係を示す．この $R13$ と $R23$ のプロットは偏回帰作用点プロット partial regression leverage plot とよばれる．

**図1.1** は $R13$ と $R23$ のプロットに，$R13$ の $R23$ への回帰

$$R13=0.8227\,R23$$

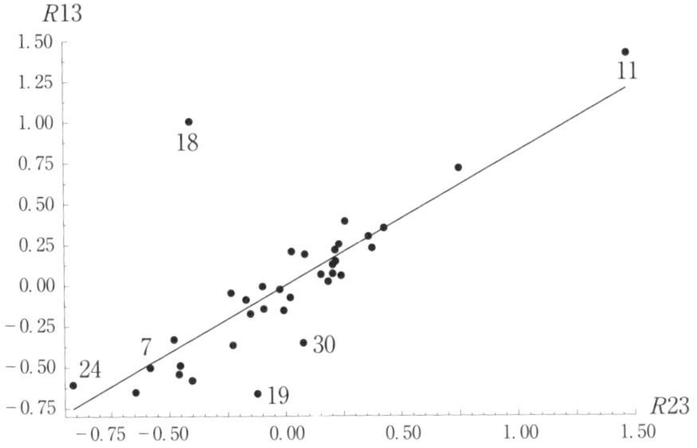


**図 1.1** (1.24) 式の偏回帰作用点プロット ($\hat{\beta}_2$)

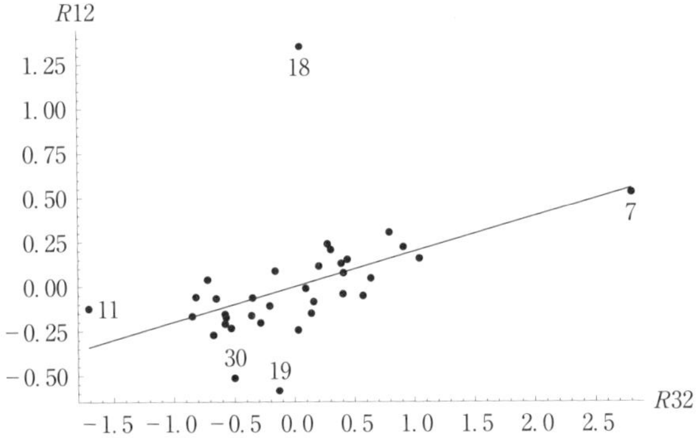


**図 1.2** (1.24) 式の偏回帰作用点プロット ($\hat{\beta}_3$)

の回帰線を描いている．0.8227 は (1.24) 式の $\hat{\beta}_2$ であり，この回帰線とプロットの点との縦の距離は (1.24) 式の残差に等しい (FWL の定理の (2))．

$R12$ と $R32$ の偏回帰作用点プロットに，$R12 = b_3 R32$ の回帰線を描いたのが**図 1.2** である．直線の勾配は $\hat{\beta}_3 = 0.1987$，直線と点との縦の乖離は (1.24) 式の残差に等しい．

図 1.1，図 1.2 とも平方残差率の大きい観測値 #18 は全く説明できないことがわかる．#19 の残差も大きい．

偏回帰作用点プロットが重回帰モデルにおいて示している次の 3 点は重要である．

(i) 偏回帰作用点プロットにおける勾配 $b_j$ に沿ってプロットの散らばりが小

さければ $Y$ と $X_j$ の線形関係は適切であり，$\beta_j$ は安定したパラメータであると判断することができる．逆にプロットが勾配 $b_j$ の直線のまわりで大きく散らばっていれば，$\beta_j$ の安定性は低く．$X_j$ の説明力も小さい．

係数推定値の $t$ 値が有意であっても，$t$ 値が余り大きくなければ，直線のまわりの散らばりは大きい．$\hat{\beta}_3$ の $t$ 値が 3.02 と小さい図 1.2 の直線のまわりの散らばりの大きさはまさにこのような状況である．

(ii)　偏回帰作用点プロットにおいて，プロットが勾配 $b_j$ の直線のまわりで不規則に大きく散らばっているならば，$X_j$ を非線形変換しても $X_j$ の説明力の増大は期待できない．

(iii)　偏回帰作用点プロットにおいて，集団から大きく離れている点は，残差が大きく，$b_j$ に，したがって $\hat{\beta}_j$ に大きな影響を与える影響点である．高い影響点の検出にこのプロットが有用であることを強調したのは Belsley et al. (1980) である．

図 1.1，図 1.2 で #18 は高い影響点である．

## 1.7　モデルの説明力

### 1.7.1　決 定 係 数

線形回帰モデルが（1.1）式のように定数項があるとき次式が成立する．

$$\sum_{i=1}^{n} y_i^2 = \sum_{i=1}^{n} \hat{y}_i^2 + \sum_{i=1}^{n} e_i^2 \tag{1.28}$$

ここで

$$\sum_{i=1}^{n} y_i^2 = \sum_{i=1}^{n} (Y_i - \bar{Y})^2 = \text{全変動}$$

$$\sum_{i=1}^{n} \hat{y}_i^2 = \sum_{i=1}^{n} (\hat{Y}_i - \bar{\hat{Y}})^2 = \sum_{i=1}^{n} (\hat{Y}_i - \bar{Y})^2 = \text{モデルによって説明される平方和}$$

$$\sum_{i=1}^{n} e_i^2 = \sum_{i=1}^{n} (Y_i - \hat{Y}_i)^2 = \text{残差平方和}$$

$$\bar{Y} = \frac{1}{n}\sum_{i=1}^{n} Y_i = \frac{1}{n}\sum_{i=1}^{n} \hat{Y}_i = \bar{\hat{Y}}$$

（1.28）式より，モデル全体の説明力を表す決定係数

$$R^2=\frac{\sum_{i=1}^{n}\hat{y}_i^2}{\sum_{i=1}^{n}y_i^2} \tag{1.29}$$

が定義される．上式分子に（1.28）式より得られる $\sum_{i=1}^{n}\hat{y}_i^2=\sum_{i=1}^{n}y_i^2-\sum_{i=1}^{n}e_i^2$ を代入すると

$$R^2=1-\frac{\sum_{i=1}^{n}e_i^2}{\sum_{i=1}^{n}y_i^2} \tag{1.30}$$

と表すこともできる．（1.29）式，（1.30）式より $0\leq R^2\leq 1$ である．

（1.29）式は，$\sum_{i=1}^{n}\hat{y}_i^2=\sum_{i=1}^{n}\hat{y}_i(y_i-e_i)=\sum_{i=1}^{n}y_i\hat{y}_i$ を用いると

$$R^2=\frac{\left(\sum_{i=1}^{n}y_i\hat{y}_i\right)^2}{\left(\sum_{i=1}^{n}y_i^2\right)\left(\sum_{i=1}^{n}\hat{y}_i^2\right)} \tag{1.31}$$

となり，$R^2$ は $Y_i$ と $\hat{Y}_i$ の相関係数の 2 乗でもある．

線形回帰モデルに定数項がないとき（1.28）式は成立せず，次式が成立する．

$$\sum_{i=1}^{n}Y_i^2=\sum_{i=1}^{n}\hat{Y}_i^2+\sum_{i=1}^{n}e_i^2 \tag{1.32}$$

定数項がない線形回帰モデルの決定係数は $\sum_{i=1}^{n}\hat{Y}_i^2\Big/\sum_{i=1}^{n}Y_i^2$ ではなく，通常，$Y_i$ と $\hat{Y}_i$ の相関係数の 2 乗として定義される．

### 1.7.2　自由度修正済み決定係数

線形回帰モデルの説明変数の数 $k$ が増えれば，同じことであるが自由度 $n-k$ が小さくなれば，$\sum_{i=1}^{n}e_i^2$ は小さくなり，$R^2$ は大きくなる．自由度 0 ならば $R^2=1$ になる（1.3.1 項）．

したがって，自由度の影響を除去するため，$\sum_{i=1}^{n}e_i^2$ を自由度 $n-k$ で割り，$\sum_{i=1}^{n}y_i^2$ を自由度 $n-1$ で割って，自由度修正済み決定係数

$$\bar{R}^2 = 1 - \frac{\sum_{i=1}^{n} e_i^2 \Big/ (n-k)}{\sum_{i=1}^{n} y_i^2 \Big/ (n-1)} = 1 - \frac{n-1}{n-k} \cdot \frac{\sum_{i=1}^{n} e_i^2}{\sum_{i=1}^{n} y_i^2}$$

$$= 1 - \frac{n-1}{n-k}(1-R^2) \tag{1.33}$$

を定義する．

$R^2$ が負になることはないが

$$0 < R^2 < \frac{k-1}{n-1}$$

のとき $\bar{R}^2$ は負になる．

### 1.7.3　赤池情報量基準（AIC），シュワルツ・ベイズ情報量基準（SBIC）

1.2 節の仮定（1）～(4）のもとで，対数尤度関数は次式で与えられる．

$$\log L = -\frac{n}{2}\log 2\pi - \frac{n}{2}\log\sigma^2 - \frac{1}{2\sigma^2}(\boldsymbol{y}-\boldsymbol{X\beta})'(\boldsymbol{y}-\boldsymbol{X\beta}) \tag{1.34}$$

上式に $\boldsymbol{\beta}$, $\sigma^2$ の最尤推定量

$$\hat{\boldsymbol{\beta}} = (\boldsymbol{X'X})^{-1}\boldsymbol{X'y}$$

$$\hat{\sigma}^2 = \frac{1}{n}\sum_{i=1}^{n} e_i^2 = \frac{1}{n}\boldsymbol{e'e} = \frac{1}{n}(\boldsymbol{y}-\boldsymbol{X}\hat{\boldsymbol{\beta}})'(\boldsymbol{y}-\boldsymbol{X}\hat{\boldsymbol{\beta}})$$

を代入すると，対数尤度関数の最大値

$$\log L^* = -\frac{n}{2}\log 2\pi - \frac{n}{2}\log\hat{\sigma}^2 - \frac{1}{2\hat{\sigma}^2}(\boldsymbol{y}-\boldsymbol{X}\hat{\boldsymbol{\beta}})'(\boldsymbol{y}-\boldsymbol{X}\hat{\boldsymbol{\beta}})$$

$$= -\frac{n}{2}(\log 2\pi + 1 + \log\hat{\sigma}^2) \tag{1.35}$$

が得られる．最小値は

$$l = -\log L^* = \frac{n}{2}(\log 2\pi + 1 + \log\hat{\sigma}^2) \tag{1.36}$$

である．

説明変数の数 $k$ が増えると $\sum_{i=1}^{n} e_i^2$ は小さくなるから，$\hat{\sigma}^2$ は小さくなり，$\log L^*$ は大きく，$l$ は小さくなる．(1.1) 式に説明変数は $k$ 個あり，さらに 1 個の未知パラメータ $\sigma^2$ がある．この $p=k+1$ をペナルティとして $l$ に加え，モデル選択基準にするのが AIC（Akaike information criteria）であり，SBIC（Schwarz-

Bayes information criteria）である．それぞれ次のように定義される．

$$\mathrm{AIC} = -2\log L^* + 2p \tag{1.37}$$

$$\mathrm{SBIC} = -2\log L^* + p\log n \tag{1.38}$$

AIC, SBIC ともに小さいほど説明力の高いモデルであるが，下限はないから，1つのモデルの AIC や SBIC の値で，モデルの説明力が高いかどうかを判断することはできない．競合するモデルの AIC や SBIC の比較のみが意味をもつ．

同じ $Y$ の変動を説明する2つのモデル $A$, $B$ があり，それぞれ AIC($A$), AIC($B$) をもつとき

$$\left|\mathrm{AIC}(A) - \mathrm{AIC}(B)\right| \geq 2$$

の場合に，モデル $A$, $B$ の説明力に有意な差がある，という基準もある（蓑谷（1996）pp. 42〜44）．

## 1.8 仮 説 検 定

### 1.8.1 個々の回帰係数＝0の検定

（1.1）式において

$$H_0 : \beta_j = 0$$

$$H_1 : \beta_j \neq 0$$

を検定したい．対立仮説 $H_1$ は $\beta_j > 0$，あるいは $\beta_j < 0$ の場合もある．

1.2節の仮定（1）〜（4）のもとで，$H_0$ が正しいとき

$$t = \frac{\hat{\beta}_j}{s_j} \sim t(n-k) \tag{1.39}$$

によって $H_0$ を検定する．ここで

$$s_j^2 = s^2 q^{jj}$$

$$q^{jj} = (\boldsymbol{X}'\boldsymbol{X})^{-1} \text{ の } (j, j) \text{ 要素}$$

である．

例1.2のように，誤差項が正規分布しなければ，（1.39）式の $t$ は $t$ 分布しない．このときは1.3.4項（4）の漸近的正規検定になる．

### 1.8.2 回帰係数の線形制約の検定

回帰係数 $\boldsymbol{\beta}$ に関する線形制約

$$H_0:\ \underset{q\times k}{\boldsymbol{R}}\ \underset{k\times 1}{\boldsymbol{\beta}} = \underset{q\times 1}{\boldsymbol{r}}$$

を，対立仮説

$$H_1: \boldsymbol{R\beta} \neq \boldsymbol{r}$$

に対して検定する．ここで $q$ は制約の数である．

たとえば

$$Y_i = \beta_1 + \beta_2 X_{2i} + \beta_3 X_{3i} + \beta_4 X_{4i} + \beta_5 X_{5i} + u_i \tag{1.40}$$

において

$$H_0: \beta_2 + \beta_3 = 1 \quad \text{かつ} \quad \beta_4 = \beta_5$$

の制約が（1.40）式において成立するかどうかを検定したいとする．$H_0$ に示されている２個の制約は

$$\boldsymbol{R} = \begin{bmatrix} 0 & 1 & 1 & 0 & 0 \\ 0 & 0 & 0 & 1 & -1 \end{bmatrix}, \quad \boldsymbol{r} = \begin{bmatrix} 1 \\ 0 \end{bmatrix}$$

とすれば，$\boldsymbol{R\beta} = \boldsymbol{r}$ の制約になる．この $H_0$ で示されている制約が正しければ，この制約を（1.40）式に代入し

$$Y_i - X_{3i} = \beta_1 + \beta_2 (X_{2i} - X_{3i}) + \beta_4 (X_{4i} + X_{5i}) + u_i \tag{1.41}$$

が得られる．

回帰係数間に何ら制約のない（1.40）式の OLS の残差平方和を $SSRU$, $H_0$ で表されている線形制約のもとでの（1.41）式の OLS の残差平方和を $SSRR$ とすると，$H_0$ が正しいとき

$$F = \frac{(SSRR - SSRU)/q}{s^2} \sim F(q, n-5) \tag{1.42}$$

の $F$ 検定によって $H_0$ を検定する．有意水準 $\alpha$ のとき，棄却域は $F$ 分布の上側確率 $\alpha$ を与える領域である．ここで（1.42）式の

$$s^2 = \text{(1.40) 式の誤差分散推定量} = \frac{SSRU}{n-5}$$

である．

## 1.9　均一分散の検定

本書で用いるブロイシュ・ペーガンテスト（BP）およびホワイトテスト（W）を説明する．

### 1.9.1　ブロイシュ・ペーガンテスト（BP）

Breusch and Pagan（1979）および Godfrey（1978）の提唱した均一分散のテストである．

$$\sigma_i^2 = f(\alpha_0 + \alpha_1 Z_{1i} + \cdots + \alpha_m Z_m)$$

とするとき，帰無仮説を

$$H_0 : \alpha_1 = \alpha_2 = \cdots = \alpha_m = 0 \quad (\text{均一分散})$$

と設定する．

関数 $f(\cdot)$ は $f(Z)=Z$，$\exp(Z)$ 等々どのような関数でもよい．

（1.1）式の推定式からの残差を $e_i$，$\sigma^2$ の推定量を

$$\hat{\sigma}^2 = \frac{1}{n}\sum_{i=1}^{n} e_i^2$$

とすると

$$\frac{e_i^2}{\hat{\sigma}^2} = \alpha_0 + \alpha_1 Z_{1i} + \cdots + \alpha_m Z_m + \varepsilon_i \tag{1.43}$$

$$i = 1, \cdots, n$$

の回帰を行う．本書では $Z_1, \cdots, Z_m$ にモデルの説明変数を用いる．

$$H_0 : \alpha_1 = \alpha_2 = \cdots = \alpha_m = 0 \quad (\text{均一分散})$$

に対する対立仮説は

$$H_1 : \alpha_1, \cdots, \alpha_m \text{ の少なくとも 1 つは 0 でない}$$

である．

（1.43）式の OLS の決定係数を $R^2$ とすると

$$nR^2 \underset{\text{asy}}{\overset{H_0}{\sim}} \chi^2(m) \tag{1.44}$$

が，$H_0$ の検定統計量である．上片側が棄却域である．

### 1.9.2 ホワイトテスト（W）

White（1980）による均一分散の検定は，説明変数が $X_2$, $X_3$ の場合を例にとると，補助方程式といわれる

$$e_i^2=\alpha_0+\alpha_1X_{2i}+\alpha_2X_{3i}+\alpha_3X_{2i}^2+\alpha_4X_{3i}^2+\alpha_5(X_{2i}\cdot X_{3i})+v_i \tag{1.45}$$

を OLS で推定し

$$H_0:\alpha_1=\alpha_2=\cdots=\alpha_5=0 \quad （均一分散）$$

とするとき，(1.45) 式の推定から得られる決定係数 $R^2$ を用いる

$$\mathrm{W}=nR^2 \underset{\mathrm{asy}}{\overset{H_0}{\sim}} \chi^2(5) \tag{1.46}$$

が検定統計量である．棄却域は上片側である．

定数項を含めてモデルに $k$ 個の説明変数があれば，補助方程式の説明変数は

$$X_j,\quad j=2,3,\cdots,k$$
$$X_j^2,\quad j=2,3,\cdots,k$$
$$X_jX_m,\quad j,m=2,3,\cdots,k\quad (j\neq m)$$

と，定数項以外に $k(k+1)/2-1$ 個になる．

## 1.10 定式化テスト RESET

定式化ミスがないかどうかを検定する RESET テスト（regression specification error test）を説明する．Ramsey（1969, 1974），Ramsey and Schmidt（1976）に依る．

回帰モデルを（1.1）式，1.2節の仮定（1)～(4）が成立しているものとする．(1.1）式の OLS からの $Y_i$ の推定値を $\hat{Y}_i$ とし，残差平方和を $SSRR$ とする．(1.1）式に $\hat{Y}_i^2, \hat{Y}_i^3, \cdots, \hat{Y}_i^p$ を追加した

$$Y_i=\sum_{j=1}^{k}\beta_jX_{ji}+\sum_{j=2}^{p}\alpha_j\hat{Y}_j^p+\varepsilon_i \tag{1.47}$$
$$(X_{1i}=1,\quad i=1,\cdots,n)$$

の OLS 残差平方和を $SSRU$ とすると

$$H_0:\alpha_2=\alpha_3=\cdots=\alpha_p=0$$
（(1.1）式で定式化ミスなし）
$$H_1:\alpha_2,\cdots,\alpha_p \text{ の少なくとも1つは0でない}$$

の検定統計量は

$$F=\frac{(SSRR-SSRU)/(p-1)}{SSRU/(n-k-(p-1))}\overset{H_0}{\sim}F\left(p-1,\ n-k-(p-1)\right) \tag{1.48}$$

である．棄却域は上片側である．

(1.47) 式の $\hat{Y}_i^p$ まで追加したテストを RESET$(p)$ と表す．RESET(2) あるいは RESET(3) まで行えば，RESET テストで定式化ミスを検出できる，といわれている．

## 1.11 正規性テスト

### 1.11.1 シャピロ・ウィルクテスト (SW)

Shapiro and Wilk (1965) による SW は，いくつかある正規性検定統計量のなかで，検定力の高い検定統計量として知られている．本項では概要のみ示す．SW の詳細な説明は蓑谷 (2012) 15 章 5 節を参照されたい．

SW は 3.4 節の正規確率プロットと関連がある．$Y_1, \cdots, Y_n$ は独立であり

$$Y_i \sim N(\mu, \sigma^2),\quad i=1, \cdots, n$$

とする．順序化された $Y_i$ を $Y_{(i)}$，標準正規変数 $Z_i=(Y_i-\mu)/\sigma$ の順序化された値を $Z_{(i)}$ と表すと

$$\mu_{(i)}=E[Z_{(i)}]=E\left[\frac{Y_{(i)}-\mu}{\sigma}\right] \tag{1.49}$$

は正規得点 normal score あるいはランキット rankit とよばれる．

(1.49) 式より次式を得る．

$$E[Y_{(i)}]=\mu+\sigma\mu_{(i)}$$

上式は

$$Y_{(i)}=\mu+\sigma\mu_{(i)}+\varepsilon_i,\quad i=1, \cdots, n \tag{1.50}$$

の期待値である．

$$\boldsymbol{y}_{(i)}=\begin{bmatrix} Y_{(1)} \\ Y_{(2)} \\ \vdots \\ Y_{(n)} \end{bmatrix},\quad \boldsymbol{X}=\begin{bmatrix} 1 & \mu_{(1)} \\ 1 & \mu_{(2)} \\ \vdots & \vdots \\ 1 & \mu_{(n)} \end{bmatrix}=\begin{bmatrix} 1 & q_1 \\ 1 & q_2 \\ \vdots & \vdots \\ 1 & q_n \end{bmatrix}=(\boldsymbol{i}\ \ \boldsymbol{q}),$$

$$\boldsymbol{\beta}=\begin{bmatrix}\mu\\ \sigma\end{bmatrix},\quad \boldsymbol{\varepsilon}=\begin{bmatrix}\varepsilon_1\\ \varepsilon_2\\ \vdots\\ \varepsilon_n\end{bmatrix}$$

とおくと，(1.50) 式は

$$\boldsymbol{y}_{(i)}=\boldsymbol{X\beta}+\boldsymbol{\varepsilon}$$

と表すことができる．ここで

$$E(\boldsymbol{\varepsilon})=\boldsymbol{0}$$
$$E(\boldsymbol{\varepsilon\varepsilon}')=\sigma^2\boldsymbol{V}$$
$$\boldsymbol{V}=\{v_{ij}\},\quad i,j=1,\cdots,n$$

である．

$$\boldsymbol{c}'=(c_1,\cdots,c_n)=\frac{\boldsymbol{q}'\boldsymbol{V}^{-1}}{(\boldsymbol{q}'\boldsymbol{V}^{-1}\boldsymbol{V}^{-1}\boldsymbol{q})} \tag{1.51}$$
$$q_i=\mu_{(i)},\quad i=1,\cdots,n$$

とおくと，シャピロ・ウィルクの正規性検定統計量

$$\mathrm{SW}=\frac{\left\{\sum_{i=1}^{n}c_iY_{(i)}\right\}^2}{\sum_{i=1}^{n}(Y_i-\bar{Y})^2} \tag{1.52}$$

が，$H_0: Y_i\sim N(\mu,\sigma^2)$ の検定統計量である．

$c_i$ は $\sum_{i=1}^{n}c_i=0$，したがって $\bar{c}=0$，$\sum_{i=1}^{n}(c_i-\bar{c})^2=\sum_{i=1}^{n}c_i^2=\boldsymbol{c}'\boldsymbol{c}=1$ という性質をもつから，SW は $Y_{(i)}$ と $c_{(i)}$ の相関係数の2乗である．

(1.51) 式の分子の $\boldsymbol{q}'\boldsymbol{V}^{-1}$ の $i$ 番目の要素を $a_i^*$ とすると，$a_i^*$ は近似的に $q_i$ に比例する．したがって $Y_{(i)}$ と $c_i$ の相関係数の2乗である SW は，$Y_{(i)}$ と $q_i=\mu_{(i)}$ の線形関係を測る尺度でもある．$Y_i$ が正規分布すれば

$$E[Y_{(i)}]=\mu+\sigma\mu_{(i)}=\mu+\sigma q_i$$

の線形関係が成立するから，SW は1に近い値をとる．すなわち，SW は1に近いほど，$H_0: Y_i\sim N(\mu,\sigma^2)$ を支持する証拠になる．

SW を求めるためには $c_i$ の値が必要である．$c_i$ の値は Shapiro and Wilk (1965)，Barnett and Lewis (1994)，D'Agostino and Stephens (1986)，柴田 (1981) にある．$c_i$ の近似値の計算方法は蓑谷 (2012) pp. 426-429 に示されている．

### 1.11.2 ジャルク・ベラテスト（JB）

SW と異なり，標本歪度と標本尖度を用いる検定がジャルク・ベラテスト（JB）であり，Jarque and Bera（1987）に依る．

$$H_0 : Y_i \sim N(\mu, \sigma^2)$$

が正しければ，$Y_i$ の歪度 $\sqrt{\beta_1}=0$，尖度 $\beta_2=3$ である．$\sqrt{\beta_1}$，$\beta_2$ の推定量はそれぞれ標本歪度 $\sqrt{b_1}$，標本尖度 $b_2$ である．標本平均 $\bar{Y}$ まわりの $k$ 次モーメントを

$$m_k=\frac{1}{n}\sum_{i=1}^{n}(Y_i-\bar{Y})^k,\quad k=1,2,\cdots$$

とすると

$$\sqrt{b_1}=\frac{m_3}{m_2^{3/2}} \tag{1.53}$$

$$b_2=\frac{m_4}{m_2^2} \tag{1.54}$$

である．そして

$$E(\sqrt{b_1})=0$$

$$\mathrm{var}(\sqrt{b_1})=\frac{6(n-2)}{(n+1)(n+3)}\approx\frac{6}{n}$$

$$E(b_2)=\frac{3(n-1)}{n+1}\approx 3$$

$$\mathrm{var}(b_2)=\frac{24n(n-2)(n-3)}{(n+1)^2(n+3)(n+5)}\approx\frac{24}{n}$$

が成り立つ．

$\sqrt{\beta_1}$ と $\beta_2-3$ がともに 0 に近ければ $Y_i$ は正規性を満たし，0 からの乖離が大きいほど正規性に不利な証拠となる．

JB は $\sqrt{b_1}$ と $b_2$ を規準化し，漸近的な正規分布と独立を仮定した大標本検定であり

$$\mathrm{JB}=\left[(\sqrt{b_1}-0)/\sqrt{6/n}\right]^2+\left[(b_2-3)/\sqrt{24/n}\right]^2 \underset{\mathrm{asy}}{\overset{H_0}{\sim}} \chi^2(2) \tag{1.55}$$

が検定統計量 JB である．棄却域は上片側である．

JB テストの検定力は，正規性から大きく乖離している分布以外では高くないが，$\sqrt{b_1}$ と $b_2$ を用いる代表的な検定統計量として採用した．

# 2

# 回　帰　診　断

## 2.1　は　じ　め　に

説明変数空間の外れ値の視点から，あるいは最小 2 乗回帰線への影響の大きさという点からも重要なハット行列をあつかったのが 2.2 節である．ハット行列とその性質を述べ（2.2.1 項），ハット行列の（$i, i$）要素 $h_{ii}$ の切断点を示したのが 2.2.2 項である．$3k/n$ より大きい，あるいはもう少しゆるい基準として $2k/n$ より大きい $h_{ii}$ の値が，$X$ 方向の外れ値と判断される．$n$ や $k$ に依存しない Huber の基準，$0.2<h_{ii}<0.5$ のとき危険，$h_{ii}\geq 0.5$ のとき，可能ならば実験計画を変更した方がよい，という基準もある．

$h_{ii}$ ではなく，マハラノビスの距離の 2 乗によって $X$ 方向の外れ値かどうかを判断する基準もある（2.3 節）．

外れ値があれば，観測値全体のなかで，その外れ値がどのような位置にあるかを図で示すことができる．あるいは説明変数 $X_j$ を非線形変換する必要がないかを図から判断しようという試みもある．2.4 節はこのような診断プロットである．

$e$-$\hat{Y}$ プロット（2.4.1 項）も有用であるが，$h_{ii}$ と平方残差率 $a_i^2$（(1.25) 式）を用いる $LR$ プロットが回帰診断において，とくに有用である（2.4.2 項）．$PR$ プロット（2.4.3 項）も示したが $LR$ プロットと大差ない．

外れ値の診断プロットではなく，説明変数 $X_j$ の非線形性の要否を図から判断しようとするのが $CPR$ プロット，$APR$ プロット，修正 $APR$ プロットである（2.4.4 項）．評価されているほど $CPR$ プロットや $APR$ プロットが有効とは思えない．修正 $APR$ プロットで $X_j$ の非線形性を識別できる可能性はある．

新たに追加した説明変数が有意義かどうかを図から判断しようという追加変数プロットともよばれているプロット（2.4.5 項）があるが，これは 1.6 節で説明した偏回帰作用点プロットにほかならない.

## 2.2　ハ ッ ト 行 列

### 2.2.1　ハット行列とその性質

回帰診断および影響分析において重要な役割を果たすハット行列 $\boldsymbol{H}$ の特徴を説明する.

(1.1) 式の説明変数行列を

$$\boldsymbol{X}=\begin{bmatrix} 1 & X_{21} & \cdots & X_{k1} \\ 1 & X_{22} & \cdots & X_{k2} \\ \vdots & \vdots & & \vdots \\ 1 & X_{2n} & \cdots & X_{kn} \end{bmatrix}=\begin{bmatrix} \boldsymbol{x}_1' \\ \boldsymbol{x}_2' \\ \vdots \\ \boldsymbol{x}_n' \end{bmatrix} \tag{2.1}$$

と表せば, $\boldsymbol{x}_i'$ は $i$ 番目の観測値を要素とする $1\times k$ の行ベクトルである. このとき

$$\begin{aligned}\boldsymbol{H}&=\boldsymbol{X}(\boldsymbol{X}'\boldsymbol{X})^{-1}\boldsymbol{X}' \\ &=\begin{bmatrix} \boldsymbol{x}_1' \\ \boldsymbol{x}_2' \\ \vdots \\ \boldsymbol{x}_n' \end{bmatrix}(\boldsymbol{X}'\boldsymbol{X})^{-1}[\boldsymbol{x}_1\ \boldsymbol{x}_2\ \cdots\ \boldsymbol{x}_n] \\ &=\begin{bmatrix} \boldsymbol{x}_1'(\boldsymbol{X}'\boldsymbol{X})^{-1}\boldsymbol{x}_1 & \boldsymbol{x}_1'(\boldsymbol{X}'\boldsymbol{X})^{-1}\boldsymbol{x}_2 & \cdots & \boldsymbol{x}_1'(\boldsymbol{X}'\boldsymbol{X})^{-1}\boldsymbol{x}_n \\ \boldsymbol{x}_2'(\boldsymbol{X}'\boldsymbol{X})^{-1}\boldsymbol{x}_1 & \boldsymbol{x}_2'(\boldsymbol{X}'\boldsymbol{X})^{-1}\boldsymbol{x}_2 & \cdots & \boldsymbol{x}_2'(\boldsymbol{X}'\boldsymbol{X})^{-1}\boldsymbol{x}_n \\ \vdots & \vdots & & \vdots \\ \boldsymbol{x}_n'(\boldsymbol{X}'\boldsymbol{X})^{-1}\boldsymbol{x}_1 & \boldsymbol{x}_n'(\boldsymbol{X}'\boldsymbol{X})^{-1}\boldsymbol{x}_2 & \cdots & \boldsymbol{x}_n'(\boldsymbol{X}'\boldsymbol{X})^{-1}\boldsymbol{x}_n \end{bmatrix}\end{aligned} \tag{2.2}$$

となるから, $\boldsymbol{H}=\{h_{ij}\}$ とおくと

$$h_{ij}=\boldsymbol{x}_i'(\boldsymbol{X}'\boldsymbol{X})^{-1}\boldsymbol{x}_j,\quad i, j=1, 2, \cdots, n \tag{2.3}$$

と表すことができる. $\boldsymbol{H}$ は次の性質をもつ.

(a)　$\boldsymbol{H}=\boldsymbol{H}'$. すなわち $h_{ij}=h_{ji}$

(b)　$\boldsymbol{H}=\boldsymbol{H}^2$. すなわち $h_{ij}=\sum_{l=1}^{n}h_{il}h_{lj}$. とくに, $i=j$ のとき $h_{ii}=\sum_{l=1}^{n}h_{il}^2$

(c)　$\mathrm{tr}(\boldsymbol{H})=k$. すなわち $\sum_{i=1}^{n}h_{ii}=k$

(d)　$\boldsymbol{e}'\boldsymbol{H}=\boldsymbol{0}$. すなわち $\sum_{j=1}^{n} e_j h_{ij}=0$

ここで $\boldsymbol{e}=\boldsymbol{M}\boldsymbol{u}$ は最小 2 乗残差ベクトルである.

(e)　$\boldsymbol{H}$ の対角要素 $h_{ii}$ は

$$0 \leq h_{ii} \leq 1$$

を満たす. 線形回帰モデルが定数項をもっているときにはさらに次の制約

$$\frac{1}{n} \leq h_{ii} \leq 1$$

を満たす（数学注（1）参照）.

(f)　定数項のあるモデルのとき次式が成り立つ.

$$\sum_{i=1}^{n} h_{ij} = \sum_{j=1}^{n} h_{ij} = 1$$

すべての要素が 1 である $n \times 1$ の列ベクトルを $\boldsymbol{i}$ とすれば

$$\boldsymbol{H}\boldsymbol{i} = (\boldsymbol{I}-\boldsymbol{M})\boldsymbol{i} = \boldsymbol{i} - \boldsymbol{M}\boldsymbol{i}$$

であるが, 定数項のあるモデルのとき $\boldsymbol{M}\boldsymbol{i}=\boldsymbol{0}$ であるから

$$\boldsymbol{H}\boldsymbol{i} = \boldsymbol{i}$$

となる. $\boldsymbol{H}\boldsymbol{i}$ の $i$ 番目の要素で書けば $\sum_{j=1}^{n} h_{ij}=1$ が得られる. $h_{ij}=h_{ji}$ であるから結局（f）が成立する.

(g)　$\boldsymbol{H}$ を用いて残差 $\boldsymbol{e}$ を表すと

$$\boldsymbol{e} = \boldsymbol{y} - \hat{\boldsymbol{y}} = (\boldsymbol{I}-\boldsymbol{H})\boldsymbol{y} = (\boldsymbol{I}-\boldsymbol{H})\boldsymbol{u}$$

となるから

$$\begin{aligned} \mathrm{var}(\boldsymbol{e}) &= E(\boldsymbol{e}\boldsymbol{e}') \\ &= (\boldsymbol{I}-\boldsymbol{H})E(\boldsymbol{u}\boldsymbol{u}')(\boldsymbol{I}-\boldsymbol{H})' \\ &= \sigma^2(\boldsymbol{I}-\boldsymbol{H}) \end{aligned}$$

要素で書けば次の通りである.

$$\mathrm{var}(e_i) = \sigma^2(1-h_{ii})$$
$$\mathrm{cov}(e_i, e_j) = -h_{ij}\sigma^2$$

(h)　$\boldsymbol{H}$ を用いて $\hat{\boldsymbol{y}}$ の共分散行列 $\mathrm{var}(\hat{\boldsymbol{y}})$ は

$$\mathrm{var}(\hat{\boldsymbol{y}}) = \sigma^2\boldsymbol{H}$$

と表すことができる.

（g）と（h）を用いれば $\mathrm{var}(\boldsymbol{y}) = \sigma^2\boldsymbol{I}$ であるから

$$\boldsymbol{y} = \hat{\boldsymbol{y}} + \boldsymbol{e}$$

に対応して，共分散行列を

$$\sigma^2 \boldsymbol{I} = \sigma^2 \boldsymbol{H} + \sigma^2 (\boldsymbol{I} - \boldsymbol{H}) \tag{2.4}$$

と表すことができる．要素で書けば

$$Y_i = \hat{Y}_i + e_i$$

に対応して，分散 $\mathrm{var}(Y_i) = \sigma^2$ を

$$\sigma^2 = \sigma^2 h_{ii} + \sigma^2 (1 - h_{ii}) \tag{2.5}$$

と分解することができる．

(i)　ハット行列の対角要素 $h_{ii}$ について次の点に注目しよう．定数項と説明変数1個の単純回帰モデル（$k=2$）のとき

$$h_{ii} = \frac{1}{n} + \frac{(X_i - \bar{X})^2}{\sum_{j=1}^{n} (X_j - \bar{X})^2} \tag{2.6}$$

となる（数学注（2）参照）．（2.6）式から明らかなように，$X_i$ が観測データの中心 $\bar{X}$ に近いほど $h_{ii}$ は最小値 $1/n$ に近くなり，$X_i$ が $\bar{X}$ から離れれば離れるほど $h_{ii}$ は大きくなる．いいかえれば，$h_{ii}$ が最大値1に近いほど $X_i$ は $\bar{X}$ から遠く離れたところに位置している．

$\hat{\boldsymbol{y}} = \boldsymbol{H}\boldsymbol{y}$ であるから

$$\hat{Y}_i = h_{ii} Y_i + \sum_{\substack{j=1 \\ j \neq i}}^{n} h_{ij} Y_j \tag{2.7}$$

と表すことができる．もし $h_{ii}$ が最大値1に近ければ，性質(f)より $\sum_{\substack{j=1 \\ j \neq i}}^{n} h_{ij}$ は0に近く，（2.7）式より $\hat{Y}_i$ は $Y_i$ にほぼ等しくなる．いいかえれば，$\bar{X}$ の近くに位置している観測点（このとき $h_{ii}$ は最小値に近い）よりも，$\bar{X}$ から遠く離れている観測点に最小2乗回帰式は良いあてはまりを与える．このように $\bar{X}$ から遠く離れた観測点に対する適合度を最小2乗回帰式は高くする傾向があり，このことはその観測点におけるモデルの不適切さをかくすことにもなる．

次のようにいうこともできる．$X_i$ が $\bar{X}$ から離れていればいるほど $h_{ii}$ は大きくなり，$1 - h_{ii}$ は小さくなるということは，$\mathrm{var}(e_i) = \sigma^2(1 - h_{ii})$ が小さくなるということである．すなわち $h_{ii}$ が大きいほど $\mathrm{var}(e_i)$ は小さくなるから，$e_i$ は $E(e_i) = 0$ のより精度の高い推定値を与える．$\bar{X}$ から離れた $X_i$ の観測点で残差 $e_i$ の

$E(e_i)=0$ のまわりのバラつきは小さくなり，$\hat{Y}_i$ は $Y_i$ によく適合するようになる．他方 $\mathrm{var}(\hat{Y}_i)=\sigma^2 h_{ii}$ であるから，$h_{ii}$ が大きいほど $\hat{Y}_i$ の $E(\hat{Y}_i)=E(Y_i)$ のまわりのバラつきは大きくなるから，$\hat{Y}_i$ の推定精度は悪くなる．逆に $h_{ii}$ が小さくなれば $\mathrm{var}(\hat{Y}_i)$ は小さくなるが，$\mathrm{var}(e_i)$ は大きくなる．つまり $h_{ii}$ が小さくなると $\hat{Y}_i$ の $E(Y_i)$ のまわりのバラつきは小さくなるが，$\hat{Y}_i$ 自体の適合度は悪化するというトレード・オフの関係を $h_{ii}$ は $\hat{Y}_i$ に対してもっていることがわかる．

### 2.2.2　ハット行列の切断点

一般に，(1.1) 式の重回帰モデルのとき

$$h_{ii}=\frac{1}{n}+(\boldsymbol{x}_i-\bar{\boldsymbol{x}})'(\tilde{\boldsymbol{X}}_2'\tilde{\boldsymbol{X}}_2)^{-1}(\boldsymbol{x}_i-\bar{\boldsymbol{x}}) \tag{2.8}$$

と表すことができる（数学注 (2) 参照）．ここで (2.8) 式に現れる $\boldsymbol{x}_i$, $\bar{\boldsymbol{x}}$, $\tilde{\boldsymbol{X}}_2$ は次のベクトルあるいは行列である．

$$\boldsymbol{x}_i=\begin{bmatrix} X_{2i} \\ X_{3i} \\ \vdots \\ X_{ki} \end{bmatrix},\quad \bar{\boldsymbol{x}}=\begin{bmatrix} \bar{X}_2 \\ \bar{X}_3 \\ \vdots \\ \bar{X}_k \end{bmatrix},\quad \tilde{\boldsymbol{X}}_2=\begin{bmatrix} X_{21}-\bar{X}_2 & X_{31}-\bar{X}_3 & \cdots & X_{k1}-\bar{X}_k \\ X_{22}-\bar{X}_2 & X_{32}-\bar{X}_3 & \cdots & X_{k2}-\bar{X}_k \\ \vdots & \vdots & & \vdots \\ X_{2n}-\bar{X}_2 & X_{3n}-\bar{X}_3 & \cdots & X_{kn}-\bar{X}_k \end{bmatrix}$$

したがってモデル (1.1) 式の $\boldsymbol{H}$ ((2.2) 式) の対角要素 $h_{ii}$ は $i$ 番目の観測値

$$X_{2i}, \cdots, X_{ki}$$

の，それぞれの平均

$$\bar{X}_2, \cdots, \bar{X}_k$$

との間の距離を測る尺度になっている．$h_{ii}$ が大きい値の場合には第 $i$ 観測値 $(X_{2i}, \cdots, X_{ki})$ が $(k-1)$ 次元空間において中心 $(\bar{X}_2, \cdots, \bar{X}_k)$ から遠く離れて位置していることを示している．

$h_{ii}$ は $i$ 番目の観測値 $\boldsymbol{x}_i'$ の作用点 leverage あるいは Weisberg (2005) によってポテンシャル potential とよばれ，大きな $h_{ii}$ の値は高い作用点 high leverage point とよばれている．$h_{ii}$ は所与の変数 $X_{ji}$ の関数であるから確率変数ではない．したがって $h_{ii}$ が高い作用点かどうかを判断する確率分布の臨界点はない．1 つの基準は，性質 (c) より $h_{ii}$ の平均は $k/n$ であるから，平均の 3 倍 $3k/n$ を超える $h_{ii}$ の値を高い作用点とみなす考え方がある．もっとゆるい基準 $2k/n$ を超える $h_{ii}$ を高い作用点とする人もいる (Hoaglin and Welsch (1978), Belsley et al.

(1980)).

Huber (1981) は，$\hat{Y}_i$ が

$$\hat{Y}_i = h_{ii}Y_i + (1-h_{ii})\hat{Y}_i(i) \tag{2.9}$$

と表すことができることに注目した（数学注 (3) 参照）．ここで $\hat{Y}_i(i)$ は次のような第 $i$ 期の予測値である．

$$\hat{Y}_i(i) = \boldsymbol{x}_i'\hat{\boldsymbol{\beta}}(i)$$

$\hat{\boldsymbol{\beta}}(i) = i$ 期の観測値を除いたときに得られる $\boldsymbol{\beta}$ の最小 2 乗推定値

上式より $h_{ii}$ が大きければ，$\hat{Y}_i$ は $n$ 個の観測点全体からというよりは第 $i$ 観測値から決定される割合が大きくなることがわかる．Huber は $h_{ii} \leq 0.2$ ならば安全，$0.2 < h_{ii} < 0.5$ ならば危険，$h_{ii} \geq 0.5$ ならば（$\hat{Y}_i$ の 50% 以上が $i$ 期の観測値 $Y_i$ に依存しているならば）実験計画を変更できるときにはそのような $i$ 期の観測値は避けたほうがよいと述べた．Huber の基準は $k$ や $n$ に依存しない $h_{ii}$ の水準自体が問題となっている．

$3k/n$ にせよ，0.2 にせよ $h_{ii}$ がどれぐらい大きければ高い作用点かという 1 つの判断基準であり，確率分布の臨界点のように考えるべきではない．

## 2.3　マハラノビスの距離と $X$ 方向の誤差

$h_{ii}$ 以外に，$X$ 方向の誤差かどうかを判断する基準として

$$\mathrm{MD}_i^2 > \chi_\alpha^2(k-1), \quad i = 1, \cdots, n \tag{2.10}$$

がある．ここで，$\mathrm{MD}_i$ はマハラノビスの距離 Maharanobis distance であり，(2.8) 式の変数記号を用いれば

$$\mathrm{MD}_i^2 = (\boldsymbol{x}_i - \bar{\boldsymbol{x}})'\boldsymbol{S}^{-1}(\boldsymbol{x}_i - \bar{\boldsymbol{x}}) \tag{2.11}$$

$$\boldsymbol{S} = \frac{1}{n-1}\tilde{\boldsymbol{X}}_2'\tilde{\boldsymbol{X}}_2$$

である（Rousseeuw and Leroy (2003) p. 224）．

(2.10) 式の

$\chi_\alpha^2(k-1) =$ 自由度 $k-1$ のカイ 2 乗分布の上側 $\alpha$ の確率を与える分位点

(2.8) 式と (2.11) 式より，$h_{ii}$ と $\mathrm{MD}_i^2$ との間には

$$\mathrm{MD}_i^2 = (n-1)\left(h_{ii} - \frac{1}{n}\right) \tag{2.12}$$

**表 2.1** (1.23) 式の $h_{ii}$ と $\mathrm{MD}_i^2$

| $i$ | $h_{ii}$ | $\mathrm{MD}_i^2$ | $i$ | $h_{ii}$ | $\mathrm{MD}_i^2$ | $i$ | $h_{ii}$ | $\mathrm{MD}_i^2$ |
|---|---|---|---|---|---|---|---|---|
| 1 | 0.107 | 2.674 | 13 | 0.050 | 0.718 | 25 | 0.075 | 1.579 |
| 2 | 0.036 | 0.266 | 14 | 0.055 | 0.897 | 26 | 0.062 | 1.128 |
| 3 | 0.043 | 0.485 | 15 | 0.039 | 0.339 | 27 | 0.046 | 0.580 |
| 4 | 0.068 | 1.334 | 16 | 0.048 | 0.654 | 28 | 0.037 | 0.278 |
| 5 | 0.042 | 0.464 | 17 | 0.117 | 3.021 | 29 | 0.030 | 0.049 |
| 6 | 0.038 | 0.308 | 18 | 0.074 | 1.538 | 30 | 0.045 | 0.571 |
| 7 | 0.501 | 16.075 | 19 | 0.038 | 0.335 | 31 | 0.103 | 2.518 |
| 8 | 0.046 | 0.580 | 20 | 0.046 | 0.604 | 32 | 0.052 | 0.787 |
| 9 | 0.039 | 0.362 | 21 | 0.074 | 1.536 | 33 | 0.165 | 4.647 |
| 10 | 0.050 | 0.734 | 22 | 0.067 | 1.293 | 34 | 0.040 | 0.379 |
| 11 | 0.367 | 11.509 | 23 | 0.031 | 0.076 | 35 | 0.164 | 4.592 |
| 12 | 0.037 | 0.298 | 24 | 0.170 | 4.793 | | | |

$2k/n=0.171$, $3k/n=0.257$, $\chi^2_{0.05}(2)=5.992$

の関係がある.

(1.1) 式の線形回帰モデルで, $(k-1)\times 1$ ベクトル $\boldsymbol{x}_i$ は $k-1$ 変量正規ベクトルとは仮定されていないから, (2.10) 式のカイ 2 乗分布による検定は正規分布からの類比であり, ひとつの目安にすぎない.

$n=40$, $k=3$ のとき $\chi^2_{0.01}(2)=9.210$, $\chi^2_{0.05}(2)=5.992$ である. $3k/n=0.225$ であるから, $h_{ii}=0.225$ を切断点とすると, $\mathrm{MD}_i^2=7.80$ となり, $\alpha=0.05$ ならば $\mathrm{MD}_i^2=7.80$ は高い作用点, $\alpha=0.01$ ならば高い作用点とはみなされない.

**▶例 2.1 (1.23) 式の $h_{ii}$ と $\mathrm{MD}_i^2$**

例 1.2 の (1.23) 式の説明変数から計算される $h_{ii}$ と $\mathrm{MD}_i^2$ が**表 2.1** に示されている. $n=35$, $k=3$ であるから

$$2k/n=0.171,\quad 3k/n=0.257,\quad \chi^2_{0.05}(2)=5.992,\quad \chi^2_{0.01}(2)=9.210$$

となる. 表 2.1 で #7, 11 が $3k/n$ より大きく, $\chi^2_{0.01}(2)$ よりも大きい. この 2 点は高い作用点である. 図 1.1, 図 1.2 の偏回帰作用点プロットにおいても, $\hat{\beta}_2$ (図 1.1), $\hat{\beta}_3$ (図 1.2) の勾配をもつ直線が, この #7, 11 の 2 点に引き寄せられていることがわかる.

## 2.4 診断プロット

さまざまなプロットによって, 関数形が適切か均一分散か, 誤差項は正規性を

満たしているか，あるいは外れ値ではないかなどを判断することができるケースが多い．本書の回帰診断でとくに有用なプロットは $LR$ プロットである．以下，主な診断プロットを示す．

### 2.4.1 $e$-$\hat{Y}$ プロット

横軸に $\hat{Y}_j$ $\left(\text{あるいは } \hat{Y}_j\Big/\sum_{i=1}^{n}|\hat{Y}_i|\right)$，縦軸に残差 $e_j$ $\left(\text{あるいは } e_j\Big/\sum_{i=1}^{n}|e_i|\right)$ をプロットした図を $e$-$\hat{Y}$ プロットとよぶ．不均一分散ではないかどうかの検討に有用である．1.3.2 項残差の性質（2）から $e$ と $\hat{Y}$ の相関は 0 であるから，均一分散であれば $e=0$ の直線の近くに（$\hat{Y}_i$, $e_i$）は散らばっている筈である．$\hat{Y}$ が大きくなると $e$ の散らばりが大きくなったり，あるいは小さくなったりすれば不均一分散の可能性がある．あるいは $e$ と $\hat{Y}$ の間に非線形のパターンが生じていれば，関数形の不適切さや系統的要因が欠如しているのかも知れない．

**図 2.1** は例 1.2，(1.24) 式の $e$-$\hat{Y}$ プロットである．#18 の $e$ の大きさが際立っているが，不均一分散や関数形の不適切さは示唆されない．

$e$-$Y$ ではなく，$e$-$\hat{Y}$ プロットにするのは，$e_i$ と $Y_i$ の相関係数 $r_{eY}$ は 0 でなく

$$r_{eY}=(1-R^2)^{\frac{1}{2}}$$

となるからである．

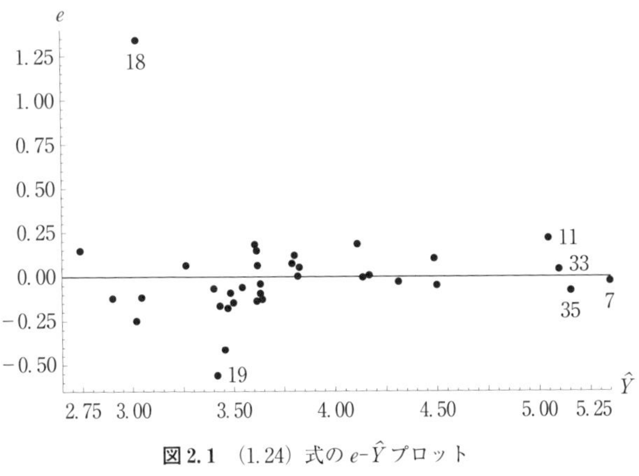


**図 2.1**　(1.24) 式の $e$-$\hat{Y}$ プロット

### 2.4.2 LR プロット

説明変数空間において，$\boldsymbol{x}_i'$ が中心からどれぐらい離れているかは

$$h_{ii}=\boldsymbol{x}_i'(\boldsymbol{X}'\boldsymbol{X})^{-1}\boldsymbol{x}_i$$

によって表される．しかしこの $h_{ii}$ には被説明変数 $Y$ に含まれている情報は反映されない．そこで $n\times(k+1)$ の行列

$$\boldsymbol{Z}=(\boldsymbol{X}\ \ \boldsymbol{y})$$

を定義し

$$\boldsymbol{Z}=\begin{bmatrix}\boldsymbol{x}_1' & Y_1\\ \boldsymbol{x}_2' & Y_2\\ \vdots & \vdots\\ \boldsymbol{x}_n' & Y_n\end{bmatrix}=\begin{bmatrix}\boldsymbol{z}_1'\\ \boldsymbol{z}_2'\\ \vdots\\ \boldsymbol{z}_n'\end{bmatrix}$$

と表して，スカラー

$$\boldsymbol{z}_i'(\boldsymbol{Z}'\boldsymbol{Z})^{-1}\boldsymbol{z}_i$$

を考えてみよう．$(\boldsymbol{Z}'\boldsymbol{Z})^{-1}$ に分割行列の逆行列の公式を適用して計算すると

$$\boldsymbol{Z}(\boldsymbol{Z}'\boldsymbol{Z})^{-1}\boldsymbol{Z}'=\boldsymbol{X}(\boldsymbol{X}'\boldsymbol{X})^{-1}\boldsymbol{X}'+\frac{\boldsymbol{e}\boldsymbol{e}'}{\boldsymbol{e}'\boldsymbol{e}} \tag{2.13}$$

が得られるから，(2.13) 式の $(i, i)$ 要素として

$$\begin{aligned}q_{ii}=\boldsymbol{z}_i'(\boldsymbol{Z}'\boldsymbol{Z})^{-1}\boldsymbol{z}_i&=\boldsymbol{x}_i'(\boldsymbol{X}'\boldsymbol{X})^{-1}\boldsymbol{x}_i+\frac{e_i^2}{\sum_{i=1}^{n}e_i^2}\\ &=h_{ii}+a_i^2\end{aligned} \tag{2.14}$$

が得られる．したがってこの $q_{ii}$ には作用点 $h_{ii}$ と $Y$ 方向の残差 $a_i^2$ の両方が現れる．

$(a_i^2,\ h_{ii})$ のプロットは $LR$ プロット leverage-residual plot とよばれる．$h_{ii}$ のみ大きい観測値は高い作用点 high leverage point であり，$X$ 方向の外れ値である．$a_i^2$ のみ大きい観測値は $Y$ 方向の外れ値であり，$h_{ii}$，$a_i^2$ ともに大きいのは両方向の外れ値である．

$a_i^2$ は % 表示で平方残差率として(1.25)式に定義されている．すべての $e_i^2$, $i=1, \cdots, n$ がそれぞれ均等に残差平方和の $1/n$ 寄与し

$$e_i^2=\frac{1}{n}\sum_{i=1}^{n}e_i^2$$

であれば，このとき

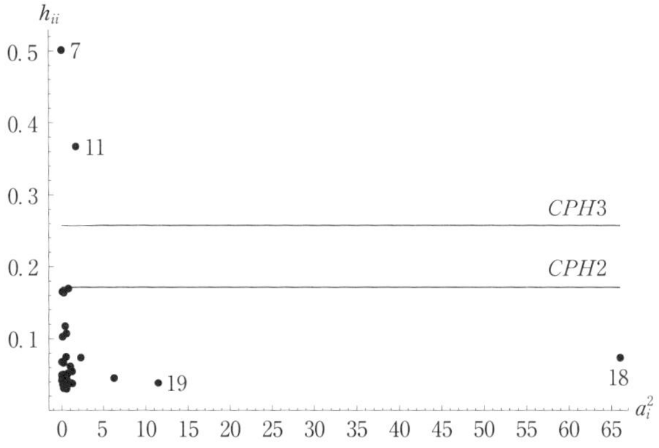


**図 2.2** (1.24) 式の *LR* プロット

$$a_i^2 = 100 \times \frac{1}{n}$$

となる．したがって，これもひとつの目安にすぎないが

$$a_i^2 > 100 \times \frac{3}{n}$$

を $Y$ 方向の外れ値と判断することができる．

**図 2.2** は例 1.2，(1.24) 式から得られる *LR* プロットである．$a_i^2$ は表 1.2，$h_{ii}$ は表 2.1 にある．図 2.2 の $CPH2 = 2k/n = 0.171$，$CPH3 = 3k/n = 0.257$ である．すでにこれまで見てきたように，#7，11 が高い作用点，$a_i^2$ は #18 のみで残差平方和の 66.03% を占め，$100 \times \frac{3}{n} = 8.57$ (%) を超える $a_i^2$ は，他に #19 の 11.47% のみである．#18，19 の 2 点で残差平方和の 77.5% と 3/4 以上を占める．

### ▶例 2.2　配達時間

ある清涼飲料のメーカーは，販売代理店に設置されている自動販売機への飲料の配達時間に，ケースの数と運転手が自動販売機まで歩く距離がどの程度影響するかを知りたい．**表 2.2** は 25 箇所から得られたデータである．表の

$DVT$ = 配達時間（単位：分）

$CASE$ = 清涼飲料水が入っている箱の数

$DIST$ = 距離（単位：フィート，1 フィート ≒ 0.305 m）

表 2.2　配達時間のデータ

| $i$ | $DVT$ | $CASE$ | $DIST$ | $i$ | $DVT$ | $CASE$ | $DIST$ | $i$ | $DVT$ | $CASE$ | $DIST$ |
|---|---|---|---|---|---|---|---|---|---|---|---|
| 1 | 16.68 | 7 | 560 | 10 | 21.50 | 5 | 605 | 19 | 9.50 | 3 | 36 |
| 2 | 11.50 | 3 | 220 | 11 | 40.33 | 16 | 688 | 20 | 35.10 | 17 | 770 |
| 3 | 12.03 | 3 | 340 | 12 | 21.00 | 10 | 215 | 21 | 17.90 | 10 | 140 |
| 4 | 14.88 | 4 | 80 | 13 | 13.50 | 4 | 255 | 22 | 52.32 | 26 | 810 |
| 5 | 13.75 | 6 | 150 | 14 | 19.75 | 6 | 462 | 23 | 18.75 | 9 | 450 |
| 6 | 18.11 | 7 | 330 | 15 | 24.00 | 9 | 448 | 24 | 19.83 | 8 | 635 |
| 7 | 8.00 | 2 | 110 | 16 | 29.00 | 10 | 776 | 25 | 10.75 | 4 | 150 |
| 8 | 17.83 | 7 | 210 | 17 | 15.35 | 6 | 200 | | | | |
| 9 | 79.24 | 30 | 1460 | 18 | 19.00 | 7 | 132 | | | | |

出所：Montgomery et al. (2012), p. 74, Table 3.2.

変数を

$$Y = DVT,\quad X_2 = CASE,\quad X_3 = DIST^{2.069} \times 10^{-5}$$

とおく．2.069 はボックス・コックス変換より得られた値である．

モデルを

$$Y_i = \beta_1 + \beta_2 X_{2i} + \beta_3 X_{3i} + u_i,\quad i = 1, \cdots, n \tag{2.15}$$

とする．上式の OLS による推定結果は次式である．係数の下の（　）内は $t$ 値である．

$$\underset{(7.21)}{Y = 6.2879} + \underset{(11.23)}{1.4196\,X_2} + \underset{(7.17)}{0.8588\,X_3} \tag{2.16}$$

$$\bar{R}^2 = 0.9773,\quad s = 2.342$$

BP = 0.65219 (0.722),　W = 9.97873 (0.076)

RESET (2) = 0.026379 (0.873)

RESET (3) = 0.015346 (0.985)

SW = 0.96514 (0.526),　JB = 0.36069 (0.835)

均一分散，定式化ミスなし，正規性の仮定は成立している．(2.16) 式の OLS 残差，$h_{ii}$ 等々は**表 2.3**，$LR$ プロットは**図 2.3** である．表より

$$h_{ii} > \frac{3k}{n} = 0.36 \text{ は } \#9,\ 22$$

$$\mathrm{MD}_i^2 > \chi^2_{0.05}(2) = 5.992 \text{ は } \#9,\ 22$$

$$a_i^2 > 100 \times \frac{3}{n} = 12\% \text{ は } \#11$$

であり，#9, 22 の 2 点は高い作用点，#11 の $a_i^2 = 20.30\%$ は $Y$ 方向の誤差である．

**表 2.3** (2.16) 式の OLS 残差，$h_{ii}$，$\mathrm{MD}_i^2$，$a_i^2$，$t_i$

| $i$ | $e$ | $h_{ii}$ | $\mathrm{MD}_i^2$ | $a_i^2$ | $i$ | $e$ | $h_{ii}$ | $\mathrm{MD}_i^2$ | $a_i^2$ |
|---|---|---|---|---|---|---|---|---|---|
| 1 | −3.7126 | 0.055 | 0.354 | 11.43 | 14 | 2.1454 | 0.052 | 0.289 | 3.82 |
| 2 | 0.3502 | 0.075 | 0.845 | 0.10 | 15 | 2.3092 | 0.045 | 0.127 | 4.42 |
| 3 | −0.0010 | 0.086 | 1.106 | 0.00 | 16 | 0.3315 | 0.087 | 1.129 | 0.09 |
| 4 | 2.8393 | 0.060 | 0.478 | 6.68 | 17 | 0.0494 | 0.051 | 0.260 | 0.00 |
| 5 | −1.3286 | 0.053 | 0.305 | 1.46 | 18 | 2.5653 | 0.059 | 0.448 | 5.46 |
| 6 | 0.4895 | 0.046 | 0.140 | 0.20 | 19 | −1.0610 | 0.071 | 0.744 | 0.93 |
| 7 | −1.2708 | 0.089 | 1.183 | 1.34 | 20 | −3.3754 | 0.112 | 1.722 | 9.45 |
| 8 | 1.0572 | 0.054 | 0.336 | 0.93 | 21 | −2.8207 | 0.109 | 1.654 | 6.60 |
| 9 | 0.1006 | 0.831 | 18.986 | 0.01 | 22 | 0.1785 | 0.515 | 11.409 | 0.03 |
| 10 | 3.2239 | 0.111 | 1.714 | 8.62 | 23 | −2.9651 | 0.045 | 0.122 | 7.29 |
| 11 | 4.9481 | 0.113 | 1.755 | 20.30 | 24 | −3.2199 | 0.060 | 0.471 | 8.60 |
| 12 | −0.0590 | 0.099 | 1.413 | 0.00 | 25 | −1.4894 | 0.060 | 0.482 | 1.84 |
| 13 | 0.7152 | 0.062 | 0.528 | 0.42 | | | | | |

$2k/n=0.24$，$3k/n=0.36$，$\chi^2_{0.05}(2)=5.992$

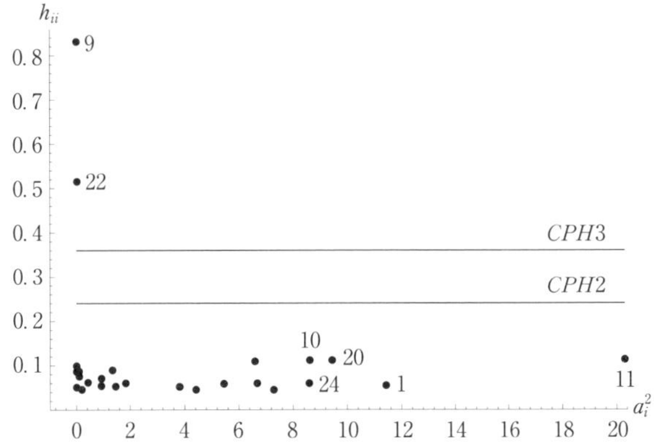


**図 2.3** (2.16) 式の $LR$ プロット

#9の配達時間79.24分は一番時間を要し，箱の数も30，距離も1460フィート（約445.3 m）と，他の観測値にくらべ，かなり異常な値である．#22も箱の数26，距離も810フィート（約247.1 m）と離れており，配達時間も52.32分と長い．

#11は箱の数16，距離も688フィート（約209.8 m）あるが，40.33分の配達時間は長すぎる．

(2.15) 式の $1=Y$，$2=X_2$，$3=X_3$ とすると

$$R13_i=b_2R23_i,\quad i=1,\cdots,n$$

の偏回帰作用点プロットが**図 2.4**,

$$R12_i = b_3 R32_i, \quad i = 1, \cdots, n$$

の偏回帰作用点プロットが**図 2.5** に示されている．$b_2 = \hat{\beta}_2 = 1.4196$，$b_3 = \hat{\beta}_3 = 0.8588$ である．

図 2.4, 図 2.5 から $\hat{\beta}_2$, $\hat{\beta}_3$ とも高い作用点 #9, 22 に引張られていること, 図 2.4 では #1, 10, 11 の残差，図 2.5 からは #1, 10, 11, 20, 21 の残差が大きいことがわかる．

2 個の高い作用点 #9 と 22，$Y$ 方向の外れ値 #11 を除く $n=22$ のデータで，改めて $DIST$ のみボックス・コックス変換を行うと，2.069 ではなく 1.698 となる．

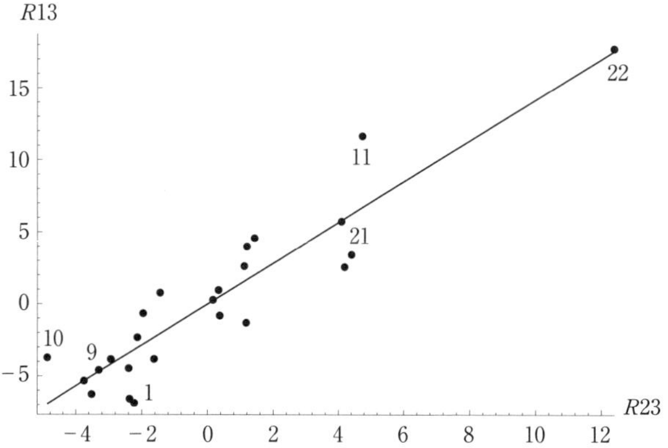


**図 2.4**　(2.15) 式の偏回帰作用点プロット ($\hat{\beta}_2$)

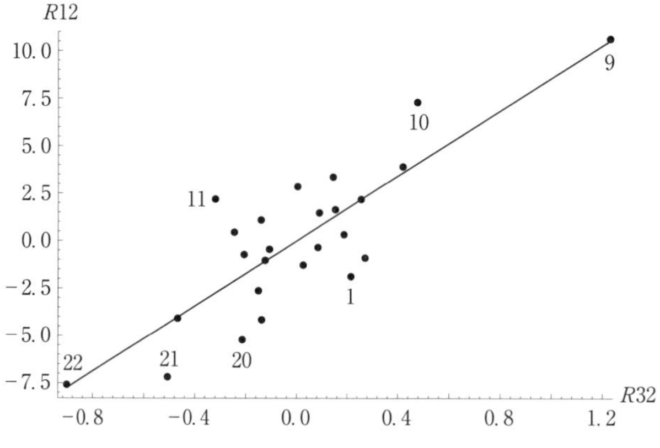


**図 2.5**　(2.15) 式の偏回帰作用点プロット ($\hat{\beta}_3$)

$$Z_{2i}=CASE_i,\quad Z_{3i}=DIST^{1.698}\times 10^{-5}$$
$$i=1, \cdots, 22\quad (\#9, 11, 22 \text{ を除く})$$

とおくと，OLSの推定結果は次式になる．

$$Y=\underset{(6.99)}{7.1004}+\underset{(7.15)}{1.2204}Z_2+\underset{(4.30)}{9.9413}Z_3 \tag{2.17}$$

$\bar{R}^2=0.8901,\quad s=2.091$

BP＝2.19814 (0.333)，W＝6.36390 (0.272)

RESET(2)＝0.33938 (0.567)

RESET(3)＝0.65115 (0.534)

SW＝0.95796 (0.449)，JB＝1.09165 (0.579)

$X_3$ と $Z_3$ の値は水準が大幅に異なってくるから標本平均

$$\bar{X}_3=4.26238\ (n=25),\quad \bar{Z}_3=0.23825\ (n=22)$$

となり，$Z_3$ の係数推定値も 9.9413 と大きい．(2.17) 式も均一分散，定式化ミスなし，正規性の仮定は崩れていない．

### 2.4.3 *PR* プロット

作用点leverage pointと残差residualをプロットするという意味で，*LR*プロットと同じであるが，*PR* プロット potential-residual plot とよばれているプロットがある（Hadi (1992)）．

$$\text{ポテンシャル関数 } P_i=\frac{h_{ii}}{1-h_{ii}}$$

$$\text{残差関数 } R_i=\frac{k}{1-h_{ii}}\cdot\frac{a_i^2}{1-a_i^2}$$

$$\text{ただし，この } a_i^2=e_i^2\Big/\sum_{i=1}^{n}e_i^2$$

と定義し，$(R_i,\ P_i)$，$i=1, \cdots, n$ をプロットする．

$h_{ii}>\dfrac{2k}{n}$ および $h_{ii}>\dfrac{3k}{n}$ に対応するのはそれぞれ

$$P_i>\frac{2k}{n-2k},\quad P_i>\frac{3k}{n-3k}$$

である．

**図 2.6** は例 2.2，(2.16) 式の *PR* プロットである，図の $CUTP2=2k/(n-2k)$

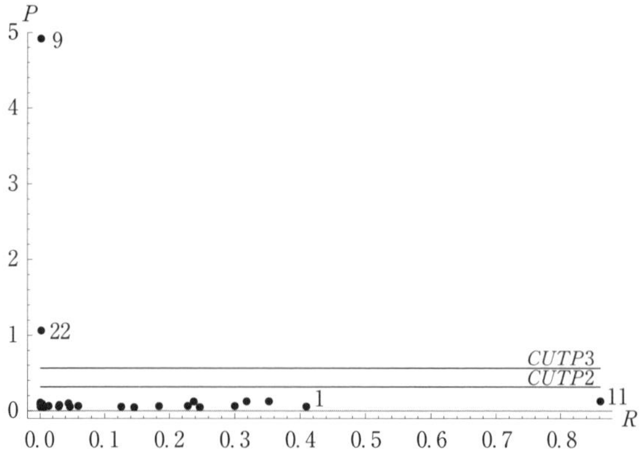


**図 2.6**　(2.16) 式の $PR$ プロット

$=0.31579$, $CUTP3=3k/(n-3k)=0.56250$ である．図 2.3 の $LR$ プロットと余り変わらない．本書では $LR$ プロットの方を用いる．

### 2.4.4　*CPR* プロット，*APR* プロット

線形回帰モデル (1.1) 式の OLS 残差を $e_i$, $i=1, \cdots, n$, $\beta_j$ の OLSE を $\hat{\beta}_j$ とする．このとき

$$e_i^* = e_i + \hat{\beta}_j X_{ji}, \quad i=1, \cdots, n \tag{2.18}$$

は，説明変数 $X_j$ に対する偏残差 partial residual とよばれる．$(X_{ji}, e_i^*)$ のプロットは $CPR$ プロット component-plus-residual plot であり，$X_j$ の非線形性のモデルへの必要性を検出する上で有用であるといわれている．このプロットは Ezekiel (1924) によって導入され，後に Larsen and McCleary (1972) が推奨している (Yan and Su (2009) p. 146).

$e_i^*$ の $X_{ji}$ への回帰を

$$e_i^* = \gamma + \delta X_{ji} + \varepsilon_i^*$$

と表し，$x_{ji} = X_{ji} - \bar{X}_j$ とすると，$\delta$ の OLSE は

$$\hat{\delta} = \frac{\sum_{i=1}^{n} x_{ji}(e_i^* - \bar{e}^*)}{\sum_{i=1}^{n} x_{ji}^2}$$

である．

$$e_i^* - \bar{e}^* = e_i + \hat{\beta}_j x_{ji}$$

となるから，$\sum_{i=1}^{n} e_i x_{ji} = 0$ に注意すれば，$\hat{\delta}$ の分子へ代入して $\hat{\delta} = \hat{\beta}_j$ となる．

$$\hat{\gamma} = \bar{e}^* - \hat{\delta}\bar{X}_j = \hat{\beta}_j \bar{X}_j - \hat{\beta}_j \bar{X}_j = 0$$

となる．すなわち，$e_i^*$ の $X_{ji}$ への回帰は切片 0，勾配 $\hat{\beta}_j$ の直線となる．

$X_j$ の非線形性には *CPR* プロットより *APR* プロット augumented partial residual plot の方がより敏感であるといわれている（Yan and Su (2009) p. 147）．

回帰モデルを

$$Y_i = \underset{1\times k}{\boldsymbol{x}_i'} \underset{k\times 1}{\boldsymbol{\beta}} + u_i \tag{2.19}$$

と定式化したとき，上式に $X_{ji}^2$ を追加したモデル

$$Y_i = \boldsymbol{x}_i' \boldsymbol{\beta} + \beta_{jj} X_{ji}^2 + \varepsilon_i \tag{2.20}$$

の $\beta_j$ の OLSE を $b_j$，$j=1, \cdots, k$，$\beta_{jj}$ の OLSE を $b_{jj}$，OLS 残差を $r_i$ とすると，*APR* プロットは

$$r_i^* = r_i + X_j b_j + X_{ji}^2 b_{jj}, \quad i = 1, \cdots, n \tag{2.21}$$

が縦軸，$X_{ji}$ が横軸のプロットである．

Mallows (1986) はさらに，次のような *APR* プロットが $X_j$ の非線形性の検出に有効であると主張している．修正 *APR* プロットを描くために

$$APR(X_{ji}) = r_i + b_j(X_{ji} - \bar{X}_j) + b_{jj}\left[(X_{ji} - \bar{X}_j)^2 - \hat{\sigma}_j^2\right] + \bar{Y} \tag{2.22}$$

と表す．ここで

$$\bar{X}_j = \frac{1}{n}\sum_{i=1}^{n} X_{ji}, \quad \hat{\sigma}_j^2 = \frac{1}{n}\sum_{i=1}^{n} (X_{ji} - \bar{X}_j)^2$$

である．

この $APR(X_{ji})$ を縦軸，$X_{ji}$ を横軸にとり，プロットしたのが修正 *APR* プロットである．

### ▶例 2.3　配達時間の *DIST* の非線形性

例 2.2 の (2.15) 式は $DIST^{2.069} \times 10^{-5}$ を説明変数に用いている．

$$DVT_i = \alpha_1 + \alpha_2 CASE_i + \alpha_3 DIST_i + u_i \tag{2.23}$$

と定式化したとき，*DIST* の非線形性を調べてみよう．(2.23) 式の OLS による推定結果は以下のようになる．

$$DVT = \underset{(2.13)}{2.3412} + \underset{(9.46)}{1.6159}CASE + \underset{(3.98)}{0.01439}DIST \qquad (2.24)$$

$\bar{R}^2 = 0.9559,\quad s = 3.2595$

BP = 11.9883 (0.002),　W = 14.9624 (0.011)

RESET(2) = 14.8182 (0.001)

RESET(3) = 8.32656 (0.002)

SW = 0.95151 (0.271),　JB = 0.0097223 (0.995)

$\bar{R}^2$ は大きく，$\alpha_j$ もすべて 0 と有意に異なり，正規性も成立しているが，不均一分散であり，定式化ミスも検出される．

(2.23) 式の $\alpha_j$ の OLSE を $\hat{\alpha}_j$，(2.24) 式の OLS 残差を $e_i$ とすると

$$e_i^* = e_i + \hat{\alpha}_3 DIST_i$$

が $DIST$ に対する偏残差である．

(2.23) 式に $DIST^2 \times 10^{-5}$ を追加したモデル

$$DVT_i = \beta_1 + \beta_2 CASE_i + \beta_3 DIST_i + \beta_{33} DIST_i^2 \times 10^{-5} + \varepsilon_i$$

の $\beta_j$ の OLSE を $b_j$，$\beta_{33}$ の OLSE を $b_{33}$，OLS 残差を $r_i$ とし

$$r_i^* = r_i + DIST_i b_3 + DIST_i^2 \times 10^{-5} b_{33}$$

とする．さらに

$$APR(DIST_i) = r_i + b_3(DIST_i - \overline{DIST}) + b_{33}\left[(DIST_i - \overline{DIST})^2 - \hat{\sigma}_3^2\right] + \overline{DVT}$$

とする．ここで

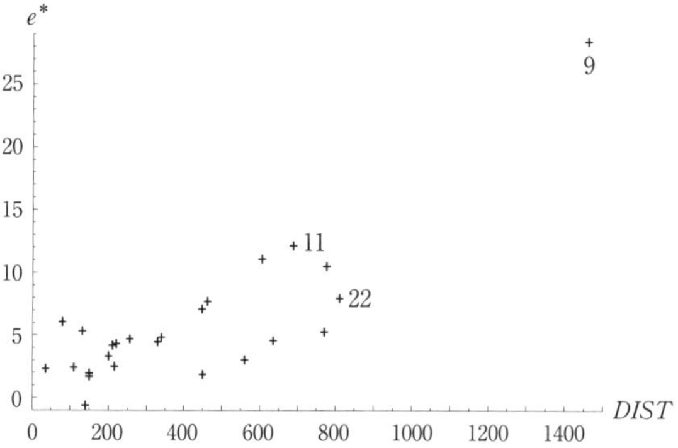


**図 2.7**　(2.24) 式の $CPR$ プロット

$$\hat{\sigma}_3^2 = \frac{1}{n}\sum_{i=1}^{n}(DIST_i - \overline{DIST})^2$$

である．

**図 2.7** は $(DIST_i,\ e_i^*)$ の $CPR$ プロット，**図 2.8** は $(DIST_i,\ r_i^*)$ の $APR$ プロット，**図 2.9** は $(DIST_i,\ APR(DIST_i))$ の修正 $APR$ プロットである．

図 2.7 と図 2.8 の差異はとくに顕著ではなく，$APR$ プロットの方が $CPR$ プロットより $DIST^2$ の必要性を明示しているとは思えない．これに対して図 2.9 の修正 $APR$ プロットは明らかに $DIST^2$ への非線形変換が有効であることを示している．

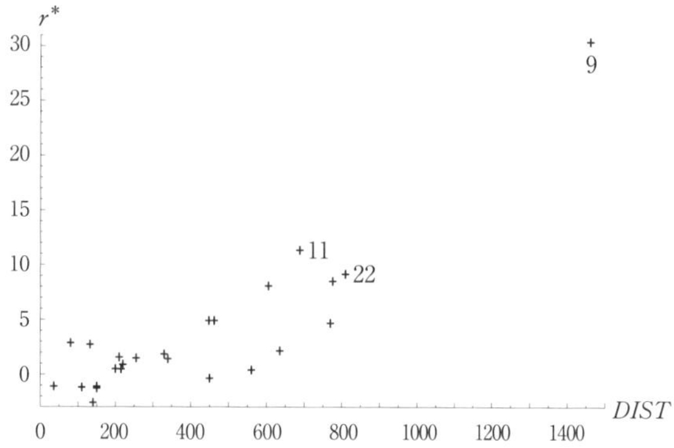


**図 2.8**　(2.24) 式の $APR$ プロット

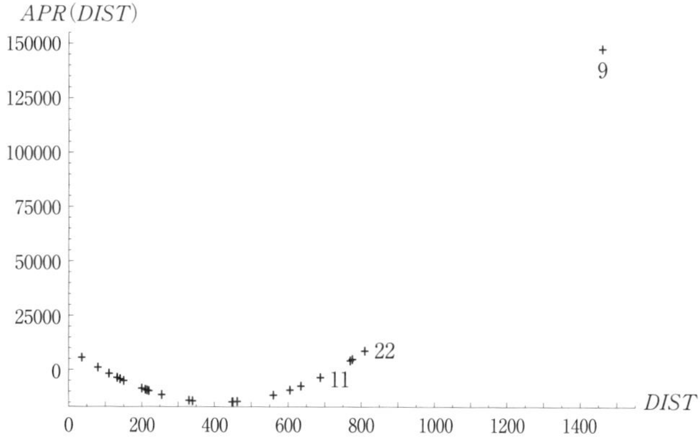


**図 2.9**　(2.24) 式の修正 $APR$ プロット

### ▶例 2.4　年齢と最高血圧

**表 2.4** は健康な成人 20 人の年齢（$AGE$）と最高血圧（$BP$）である．まず

$$\log(BP)_i = \alpha_1 + \alpha_2 AGE_i + u_i \tag{2.25}$$

と定式化し，$AGE$ に非線形変換をした方がよいかどうかを検討しよう．(2.25) 式の OLS 推定結果は次式である．

$$\log(BP) = \underset{(506.76)}{4.7322} + \underset{(16.70)}{0.003365}AGE \tag{2.26}$$

$\bar{R}^2 = 0.9360,\quad s = 0.0154$

BP = 0.044888 (0.832),　W = 1.59316 (0.451)

RESET(2) = 5.56746 (0.031)

RESET(3) = 2.80672 (0.090)

SW = 0.94323 (0.276),　JB = 1.11510 (0.573)

均一分散，正規性は成立しているが，RESET(2) からは，有意水準 5% で定式化ミスが示唆される．

(2.26) 式の OLS 残差を $e_i$，$AGE$ に対する偏残差を

$$e_i^* = e_i + \hat{\alpha}_2 AGE_i,\quad i = 1, \cdots, n$$

とする．

$$\log(BP)_i = \beta_1 + \beta_2 AGE_i + \beta_{22} AGE_i^2 \times 10^{-2} + \varepsilon_i$$

の OLS 残差を $r_i$ とし

$$r_i^* = r_i + AGE_i b_2 + AGE_i^2 \times 10^{-2} b_{22}$$

とする．$b_j$，$b_{jj}$ は $\beta_j$，$\beta_{jj}$ の OLSE である．

$$APR(AGE_i) = r_i + b_2(AGE_i - \overline{AGE}) + b_{22}\left[(AGE_i - \overline{AGE})^2 - \hat{\sigma}_2^2\right] + \overline{\log(BP)}$$

**表 2.4**　最高血圧と年齢

| $i$ | $BP$ | $AGE$ | $i$ | $BP$ | $AGE$ | $i$ | $BP$ | $AGE$ |
|---|---|---|---|---|---|---|---|---|
| 1 | 120 | 20 | 8 | 132 | 46 | 15 | 143 | 63 |
| 2 | 128 | 43 | 9 | 140 | 58 | 16 | 130 | 43 |
| 3 | 141 | 63 | 10 | 144 | 70 | 17 | 124 | 26 |
| 4 | 126 | 26 | 11 | 128 | 46 | 18 | 121 | 19 |
| 5 | 134 | 53 | 12 | 136 | 53 | 19 | 126 | 31 |
| 6 | 128 | 31 | 13 | 146 | 70 | 20 | 123 | 23 |
| 7 | 136 | 58 | 14 | 124 | 20 | | | |

出所：Daniel (2010) p. 465, Q24

とする．── は標本平均，$\hat{\sigma}_2^2$ は $AGE$ の標本分散である．

**図 2.10** は（$AGE_i$, $e_i^*$）の $CPR$ プロット，**図 2.11** は（$AGE_i$, $r_i^*$）の $APR$ プロット，**図 2.12** は（$AGE_i$, $APR(AGE)_i$）の修正 $APR$ プロットである．

$CPR$ プロット，$APR$ プロットからは $AGE$ を非線形変換する必要性は明確でないが，修正 $APR$ プロットからは $AGE^2$ へ変換する方が良いのではないかと示唆される．

修正 $APR$ プロットは，一般に，$X_{ji}^2$, $X_{ji}^2\times10^{-2}$, $X_{ji}^2\times10^{-4}$ 等々の変換によって形状はかなり異なってくる．修正 $APR$ プロットでは $X_{ji}$, $X_{ji}^2$ は

$$SX_{ji}=\frac{X_{ji}-\bar{X}_j}{s_j},\quad s_j=\left[\frac{1}{n-1}\sum_{i=1}^{n}(X_{ji}-\bar{X}_j)^2\right]^{\frac{1}{2}}$$

$$SX_{ji}^2=\frac{X_{ji}^2-\bar{X}_j^2}{s_{jj}},\quad s_{jj}=\left[\frac{1}{n-1}\sum_{i=1}^{n}(X_{ji}^2-\bar{X}_j^2)^2\right]^{\frac{1}{2}}$$

と標準化してプロットした方がよい．

この標準化した変数による修正 $APR$ プロット，$APR(SAGE_i)$ は**図 2.13** である．図 2.12 からの判断は変わらない．

$AGE^2$ への変換は $APR$ プロットの 1 つの例であり，$AGE$ のボックス・コックス変換

$$\frac{AGE^{\lambda}-1}{\lambda}$$

からは $\lambda=1.8252$ が得られるので

$$Y_i=\log(BP)_i,\quad X_{2i}=AGE_i^{1.8252}\times10^{-4}$$

とおき

$$Y_i=\gamma_1+\gamma_2X_{2i}+v_i \tag{2.27}$$

と定式化した．OLS による上式の推定結果は次式である．

$$\underset{(873.30)}{Y=4.7883}+\underset{(19.35)}{0.8264}X_2 \tag{2.28}$$

$$\bar{R}^2=0.9516,\quad s=0.0134$$

BP $=0.426321$ (0.514), W $=0.858313$ (0.651)

RESET(2) $=0.0034192$ (0.954)

RESET(3) $=0.050415$ (0.951)

SW $=0.967049$ (0.692), JB $=0.779672$ (0.677)

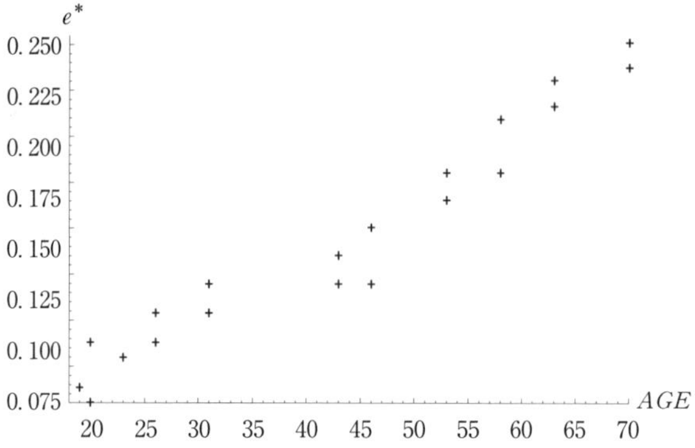


**図 2. 10** (2. 26) 式の *CPR* プロット

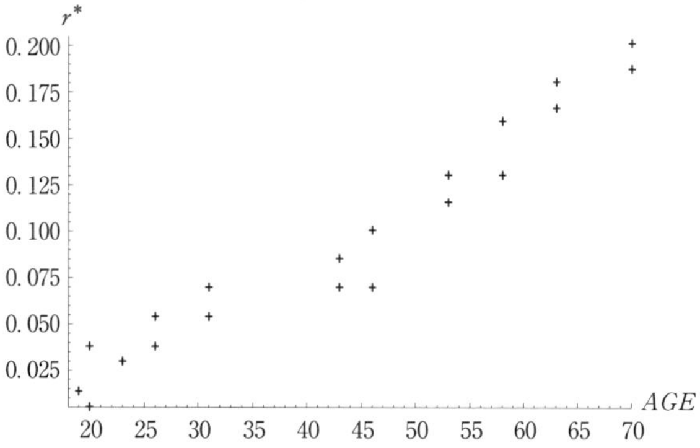


**図 2. 11** (2. 26) 式の *APR* プロット

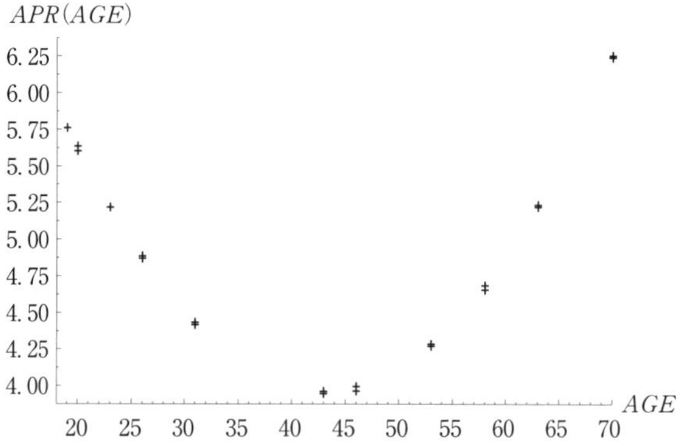


**図 2. 12** (2. 26) 式の修正 *APR* プロット

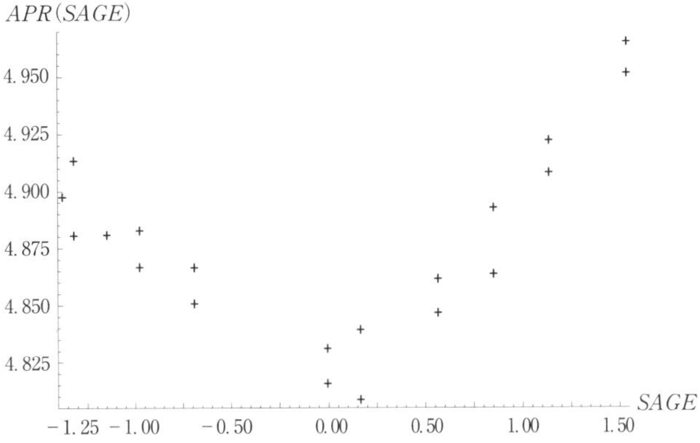


**図 2.13** (2.26) 式の標準化変数による修正 *APR* プロット

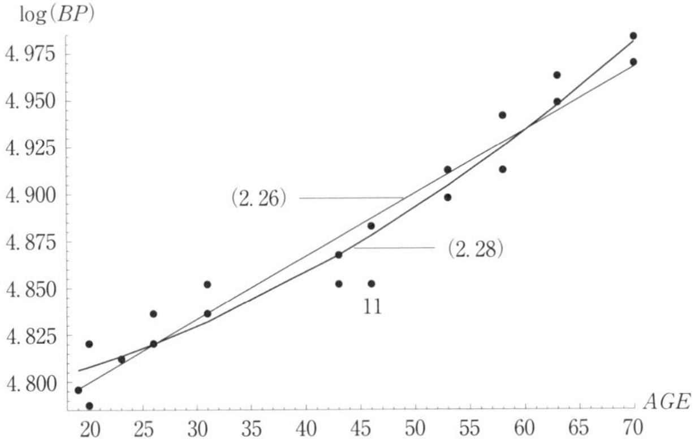


**図 2.14** (2.26) 式および (2.28) 式の標本回帰線

均一分散，定式化ミスなし，正規性いずれも問題なく，$\bar{R}^2$ も (2.26) 式より大きい．**図 2.14** は，$(AGE_i, \log(BP)_i)$ の散布図と (2.26) 式，(2.28) 式の標本回帰線である．(2.28) 式の方がデータによく適合することがわかる．

*CPR* プロットや *APR* プロットで適切な非線形変換の型はわからない．$X_j$ は非線形変換した方がよいのではないかと思われるときには，$X_j$ のボックス・コックス変換によって非線形の型を探るのがよい．

### 2.4.5 追加変数プロット

回帰モデル

$$Y_i = \boldsymbol{x}_i'\boldsymbol{\beta} + u_i$$

に，新たに説明変数 $Z$ を追加したモデルを

$$Y_i = \boldsymbol{x}_i'\boldsymbol{\beta} + \gamma Z_i + \varepsilon_i \tag{2.29}$$

とするとき，$Z_i$ の追加が適切かどうかは $\gamma=0$ の $t$ 検定，$Z$ が線形でよいかどうかは追加変数プロット added variable plot によって確かめることができる（Cook and Weisberg (1982) p. 44).

(2.29) 式を行列表示すれば

$$\underset{n\times 1}{\boldsymbol{y}} = \underset{n\times k}{\boldsymbol{X}}\underset{k\times 1}{\boldsymbol{\beta}} + \gamma \underset{n\times 1}{\boldsymbol{z}} + \underset{n\times 1}{\boldsymbol{\varepsilon}} \tag{2.30}$$

である．上式両辺に (1.4) 式の $\boldsymbol{M}$ を左から掛け，$\boldsymbol{MX}=\boldsymbol{0}$ に注意すれば

$$\boldsymbol{My} = \gamma \boldsymbol{Mz} + \boldsymbol{M\varepsilon} \tag{2.31}$$

となる．$\boldsymbol{My}$, $\boldsymbol{Mz}$ はそれぞれ $\boldsymbol{y}$, $\boldsymbol{z}$ から $\boldsymbol{X}$ への線形回帰の OLS 残差であり，$\boldsymbol{e}=\boldsymbol{My}$ の $\boldsymbol{Mz}$ に対するプロットである追加変数プロットとは，(2.29) 式における $Z$ に対する偏回帰作用点プロットにほかならない．

**●数学注(1)　2.2.1 項 (e) の証明**

$\hat{\boldsymbol{y}}=\boldsymbol{Hy}$, $\sum \hat{Y}_j^2 = \hat{\boldsymbol{y}}'\hat{\boldsymbol{y}} = \boldsymbol{y}'\boldsymbol{Hy} \geq 0$ であるから，$h_{ii}\geq 0$. $\boldsymbol{I}-\boldsymbol{H}=\boldsymbol{M}$ は正値半定符号であるから $1-h_{ii}\geq 0$. ゆえに $0\leq h_{ii}\leq 1$.

定数項をもつ線形回帰モデルを考えよう．

$$\hat{\boldsymbol{y}} = \begin{bmatrix} \hat{Y}_1 \\ \hat{Y}_2 \\ \vdots \\ \hat{Y}_n \end{bmatrix}, \quad \bar{\boldsymbol{y}} = \begin{bmatrix} \bar{Y} \\ \bar{Y} \\ \vdots \\ \bar{Y} \end{bmatrix}, \quad \boldsymbol{i} = \begin{bmatrix} 1 \\ 1 \\ \vdots \\ 1 \end{bmatrix}$$

とすれば

$$\hat{\boldsymbol{y}} - \bar{\boldsymbol{y}} = \boldsymbol{Hy} - \frac{1}{n}\boldsymbol{ii}'\boldsymbol{y} = \left(\boldsymbol{H} - \frac{1}{n}\boldsymbol{ii}'\right)\boldsymbol{y} = \widetilde{\boldsymbol{H}}\boldsymbol{y}$$

と表すことができる．ここで

$$\widetilde{\boldsymbol{H}} = \boldsymbol{H} - \frac{1}{n}\boldsymbol{ii}'$$

であるから，要素で表せば

$$\tilde{h}_{ij} = h_{ij} - \frac{1}{n}$$

の関係がある.

$$\widetilde{\boldsymbol{H}}' = \widetilde{\boldsymbol{H}}$$

は明らかであろう. さらに $\widetilde{\boldsymbol{H}}$ はベキ等行列である.

$$\widetilde{\boldsymbol{H}}^2 = \left(\boldsymbol{H} - \frac{1}{n}\boldsymbol{i}\boldsymbol{i}'\right)\left(\boldsymbol{H} - \frac{1}{n}\boldsymbol{i}\boldsymbol{i}'\right)$$

$$= \boldsymbol{H}^2 - \frac{1}{n}\boldsymbol{H}\boldsymbol{i}\boldsymbol{i}' - \frac{1}{n}\boldsymbol{i}\boldsymbol{i}'\boldsymbol{H} + \frac{1}{n^2}\boldsymbol{i}\boldsymbol{i}'\boldsymbol{i}\boldsymbol{i}'$$

ところが

$$\boldsymbol{H}^2 = \boldsymbol{H}$$

$$\boldsymbol{i}'\boldsymbol{i} = n$$

$$\frac{1}{n}\boldsymbol{H}\boldsymbol{i}\boldsymbol{i}' = \frac{1}{n}(\boldsymbol{I} - \boldsymbol{M})\boldsymbol{i}\boldsymbol{i}' = \frac{1}{n}\boldsymbol{i}\boldsymbol{i}' - \frac{1}{n}M\boldsymbol{i}\boldsymbol{i}'$$

$$= \frac{1}{n}\boldsymbol{i}\boldsymbol{i}'$$

(定数項をもつモデルのとき $M\boldsymbol{i} = 0$)

$$\frac{1}{n}\boldsymbol{i}\boldsymbol{i}'\boldsymbol{H} = \frac{1}{n}\boldsymbol{i}\boldsymbol{i}'$$

であるから

$$\widetilde{\boldsymbol{H}}^2 = \widetilde{\boldsymbol{H}}$$

以上の結果を用いれば

$$\sum_{i=1}^{n}(\hat{Y}_i - \bar{Y})^2 = (\hat{\boldsymbol{y}} - \bar{\boldsymbol{y}})'(\hat{\boldsymbol{y}} - \bar{\boldsymbol{y}}) = (\widetilde{\boldsymbol{H}}\boldsymbol{y})'(\widetilde{\boldsymbol{H}}\boldsymbol{y})$$

$$= \boldsymbol{y}'\widetilde{\boldsymbol{H}}\boldsymbol{y} \geq 0$$

ゆえに

$$\tilde{h}_{ii} \geq 0$$

したがって

$$\frac{1}{n} \leq h_{ii}$$

### ●数学注(2)　(2.6) 式および (2.8) 式の証明

定数項のある単純回帰モデルのとき

$$\boldsymbol{X} = \begin{bmatrix} 1 & X_1 \\ 1 & X_2 \\ \vdots & \vdots \\ 1 & X_n \end{bmatrix}$$

であるから

$$(\boldsymbol{X}'\boldsymbol{X})^{-1}=\begin{bmatrix} n & \sum X \\ \sum X & \sum X^2 \end{bmatrix}^{-1}=\frac{1}{n\sum x^2}\begin{bmatrix} \sum X^2 & -\sum X \\ -\sum X & n \end{bmatrix}, \quad x_i=X_i-\bar{X}$$

この結果を用いると

$$\boldsymbol{H}=\boldsymbol{X}(\boldsymbol{X}'\boldsymbol{X})^{-1}\boldsymbol{X}'$$

の $(i, j)$ 要素 $h_{ij}$ は次式で与えられる．

$$\begin{aligned} h_{ij}&=\frac{1}{n\sum x^2}(\sum X^2-X_i\sum X-X_j\sum X+nX_iX_j) \\ &=\frac{1}{n\sum x^2}\left(\sum x^2+n\bar{X}^2-(X_i+X_j)n\bar{X}+nX_iX_j\right) \\ &=\frac{1}{n\sum x^2}\left(\sum x^2+n(X_i-\bar{X})(X_j-\bar{X})\right) \\ &=\frac{1}{n}+\frac{(X_i-\bar{X})(X_j-\bar{X})}{\sum x^2} \end{aligned}$$

したがって $i=j$ のとき (2.6) 式を得る．

一般に (1.1) 式の重回帰モデルの場合を考えよう．$n\times k$ の説明変数行列 $\boldsymbol{X}$ を

$$\boldsymbol{X}=(\boldsymbol{i} \ \ \boldsymbol{X}_2)$$

と $n\times 1$ の列ベクトル $\boldsymbol{i}$ と，$n\times(k-1)$ の定数項を除く説明変数 $\boldsymbol{X}_2$ に分割する．このとき

$$\boldsymbol{X}'\boldsymbol{X}=\begin{bmatrix} n & \boldsymbol{i}'\boldsymbol{X}_2 \\ \boldsymbol{X}_2'\boldsymbol{i} & \boldsymbol{X}_2'\boldsymbol{X}_2 \end{bmatrix}$$

となるから

$$(\boldsymbol{X}'\boldsymbol{X})^{-1}=\begin{bmatrix} B_{11} & \boldsymbol{B}_{12} \\ \boldsymbol{B}_{21} & \boldsymbol{B}_{22} \end{bmatrix}$$

とすると

$$\begin{aligned} B_{11}&=\frac{1}{n}+\frac{1}{n^2}\boldsymbol{i}'\boldsymbol{X}_2\boldsymbol{B}_{22}\boldsymbol{X}_2'\boldsymbol{i} \\ \boldsymbol{B}_{12}&=-\frac{1}{n}\boldsymbol{i}'\boldsymbol{X}_2\boldsymbol{B}_{22} \\ \boldsymbol{B}_{21}&=-\frac{1}{n}\boldsymbol{B}_{22}\boldsymbol{X}_2'\boldsymbol{i} \\ \boldsymbol{B}_{22}&=\left[(\boldsymbol{N}\boldsymbol{X}_2)'(\boldsymbol{N}\boldsymbol{X}_2)\right]^{-1} \end{aligned}$$

ここで

$$\boldsymbol{N}=\boldsymbol{I}-\frac{1}{n}\boldsymbol{i}\boldsymbol{i}'$$

である．したがって

$$NX_2=\widetilde{X}_2=\begin{bmatrix} X_{21}-\bar{X}_2 & \cdots\cdots & X_{k1}-\bar{X}_k \\ \vdots & & \vdots \\ X_{2n}-\bar{X}_2 & \cdots\cdots & X_{kn}-\bar{X}_k \end{bmatrix}$$

である.

これらの結果を用いて

$$\boldsymbol{H}=(\boldsymbol{i}\ \ \boldsymbol{X}_2)\begin{bmatrix} B_{11} & \boldsymbol{B}_{12} \\ \boldsymbol{B}_{21} & \boldsymbol{B}_{22} \end{bmatrix}\begin{bmatrix} \boldsymbol{i}' \\ \boldsymbol{X}_2' \end{bmatrix}$$

$$=\frac{1}{n}\boldsymbol{ii}'+(\boldsymbol{NX}_2)\boldsymbol{B}_{22}(\boldsymbol{NX}_2)'$$

となるから，これより（2.8）式

$$h_{ii}=\frac{1}{n}+(\boldsymbol{x}_i-\bar{\boldsymbol{x}})'(\widetilde{\boldsymbol{X}}_2'\widetilde{\boldsymbol{X}}_2)^{-1}(\boldsymbol{x}_i-\bar{\boldsymbol{x}})$$

が得られる.

### ●数学注(3)　(2.9) 式の証明

$$\hat{Y}_i=Y_i-e_i=h_{ii}Y_i+(1-h_{ii})Y_i-e_i$$

$$(1-h_{ii})Y_i-e_i=(1-h_{ii})(\hat{Y}_i+e_i)-e_i$$

$$=(1-h_{ii})\hat{Y}_i-h_{ii}e_i$$

（3.32）式を用いて

$$\hat{Y}_i-\hat{Y}_i(i)=\frac{h_{ii}e_i}{1-h_{ii}}$$

が得られる．したがって

$$\hat{Y}_i=\hat{Y}_i(i)+\frac{h_{ii}e_i}{1-h_{ii}}$$

であるから

$$(1-h_{ii})\hat{Y}_i-h_{ii}e_i=\left[(1-h_{ii})\hat{Y}_i(i)+h_{ii}e_i\right]-h_{ii}e_i$$

$$=(1-h_{ii})\hat{Y}_i(i)$$

ゆえに（2.9）式

$$\hat{Y}_i=h_{ii}Y_i+(1-h_{ii})\hat{Y}_i(i)$$

を得る.

# 3

# 影 響 分 析

## 3.1 は じ め に

回帰モデルを推定し，回帰係数 $\beta_j$ もすべて 0 と有意に異なり，説明力も高く，均一分散，定式化ミスなし，時系列データであれば自己相関なしの仮定を満たし，さらに正規性も成立している，正しいと判断できるモデルが得られたとしよう．ときには，正規性の仮定が満たされないモデルもある．

この正しいと判断されたモデルに揺らぎを与え，パラメータ推定値，係数推定値の分散，被説明変数の推定値，$t$ 値，決定係数が，この揺らぎに対してどのように反応するかを精査するのが，本章の影響分析である．

この揺らぎは $i$ 番目の観測値を除いて推定したならば，といういわば実験である．影響分析によって，正しいと判断したモデルの種々の問題点が浮上してくるかも知れない．外れ値のパラメータ推定値への影響はきわめて大きいかも知れない．$Y$ 方向の外れ値によって正規性の仮定が崩れているのかも知れない．

したがって回帰診断と影響分析は一体であり，両者の境界は截然とはしていない．広い意味で，影響分析も回帰診断である．本章は，$i$ 番目の観測値削除という揺らぎに対するモデルの反応である．

まず，回帰係数推定値の変化を 3.2 節であつかう．係数変化 $DFBETA$ が 3.2.1 項，標準化された係数変化 $DFBETAS$ とその切断点を説明したのが 3.2.2 項である．

3.3 節で OLS 残差の規準化であるスチューデント化残差を説明する．内的スチューデント化残差 $r_i$（3.3.1 項）と外的スチューデント化残差 $t_i$（3.3.2 項）である．スチューデント化残差 $t_i$ が有している意味を明らかにし，例 1.1 の FWL の応用例（1.21）式の $H_0 : \gamma=0$ の検定統計量が $t_i$ に等しいことも示す．

3.4 節で，$t_i$ を順序化した $t_{(i)}$ を用いて，正規確率プロット（$\mu_{(i)}$, $t_{(i)}$）を描き，具体例によって，誤差項の正規性検定に応用する．

3.5 節は，複数のモデルがあるとき，予測力という観点から，モデルを比較する統計量としても用いることもできる $PRESS$ と $PRESS$ 残差を説明する．

3.6 節は被説明変数の推定値への影響を表す $DFFITS$ とその切断点について述べる．

$i$ 番目の観測値（$\boldsymbol{x}_i'$ $Y_i$）を除いたとき，回帰係数の推定値ベクトル $\hat{\boldsymbol{\beta}}$ への影響力を示すスカラーの尺度がクックの $D$（3.7 節），修正クックの $D$ としてアトキンソンの $C$（3.8.1 項），ウェルシュの $WL$（3.8.2 項）がある．各統計量の意味，切断点を与える．3.7.3 項ではクックの $D_i$ を，$h_{ii}$ の影響が大きく現れる $DA_i$ と $Y$ 方向の誤差を反映する $t_i^2$ の積に分解し，（$t_i^2$, $DA_i$）のプロットが $LR$ プロットとともに有用であることを示す．

3.9 節は，$X$, $Y$ 両方向の外れ値の検出にも用いることができるアンドリウス・プレジボンの $1-AP_i$ とその臨界点を示す．

3.10 節は，回帰係数推定値の共分散推定量への影響を示すスカラーの尺度 $COVRATIO$ と，被説明変数推定値の分散推定量への影響を測る $FVARATIO$ を説明する．

3.11 節は $t$ 値と決定係数の変化をあつかう．$t$ 値の変化 $DFTSTAT$ を 3.11.1 項，決定係数の変化を 3.11.2 項で $RSQRATIO$, $ARSQRATIO$ として示す．

## 3.2　$i$ 番目の観測値を削除したときのパラメータ推定値の変化

### 3.2.1　回帰係数の変化 *DFBETA*

説明変数行列 $\boldsymbol{X}$ から $i$ 番目の観測値を要素とする行ベクトル $\boldsymbol{x}_i'$ を除いた $(n-1)\times k$ の行列を

$$
\boldsymbol{X}(i)=\begin{bmatrix} \boldsymbol{x}_1' \\ \boldsymbol{x}_2' \\ \vdots \\ \boldsymbol{x}_{i-1}' \\ \boldsymbol{x}_{i+1}' \\ \vdots \\ \boldsymbol{x}_n' \end{bmatrix} \tag{3.1}
$$

$\boldsymbol{y}$ から $i$ 番目の観測値 $Y_i$ を除いた $(n-1)\times 1$ の列ベクトルを

$$
\boldsymbol{y}(i)=\begin{bmatrix} Y_1 \\ Y_2 \\ \vdots \\ Y_{i-1} \\ Y_{i+1} \\ \vdots \\ Y_n \end{bmatrix} \tag{3.2}
$$

とおく．このとき次の関係が成立する．

$$
\boldsymbol{X}'\boldsymbol{X}=[\boldsymbol{x}_1\ \ \boldsymbol{x}_2\ \ \cdots\ \ \boldsymbol{x}_n]\begin{bmatrix} \boldsymbol{x}_1' \\ \boldsymbol{x}_2' \\ \vdots \\ \boldsymbol{x}_n' \end{bmatrix}=\boldsymbol{x}_1\boldsymbol{x}_1'+\boldsymbol{x}_2\boldsymbol{x}_2'+\cdots+\boldsymbol{x}_n\boldsymbol{x}_n'
$$

$$
\begin{aligned}
\boldsymbol{X}'(i)\boldsymbol{X}(i)&=\boldsymbol{x}_1\boldsymbol{x}_1'+\cdots+\boldsymbol{x}_{i-1}\boldsymbol{x}_{i-1}'+\boldsymbol{x}_{i+1}\boldsymbol{x}_{i+1}'+\cdots+\boldsymbol{x}_n\boldsymbol{x}_n' \\
&=\boldsymbol{X}'\boldsymbol{X}-\boldsymbol{x}_i\boldsymbol{x}_i'
\end{aligned}
$$

$$
\boldsymbol{X}'\boldsymbol{y}=[\boldsymbol{x}_1\ \ \boldsymbol{x}_2\ \ \cdots\ \ \boldsymbol{x}_n]\begin{bmatrix} Y_1 \\ Y_2 \\ \vdots \\ Y_n \end{bmatrix}=\boldsymbol{x}_1Y_1+\boldsymbol{x}_2Y_2+\cdots+\boldsymbol{x}_nY_n
$$

$$
\begin{aligned}
\boldsymbol{X}'(i)\boldsymbol{y}(i)&=\boldsymbol{x}_1Y_1+\cdots+\boldsymbol{x}_{i-1}Y_{i-1}+\boldsymbol{x}_{i+1}Y_{i+1}+\cdots+\boldsymbol{x}_nY_n \\
&=\boldsymbol{X}'\boldsymbol{y}-\boldsymbol{x}_iY_i
\end{aligned}
$$

いま $i$ 番目の観測値（$\boldsymbol{x}_i'$ $Y_i$）を除いて得られる $\boldsymbol{\beta}$ の最小 2 乗推定量を $\hat{\boldsymbol{\beta}}(i)$ とすれば

$$\hat{\boldsymbol{\beta}}(i)=\left[\boldsymbol{X}'(i)\boldsymbol{X}(i)\right]^{-1}\boldsymbol{X}'(i)\boldsymbol{y}(i) \tag{3.3}$$

で与えられる．したがって全データを用いて得られる $\boldsymbol{\beta}$ の最小 2 乗推定量 $\hat{\boldsymbol{\beta}}$ との間には

$$DFBETA_i=\hat{\boldsymbol{\beta}}-\hat{\boldsymbol{\beta}}(i)=\frac{(\boldsymbol{X}'\boldsymbol{X})^{-1}\boldsymbol{x}_i e_i}{1-h_{ii}} \tag{3.4}$$

によって示される相違が発生する（数学注（1）参照）．ここで $e_i$ は全観測データを用いたときの最小 2 乗残差である．

（3.4）式より $\hat{\boldsymbol{\beta}}$ と $\hat{\boldsymbol{\beta}}(i)$ の間の差は

①　$i$ 番目の説明変数の値 $\boldsymbol{x}_i'$ が説明変数空間の中心から離れているほど（$X$ 方向の誤差が大きいほど），すなわち $h_{ii}$ が 1 に近いほど

②　残差 $e_i$ が大きいほど（$Y$ 方向の誤差が大きいほど）

大きく広がることがわかる．残差 $e_i$ が 0 のときのみ，$i$ 番目の観測値をパラメータ推定から除いても，$\hat{\boldsymbol{\beta}}(i)$ は $\hat{\boldsymbol{\beta}}$ と同じになり，$i$ 番目の観測点のパラメータ推定値への影響力は 0 である．

### 3.2.2　標準化された回帰係数の変化 *DFBETAS*

$\hat{\boldsymbol{\beta}}$, $\hat{\boldsymbol{\beta}}(i)$ の $j$ 番目の要素をそれぞれ $\hat{\beta}_j$, $\hat{\beta}_j(i)$ とすると，このパラメータ推定値は $Y$ および $X_j$ の尺度に依存している．そこで尺度の影響を除去した標準化された回帰係数の変化を求めることにしよう．$\hat{\beta}_j-\hat{\beta}_j(i)$ を標準化するために，$\hat{\beta}_j$ の標準偏差で割ってもよいが，$\hat{\beta}_j(i)$ が含まれているので誤差分散 $\sigma^2$ を

$$s^2(i)=\frac{1}{n-k-1}\sum_{l\neq i}\left[Y_l-\boldsymbol{x}_l'\hat{\boldsymbol{\beta}}(i)\right]^2 \tag{3.5}$$

によって推定することにすれば，標準化された回帰係数の変化は

$$DFBETAS_j(i)=\frac{\hat{\beta}_j-\hat{\beta}_j(i)}{s(i)\sqrt{q^{jj}}} \tag{3.6}$$

によって与えられる．ここで $q^{jj}$ は $(\boldsymbol{X}'\boldsymbol{X})^{-1}$ の $(j, j)$ 要素である．

（3.5）式の $s^2(i)$ と

$$s^2=\frac{\sum_{i=1}^{n}e_i^2}{n-k}$$

の間には次の関係がある．

$$Y_l - \boldsymbol{x}_l'\hat{\boldsymbol{\beta}}(i) = Y_l - \boldsymbol{x}_l'\hat{\boldsymbol{\beta}} + \boldsymbol{x}_l'\left[\hat{\boldsymbol{\beta}} - \hat{\boldsymbol{\beta}}(i)\right]$$
$$= e_l + \frac{\boldsymbol{x}_l'(\boldsymbol{X}'\boldsymbol{X})^{-1}\boldsymbol{x}_i e_i}{1-h_{ii}}$$
$$= e_l + \frac{h_{li}e_i}{1-h_{ii}}$$
$$= e_l + \frac{h_{il}e_i}{1-h_{ii}} \tag{3.7}$$

であるから

$$(n-k-1)s^2(i) = \sum_{l \neq i}\left[Y_l - \boldsymbol{x}_l'\hat{\boldsymbol{\beta}}(i)\right]^2$$
$$= \sum_{l=1}^{n}\left[Y_l - \boldsymbol{x}_l'\hat{\boldsymbol{\beta}}(i)\right]^2 - \left[Y_i - \boldsymbol{x}_i'\hat{\boldsymbol{\beta}}(i)\right]^2$$
$$= \sum_{l=1}^{n}\left(e_l + \frac{h_{il}e_i}{1-h_{ii}}\right)^2 - \left(e_i + \frac{h_{ii}e_i}{1-h_{ii}}\right)^2$$
$$= \sum_{l=1}^{n}e_l^2 + \frac{2e_i}{1-h_{ii}}\sum_{l=1}^{n}e_l h_{il} + \frac{e_i^2}{(1-h_{ii})^2}\sum_{l=1}^{n}h_{il}^2 - \left(\frac{e_i}{1-h_{ii}}\right)^2$$

ところで

$$\sum_{l=1}^{n}e_l^2 = (n-k)s^2$$
$$\sum_{l=1}^{n}e_l h_{il} = 0 \quad \text{(2.2.1 項 (d))}$$
$$\sum_{l=1}^{n}h_{il}^2 = h_{ii} \quad \text{(2.2.1 項 (b))}$$

したがって $s^2(i)$ と $s^2$ の間に次式の関係が成立する.

$$(n-k-1)s^2(i) = (n-k)s^2 - \frac{e_i^2}{1-h_{ii}} \tag{3.8}$$

パラメータ推定に用いられなかった $i$ 番目の観測値を除いた $n-1$ 個の残差から計算されるこの $s^2(i)$ も $\sigma^2$ の不偏推定量である. なぜなら (3.8) 式右辺の期待値をとると

$$(n-k)E(s^2) - \frac{1}{1-h_{ii}}E(e_i^2) = (n-k)\sigma^2 - \frac{1}{1-h_{ii}}\sigma^2(1-h_{ii})$$
$$= (n-k-1)\sigma^2$$

となるからである.

### 3.2.3　$DFBETAS_j(i)$ の切断点 cut off point

$DFBETAS_j(i)$ から $n$ の影響は除去されていない．

$$\boldsymbol{X}'\boldsymbol{X}=\sum_{i=1}^{n}\boldsymbol{x}_i\boldsymbol{x}_i'$$

であるから

$$(\boldsymbol{X}'\boldsymbol{X})^{-1}=(\boldsymbol{X}'\boldsymbol{X})^{-1}(\boldsymbol{X}'\boldsymbol{X})(\boldsymbol{X}'\boldsymbol{X})^{-1}=\sum_{i=1}^{n}(\boldsymbol{X}'\boldsymbol{X})^{-1}\boldsymbol{x}_i\boldsymbol{x}_i'(\boldsymbol{X}'\boldsymbol{X})^{-1}$$

$1\times k$ ベクトル

$$\boldsymbol{x}_i'(\boldsymbol{X}'\boldsymbol{X})^{-1}=\boldsymbol{c}_i$$

とおくと

$$(\boldsymbol{X}'\boldsymbol{X})^{-1}=\sum_{i=1}^{n}\boldsymbol{c}_i'\boldsymbol{c}_i$$

と表すことができるから

$$(\boldsymbol{X}'\boldsymbol{X})^{-1}\text{ の }(j,j)\text{ 要素 }q^{jj}=\sum_{i=1}^{n}c_{ij}^2$$

$$(\boldsymbol{X}'\boldsymbol{X})^{-1}\boldsymbol{x}_i\text{ の }j\text{ 要素}=c_{ij},\quad j=1,\cdots,k$$

である．したがって

$$\hat{\beta}_j-\hat{\beta}_j(i)=\frac{c_{ij}e_i}{1-h_{ii}}$$

と上述の $q^{jj}$ を（3.6）式に代入し

$$DFBETAS_j(i)=\frac{c_{ij}}{\sqrt{\sum_{i=1}^{n}c_{ij}^2}}\frac{e_i}{s(i)(1-h_{ii})}$$

が得られる．$e_i$ は $s(i)(1-h_{ii})^{\frac{1}{2}}$ で規準化されるが，$\sqrt{\sum_{i=1}^{n}c_{ij}^2}$ は $n$ が大きくなれば大きくなり，$DFBETAS_j(i)$ は小さくなる．それゆえ一般に，$DFBETAS_j(i)$ の切断点は $\pm 2$ ではなく $\pm 2/\sqrt{n}$ がよい．すなわち $DFBETAS_j(i)$ が絶対値で $2/\sqrt{n}$ を超えれば，$i$ 番目の観測値はパラメータ推定値にきわめて大きな影響を与える影響点とみなす．

**▶例 3.1　（1.24）式の *DFBETA*, *DFBETAS***

**表 3.1** は（1.24）式の

$$DFBETA_j(i)=\hat{\beta}_j-\hat{\beta}_j(i)$$

$$DFBETAS_j(i) = (3.6)\text{ 式}$$
$$j=1, \cdots, 3, \quad i=1, \cdots, 35$$

である．$DFBETAS_j(i)$の切断点は$2/\sqrt{35}=0.33806$であるから，絶対値で0.33806以上の$DFBETAS_j(i)$ が$\hat{\beta}_j$への大きな影響点である．

表3.1より，$\hat{\beta}_j$への大きな影響点は次の観測値である．

**表3.1** (1.24) 式の*DFBETA*，*DFBETAS*

| $i$ | $DFBETA_1$ | $DFBETAS_1$ | $DFBETA_2$ | $DFBETAS_2$ | $DFBETA_3$ | $DFBETAS_3$ |
|---|---|---|---|---|---|---|
| 1 | −0.0265 | −0.1434 | 0.0138 | 0.1175 | −0.0028 | −0.0417 |
| 2 | 0.0032 | 0.0175 | −0.0015 | −0.0125 | 0.0011 | 0.0162 |
| 3 | −0.0001 | −0.0007 | −0.0039 | −0.0329 | 0.0036 | 0.0536 |
| 4 | −0.0002 | −0.0008 | 0.0002 | 0.0016 | −0.0001 | −0.0018 |
| 5 | −0.0001 | −0.0003 | 0.0000 | 0.0001 | −0.0001 | −0.0011 |
| 6 | 0.0015 | 0.0080 | 0.0008 | 0.0068 | 0.0027 | 0.0404 |
| 7 | −0.0031 | −0.0167 | 0.0046 | 0.0392 | −0.0072 | −0.1072 |
| 8 | 0.0001 | 0.0005 | −0.0013 | −0.0114 | 0.0012 | 0.0184 |
| 9 | −0.0038 | −0.0204 | −0.0003 | −0.0026 | 0.0017 | 0.0258 |
| 10 | −0.0005 | −0.0025 | 0.0024 | 0.0206 | −0.0022 | −0.0329 |
| 11 | −0.1067 | −0.5836 | 0.0791 | 0.6803 | −0.0297 | −0.4508 |
| 12 | 0.0125 | 0.0679 | −0.0057 | −0.0484 | 0.0024 | 0.0353 |
| 13 | −0.0005 | −0.0024 | 0.0004 | 0.0037 | −0.0001 | −0.0021 |
| 14 | −0.0022 | −0.0117 | 0.0078 | 0.0667 | −0.0070 | −0.1056 |
| 15 | −0.0162 | −0.0878 | 0.0066 | 0.0567 | −0.0013 | −0.0196 |
| 16 | 0.0012 | 0.0064 | −0.0010 | −0.0089 | −0.0001 | −0.0022 |
| 17 | −0.0173 | −0.0935 | 0.0138 | 0.1172 | −0.0048 | −0.0725 |
| 18 | 0.2097 | 2.1100 | −0.0938 | −1.4859 | 0.0037 | 0.1037 |
| 19 | −0.0411 | −0.2360 | 0.0114 | 0.1027 | 0.0039 | 0.0615 |
| 20 | −0.0007 | −0.0040 | −0.0015 | −0.0129 | 0.0018 | 0.0271 |
| 21 | −0.0385 | −0.2104 | 0.0171 | 0.1466 | −0.0004 | −0.0062 |
| 22 | 0.0101 | 0.0545 | −0.0052 | −0.0445 | 0.0016 | 0.0233 |
| 23 | 0.0037 | 0.0198 | −0.0012 | −0.0103 | 0.0008 | 0.0120 |
| 24 | 0.0450 | 0.2440 | −0.0255 | −0.2177 | 0.0071 | 0.1072 |
| 25 | −0.0191 | −0.1035 | 0.0090 | 0.0767 | −0.0010 | −0.0154 |
| 26 | −0.0235 | −0.1272 | 0.0127 | 0.1085 | −0.0051 | −0.0767 |
| 27 | 0.0002 | 0.0012 | −0.0032 | −0.0270 | 0.0029 | 0.0436 |
| 28 | −0.0068 | −0.0367 | 0.0002 | 0.0017 | 0.0022 | 0.0328 |
| 29 | 0.0015 | 0.0081 | 0.0016 | 0.0140 | −0.0010 | −0.0151 |
| 30 | −0.0134 | −0.0746 | −0.0052 | −0.0452 | 0.0110 | 0.1700 |
| 31 | −0.0012 | −0.0065 | 0.0013 | 0.0110 | −0.0029 | −0.0430 |
| 32 | 0.0012 | 0.0065 | −0.0055 | −0.0466 | 0.0049 | 0.0741 |
| 33 | −0.0038 | −0.0206 | 0.0017 | 0.0142 | 0.0023 | 0.0343 |
| 34 | −0.0045 | −0.0244 | 0.0010 | 0.0087 | 0.0007 | 0.0108 |
| 35 | 0.0105 | 0.0567 | −0.0056 | −0.0478 | −0.0031 | −0.0461 |

$$\hat{\beta}_1 \text{ に対して } \#11,\ 18$$
$$\hat{\beta}_2 \text{ に対して } \#11,\ 18$$
$$\hat{\beta}_3 \text{ に対して } \#11$$

#7, 11 は $h_{ii}$ が大きい，しかも #7 の方が #11 より $h_{ii}$ は大きいが，#11 がすべての $\hat{\beta}_j$ への大きな影響点である．$Y$ 方向のきわめて大きな外れ値である #18 は $\hat{\beta}_1$, $\hat{\beta}_2$ への影響点であるが，$\hat{\beta}_3$ に対しては影響点ではない．

$$\hat{\beta}_2 - \hat{\beta}_2(11) = 0.0791$$
$$\hat{\beta}_3 - \hat{\beta}_3(11) = -0.0297$$

であるから，#11 を除いて $\beta_j$ を推定すると，$\hat{\beta}_2$, $\hat{\beta}_3$ は次のようになる．

$$\hat{\beta}_2(11) = \hat{\beta}_2 - 0.0791 = 0.8227 - 0.0791 = 0.7436$$
$$\hat{\beta}_3(11) = \hat{\beta}_3 + 0.0297 = 0.1987 + 0.0297 = 0.2284$$

#18 を除いて推定すると，$\hat{\beta}_2$ は次のように変化する．

$$\hat{\beta}_2(18) = \hat{\beta}_2 - \left[\hat{\beta}_2 - \hat{\beta}_2(18)\right] = 0.8227 - (-0.0938) = 0.9165$$

### ▶例 3.2 (2.16) 式の *DFBETA*, *DFBETAS*

**表 3.2** は (2.16) 式の

$$DFBETA_j(i) = \hat{\beta}_j - \hat{\beta}_j(i)$$
$$DFBETAS_j(i) = (3.6) \text{ 式}$$
$$j = 1, \cdots, 3, \quad i = 1, \cdots, 25$$

である．$DFBETAS_j(i)$ の切断点は $2/\sqrt{25} = 0.40$ であるから，$-0.4$ 以下あるいは 0.4 以上の $DFBETAS_j(i)$ が $\hat{\beta}_j$ への大きな影響点である．

表 3.2 より，$\hat{\beta}_j$ への大きな影響点は

$$\hat{\beta}_1 \text{ に対して } \#10$$
$$\hat{\beta}_2 \text{ に対して } \#10,\ 11$$
$$\hat{\beta}_3 \text{ に対して } \#11$$

であることがわかる．$Y$ 方向の外れ値 #11 は $\hat{\beta}_2$, $\hat{\beta}_3$ への影響が大きく，#10 は $\hat{\beta}_1$, $\hat{\beta}_2$ への影響点である．

$$\hat{\beta}_2 - \hat{\beta}_2(11) = 0.0769$$
$$\hat{\beta}_3 - \hat{\beta}_3(11) = -0.0469$$

であるから，#11 を除いて $\beta_j$ を推定すると

表 3.2 (2.16) 式の $DFBETA$, $DFBETAS$

| $i$ | $DFBETA_1$ | $DFBETAS_1$ | $DFBETA_2$ | $DFBETAS_2$ | $DFBETA_3$ | $DFBETAS_3$ |
|---|---|---|---|---|---|---|
| 1 | −0.2865 | −0.3422 | 0.0255 | 0.2102 | −0.0220 | −0.1915 |
| 2 | 0.0372 | 0.0416 | −0.0032 | −0.0251 | 0.0015 | 0.0123 |
| 3 | −0.0001 | −0.0001 | 0.0000 | 0.0001 | 0.0000 | −0.0001 |
| 4 | 0.2321 | 0.2697 | −0.0128 | −0.1025 | 0.0001 | 0.0012 |
| 5 | −0.0667 | −0.0753 | −0.0015 | −0.0116 | 0.0056 | 0.0457 |
| 6 | 0.0224 | 0.0252 | 0.0005 | 0.0038 | −0.0015 | −0.0119 |
| 7 | −0.1520 | −0.1715 | 0.0143 | 0.1113 | −0.0068 | −0.0559 |
| 8 | 0.0389 | 0.0438 | 0.0036 | 0.0281 | −0.0061 | −0.0497 |
| 9 | −0.0076 | −0.0085 | −0.0057 | −0.0443 | 0.0191 | 0.1560 |
| 10 | 0.4061 | 0.4786 | −0.0517 | −0.4208 | 0.0451 | 0.3869 |
| 11 | −0.2503 | −0.3193 | 0.0769 | 0.6769 | −0.0469 | −0.4357 |
| 12 | 0.0008 | 0.0009 | −0.0008 | −0.0060 | 0.0008 | 0.0065 |
| 13 | 0.0646 | 0.0725 | −0.0047 | −0.0368 | 0.0018 | 0.0144 |
| 14 | 0.1679 | 0.1920 | −0.0130 | −0.1023 | 0.0085 | 0.0705 |
| 15 | 0.0613 | 0.0703 | 0.0084 | 0.0666 | −0.0090 | −0.0749 |
| 16 | 0.0248 | 0.0278 | −0.0031 | −0.0240 | 0.0040 | 0.0324 |
| 17 | 0.0026 | 0.0029 | 0.0000 | 0.0002 | −0.0002 | −0.0014 |
| 18 | 0.0851 | 0.0982 | 0.0113 | 0.0900 | −0.0176 | −0.1480 |
| 19 | −0.1050 | −0.1181 | 0.0080 | 0.0619 | −0.0025 | −0.0203 |
| 20 | 0.1631 | 0.1932 | −0.0463 | −0.3790 | 0.0213 | 0.1840 |
| 21 | 0.0492 | 0.0572 | −0.0406 | −0.3259 | 0.0421 | 0.3568 |
| 22 | −0.0643 | −0.0721 | 0.0133 | 0.1026 | −0.0087 | −0.0711 |
| 23 | −0.0795 | −0.0926 | −0.0106 | −0.0852 | 0.0113 | 0.0957 |
| 24 | −0.2407 | −0.2829 | 0.0236 | 0.1917 | −0.0242 | −0.2072 |
| 25 | −0.1251 | −0.1415 | 0.0075 | 0.0589 | −0.0010 | −0.0085 |

$$\hat{\beta}_2(11) = \hat{\beta}_2 - 0.0769 = 1.4196 - 0.0769 = 1.3427$$
$$\hat{\beta}_3(11) = \hat{\beta}_3 + 0.0469 = 0.8588 + 0.0469 = 0.9057$$

となる.

$X$ 方向の外れ値 #9, 22 は $\hat{\beta}_j$ への大きな影響点ではない.

### ▶例 3.3　全身カリウムと体内総水分量

**表 3.3** に示されているデータは, 6〜18 歳 27 人の無作為標本のデータである.

$TBK$ = 全身カリウム (単位：ミリグラム当量 = 1000 分の 1 当量)

$TBW$ = 体内総水分量 (単位：リットル)

モデルは次式である.

$$\log(TBK)_i = \beta_1 + \beta_2 \log(TBW)_i + u_i \tag{3.9}$$
$$i = 1, \cdots, 27$$

**表 3.3**　全身カリウム，体内総水分量

| $i$ | $TBK$ | $TBW$ | $i$ | $TBK$ | $TBW$ | $i$ | $TBK$ | $TBW$ |
|---|---|---|---|---|---|---|---|---|
| 1 | 795 | 13 | 10 | 1000 | 11 | 19 | 1695 | 26 |
| 2 | 1590 | 16 | 11 | 1100 | 14 | 20 | 1510 | 21 |
| 3 | 1250 | 15 | 12 | 1500 | 20 | 21 | 2000 | 27 |
| 4 | 1680 | 21 | 13 | 1450 | 19 | 22 | 3200 | 33 |
| 5 | 800 | 10 | 14 | 1100 | 14 | 23 | 1050 | 14 |
| 6 | 2100 | 26 | 15 | 950 | 12 | 24 | 2600 | 31 |
| 7 | 1700 | 15 | 16 | 2400 | 26 | 25 | 3000 | 37 |
| 8 | 1260 | 16 | 17 | 1600 | 24 | 26 | 1900 | 25 |
| 9 | 1370 | 18 | 18 | 2400 | 30 | 27 | 2200 | 30 |

出所：Daniel（2010）p. 579，Q. 16

**表 3.4**　(3.10) 式の OLS 残差等

| $i$ | $e$ | $h_{ii}$ | $\mathrm{MD}_i^2$ | $a_i^2$ | $t_i$ | $i$ | $e$ | $h_{ii}$ | $\mathrm{MD}_i^2$ | $a_i^2$ | $t_i$ |
|---|---|---|---|---|---|---|---|---|---|---|---|
| 1 | −0.2720 | 0.0858 | 1.2680 | 17.07 | −2.35 | 15 | −0.0154 | 0.1066 | 1.8095 | 0.05 | −0.12 |
| 2 | 0.2176 | 0.0490 | 0.3109 | 10.93 | 1.76 | 16 | 0.1533 | 0.0599 | 0.5953 | 5.42 | 1.21 |
| 3 | 0.0403 | 0.0578 | 0.5392 | 0.37 | 0.31 | 17 | −0.1737 | 0.0488 | 0.3052 | 6.96 | −1.38 |
| 4 | 0.0060 | 0.0384 | 0.0349 | 0.01 | 0.05 | 18 | 0.0130 | 0.0891 | 1.3533 | 0.04 | 0.10 |
| 5 | −0.0085 | 0.1679 | 3.4015 | 0.02 | −0.07 | 19 | −0.1945 | 0.0599 | 0.5953 | 8.73 | −1.57 |
| 6 | 0.0198 | 0.0599 | 0.5953 | 0.09 | 0.15 | 20 | −0.1007 | 0.0384 | 0.0349 | 2.34 | −0.77 |
| 7 | 0.3478 | 0.0578 | 0.5392 | 27.91 | 3.18 | 21 | −0.0660 | 0.0665 | 0.7654 | 1.01 | −0.51 |
| 8 | −0.0150 | 0.0490 | 0.3109 | 0.05 | −0.11 | 22 | 0.2072 | 0.1151 | 2.0284 | 9.91 | 1.74 |
| 9 | −0.0468 | 0.0392 | 0.0553 | 0.51 | −0.36 | 23 | −0.0664 | 0.0698 | 0.8522 | 1.02 | −0.52 |
| 10 | 0.1212 | 0.1335 | 2.5071 | 3.39 | 0.99 | 24 | 0.0609 | 0.0974 | 1.5702 | 0.86 | 0.48 |
| 11 | −0.0199 | 0.0698 | 0.8522 | 0.09 | −0.15 | 25 | 0.0305 | 0.1531 | 3.0187 | 0.21 | 0.25 |
| 12 | −0.0595 | 0.0371 | 0.0028 | 0.82 | −0.45 | 26 | −0.0419 | 0.0540 | 0.4411 | 0.40 | −0.32 |
| 13 | −0.0431 | 0.0373 | 0.0076 | 0.43 | −0.33 | 27 | −0.0740 | 0.0891 | 1.3533 | 1.27 | −0.58 |
| 14 | −0.0199 | 0.0698 | 0.8522 | 0.09 | −0.15 | | | | | | |

$2k/n=0.1481$，$3k/n=0.2222$，$\chi^2_{0.05}(1)=3.842$

OLS による上式の推定結果は次のとおりである．

$$\log(TBK) = \underset{(20.93)}{4.4354} + \underset{(13.87)}{0.9805}\log(TBW) \tag{3.10}$$

$$\bar{R}^2=0.8804,\quad s=0.1316$$

$$\mathrm{BP}=0.35385\ (0.552),\quad \mathrm{W}=0.52071\ (0.771)$$

$$\mathrm{RESET}(2)=0.569375\ (0.458)$$

$$\mathrm{RESET}(3)=0.793908\ (0.464)$$

$$\mathrm{SW}=0.94305\ (0.145),\quad \mathrm{JB}=2.53232\ (0.282)$$

均一分散，定式化ミスなし，正規性いずれも問題ない．

**表 3.4** は（3.10）式の OLS 残差，$h_{ii}$ 等々であり，**図 3.1** は $LR$ プロット，図

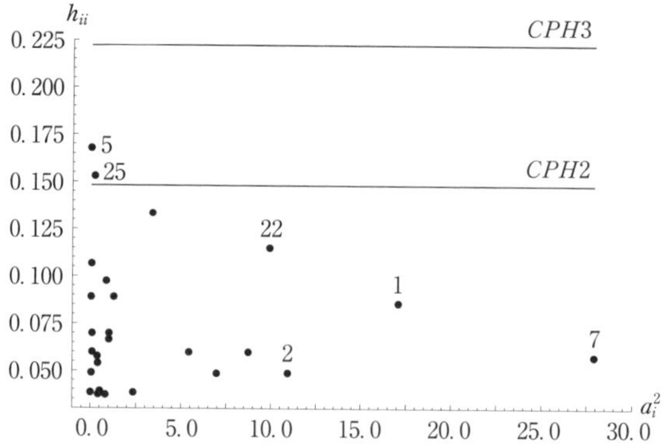


**図 3.1** (3.10) 式の *LR* プロット

**表 3.5** (3.10) 式の *DFBETA*, *DFBETAS*

| $i$ | $DFBETA_1$ | $DFBETAS_1$ | $DFBETA_2$ | $DFBETAS_2$ | $i$ | $DFBETA_1$ | $DFBETAS_1$ | $DFBETA_2$ | $DFBETAS_2$ |
|---|---|---|---|---|---|---|---|---|---|
| 1 | −0.1160 | −0.5948 | 0.0353 | 0.5422 | 15 | −0.0079 | −0.0365 | 0.0024 | 0.0338 |
| 2 | 0.0485 | 0.2382 | −0.0134 | −0.1979 | 16 | −0.0334 | −0.1590 | 0.0132 | 0.1892 |
| 3 | 0.0114 | 0.0529 | −0.0033 | −0.0459 | 17 | 0.0249 | 0.1194 | −0.0106 | −0.1529 |
| 4 | −0.0001 | −0.0006 | 0.0001 | 0.0017 | 18 | −0.0047 | −0.0216 | 0.0017 | 0.0242 |
| 5 | −0.0063 | −0.0289 | 0.0020 | 0.0274 | 19 | 0.0424 | 0.2057 | −0.0168 | −0.2446 |
| 6 | −0.0043 | −0.0199 | 0.0017 | 0.0237 | 20 | 0.0023 | 0.0105 | −0.0021 | −0.0289 |
| 7 | 0.0986 | 0.5435 | −0.0285 | −0.4715 | 21 | 0.0168 | 0.0780 | −0.0065 | −0.0908 |
| 8 | −0.0034 | −0.0155 | 0.0009 | 0.0129 | 22 | −0.0958 | −0.4703 | 0.0351 | 0.5165 |
| 9 | −0.0054 | −0.0250 | 0.0012 | 0.0168 | 23 | −0.0233 | −0.1084 | 0.0069 | 0.0968 |
| 10 | 0.0746 | 0.3519 | −0.0233 | −0.3298 | 24 | −0.0240 | −0.1114 | 0.0089 | 0.1239 |
| 11 | −0.0070 | −0.0323 | 0.0021 | 0.0289 | 25 | −0.0183 | −0.0846 | 0.0066 | 0.0914 |
| 12 | −0.0013 | −0.0058 | −0.0003 | −0.0048 | 26 | 0.0076 | 0.0351 | −0.0031 | −0.0430 |
| 13 | −0.0029 | −0.0133 | 0.0004 | 0.0057 | 27 | 0.0266 | 0.1240 | −0.0100 | −0.1390 |
| 14 | −0.0070 | −0.0323 | 0.0021 | 0.0289 | | | | | |

の $CPH2=2k/n=0.1481$, $CPH3=3k/n=0.2222$ である.

$2k/n<h_{ii}<3k/n$ は #5, 25

$a_i^2$ が大きいのは #7 の 27.91%, #1 の 17.07%,

この 2 個で残差平方和の約 45% を占める.

**表 3.5** は (3.10) 式の $DFBETA_j(i)$, $DFBETAS_j(i)$ である. $DFBETAS_j(i)$ の切断点は絶対値で, $2/\sqrt{n}=2/\sqrt{27}=0.38490$ である. 表 3.5 から $\hat{\beta}_1$, $\hat{\beta}_2$ とも絶対値で *DFBETAS* がこの切断点以上となる影響点は #1, 7, 22 の 3 点である. 3 点とも平方残差率 $a_i^2$ の大きい観測点であり, 高い作用点 #5, 25 は $\hat{\beta}_j$ の影響点ではない.

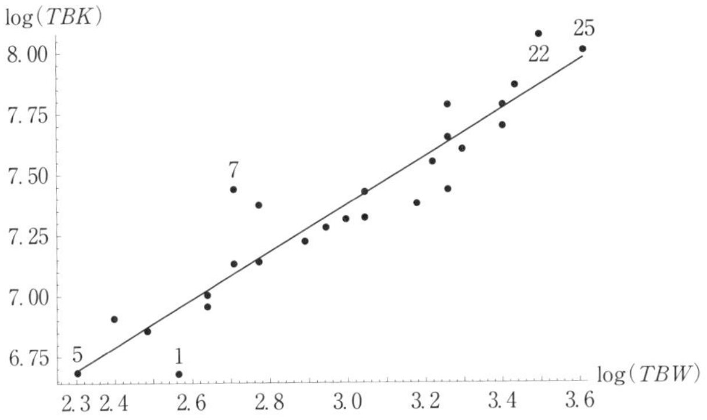


**図 3.2** 散布図と標本回帰線

$\hat{\beta}_1$ へのとくに大きな影響点は #1 で

$$\hat{\beta}_1-\hat{\beta}_1(1)=-0.1160$$

であるから，#1 を除くと

$$\hat{\beta}_1(1)=\hat{\beta}_1+0.1160=4.4354+0.1160=4.5514$$

となる．$\hat{\beta}_2$ への一番大きな影響点もやはり #1 で

$$\hat{\beta}_2(1)=\hat{\beta}_2-0.0353=0.9452$$

となる．平方残差率 $a_i^2$ がもっとも大きいのは #7 であるが，#1 の $\hat{\beta}_j$ への影響は #1 の方が，わずかであるが大きい．

**図 3.2** は $(\log(TBW)_i,\ \log(TBK)_i)$ の散布図と (3.10) 式の標本回帰線である．#1, 7, 22 の残差が大きいこと，高い作用点 #5, 25 に標本回帰線は引き寄せられていることがわかる．

## 3.3 スチューデント化残差

### 3.3.1 (内的) スチューデント化残差 $r$

OLS 残差 $e_i$ の規準化は (1.11) 式で示したように

$$\frac{e_i}{\sigma(1-h_{ii})^{\frac{1}{2}}}$$

である．$\sigma$ は未知パラメータであるから，$\sigma^2$ の不偏推定量

$$s^2=\frac{\sum_{i=1}^{n}e_i^2}{n-k}$$

の平方根 $s$ で $\sigma$ を推定した

$$r_i=\frac{e_i}{s(1-h_{ii})^{\frac{1}{2}}} \tag{3.11}$$

は（内的に）スチューデント化された残差とよばれている．しかし $r_i$ はスチューデントの $t$ 分布に従う確率変数ではない．次項で説明するスチューデント化残差 $t_i$ と混同する恐れがあるから，$r_i$ は標準化残差とよぶほうがよいが，通常はスチューデント化残差といわれている．

(3.11) 式から明らかなように $r_i$ は残差 $e_i$ が大きいほど（すなわち $Y$ 方向の誤差が大きいほど），$h_{ii}$ が 1 に近いほど（すなわち説明変数がその中心から離れているという意味で $X$ 方向の誤差が大きいほど）大きくなり，$X$, $Y$ 両方向からの誤差を反映している．

最小 2 乗残差 $e_i$ は，モデルからの理論値 $\hat{Y}_i$ と観測値 $Y_i$ との間の誤差を表す．しかし，2.2.1 項 (i) で述べたように，最小 2 乗回帰式は説明変数空間の中心 $(\bar{X}_2, \cdots, \bar{X}_k)$ から遠く離れている観測点，すなわち高い作用点に対して適合度を良くする値向があり，このことは $e_i$ にはかくされてしまっている．図 1.1，図 1.2 の #7, 11 はこのような観測点である．説明変数空間における第 $i$ 観測値の位置の影響は $h_{ii}$ で示すことができるから，この影響も反映させたのがスチューデント化残差 $r_i$ であることは (3.11) 式から明らかであろう．

このスチューデント化残差 $r_i$ は $E(r_i)=0$, $\mathrm{var}(r_i)=1$ と規準化された変数になっている．このことを示しておこう．(3.24) 式で示すように

$$\frac{r_i^2}{n-k}\sim \mathrm{Beta}\left(\frac{1}{2},\ \frac{n-k-1}{2}\right) \tag{3.12}$$

すなわち $r_i^2/(n-k)$ はパラメータ 1/2, $(n-k-1)/2$ のベータ分布をするから，$r$ の pdf は次式で与えられる．

$$f(r)=\frac{\Gamma\left(\nu+\frac{1}{2}\right)}{\Gamma(\nu)\Gamma\left(\frac{1}{2}\right)}\cdot\frac{2}{(n-k)^{\frac{1}{2}}}\cdot\left(1-\frac{r^2}{n-k}\right)^{\nu-1}$$

$$|r| \leq (n-k)^{\frac{1}{2}}$$

$$\nu = \frac{n-k-1}{2}$$

したがって

$$\begin{aligned} E(r) &= \int_{-(n-k)^{\frac{1}{2}}}^{(n-k)^{\frac{1}{2}}} c \cdot r\left(1-\frac{r^2}{n-k}\right)^{\nu-1} dr \quad (c=\text{定数}) \\ &= \frac{-c(n-k)}{2\nu}\left(1-\frac{r^2}{n-k}\right)^{\nu}\Bigg|_{-(n-k)^{\frac{1}{2}}}^{(n-k)^{\frac{1}{2}}} \\ &= \frac{-c(n-k)}{2\nu}\left\{(1-1)^{\nu}-(1-1)^{\nu}\right\} \\ &= 0 \end{aligned}$$

他方

$$E\left(\frac{r^2}{n-k}\right) = \frac{\frac{1}{2}}{\frac{1}{2}+\nu} = \frac{1}{1+2\nu} = \frac{1}{n-k}$$

したがって

$$E(r^2) = (n-k)E\left(\frac{r^2}{n-k}\right) = 1$$

$E(r)=0$ であるから，$\mathrm{var}(r)=E(r^2)$．結局，$E(r)=0$，$\mathrm{var}(r)=1$ が示された．このように，スチューデント化残差 $r_i$ は説明変数，被説明変数の単位に依存

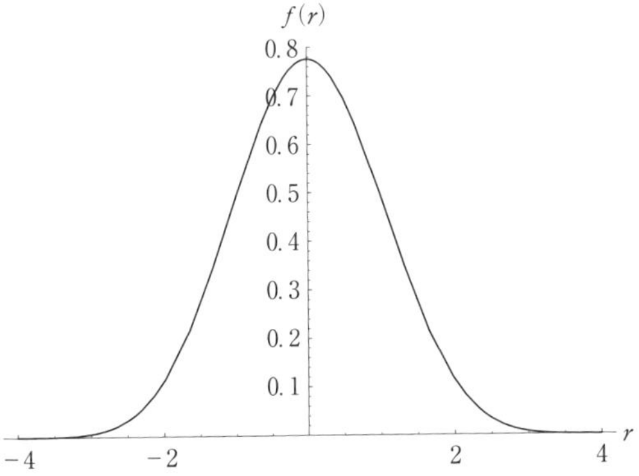


**図 3.3**　(内的) スチューデント化残差 $r_i$ の pdf ($n=30$, $k=3$)

しない規準化された残差であり，第 $i$ 観測値の説明変数空間における位置の影響をも反映させた残差になっている．$r_i$ は $t$ 分布には従わないが，標準化残差であるから，絶対値で 2 を超える $r_i$ の値は大きな残差の発生と考えることができる．**図 3.3** は $n=30$, $k=3$ のときの $r$ の pdf, $f(r)$ のグラフである．

### 3.3.2 （外的）スチューデント化残差 $t$

$s(i)$ を用いて標準化された残差

$$t_i = \frac{e_i}{s(i)(1-h_{ii})^{\frac{1}{2}}} \tag{3.13}$$

は Belsley et al. (1980) によって $R$-スチューデント, Cook and Weisberg (1982) によって（外的に）スチューデント化された残差，Atkinson (1985) によって削除残差 deletion residual, Rousseeuw and Leroy (2003) によってジャックナイフ残差 jackknifed residual とよばれた残差になる．本書ではスチューデント化残差 $t_i$ とよび,（内的）スチューデント化残差 $r_i$ (3.11) 式と区別することにする．

スチューデント化残差 $t_i$ がどのような意味をもっているかを以下に示す．

(1) モデルが正しいならば，$Y_l$ は

$$Y_l = \beta_1 + \beta_2 X_{2l} + \cdots + \beta_j X_{jl} + \cdots + \beta_k X_{kl} + u_l$$

によって決定される．もし $i$ 番目の観測値を除くとパラメータ $\beta_j$ のみが $\beta_j(i)$ に変化するとすれば，$i$ 番目を除くと $Y_l$ は

$$Y_l = \beta_1 + \beta_2 X_{2l} + \cdots + \beta_j(i) X_{jl} + \cdots + \beta_k X_{kl} + u_l \tag{3.14}$$

に従うことになる．

このとき

$$\beta_j = \beta_j(i)$$

あるいは

$$\beta_j - \beta_j(i) = 0$$

という仮説を設定したとき，この仮説を検定するための検定統計量

$$T = \frac{\hat{\beta}_j - \hat{\beta}_j(i)}{\hat{\sigma}_j(i)} \tag{3.15}$$

は自由度 $n-k-1$ の $t$ 分布に従い，この検定統計量 $T$ が (3.13) 式の $t_i$ に等しい（数学注 (2) 参照）．ここで $\hat{\sigma}_j(i)$ は $\hat{\beta}_j - \hat{\beta}_j(i)$ の標準偏差の推定値である．

(2) (1) と同じことを次のように述べることもできる．$Y_i$ の平均が，設定し

たモデルの期待値 $E(Y_i)=\boldsymbol{x}_i'\boldsymbol{\beta}$ に従わず

$$E(Y_i)=\boldsymbol{x}_i'\boldsymbol{\beta}+\beta(i)$$

となるとき，$t_i$ は $\beta(i)=0$ という仮説を検定するための統計量である．

代替的なモデルを

$$Y_i=\beta_1+\beta_2X_{2i}+\cdots+\beta_kX_{ki}+\beta(i)+u_i \tag{3.16}$$

としよう．行列で

$$\boldsymbol{y}=\boldsymbol{X\beta}+\boldsymbol{d}_i\beta(i)+\boldsymbol{u} \tag{3.17}$$

と表す．ここで $\boldsymbol{d}_i$ は $i$ 期にのみ 1，その他で 0 の値をとるダミー変数 $n\times1$ の列ベクトルである．このとき（3.17）式の $\boldsymbol{\beta}$, $\beta(i)$ の最小 2 乗推定量をそれぞれ $\tilde{\boldsymbol{\beta}}$, $\tilde{\beta}(i)$，残差を $\tilde{e}_i$ とすれば

$$\tilde{\boldsymbol{\beta}}=\tilde{\boldsymbol{\beta}}(i) \tag{3.18}$$

$$\tilde{\beta}(i)=\frac{e_i}{1-h_{ii}} \tag{3.19}$$

$$\sum_{i=1}^{n}\tilde{e}_i^2=\sum_{i=1}^{n}e_i^2-\frac{e_i^2}{1-h_{ii}}=(n-k-1)s^2(i) \tag{3.20}$$

となる（数学注（3）参照）．したがって $H_0:\beta(i)=0$ が正しいとき

$$\frac{\left(\sum_{i=1}^{n}e_i^2-\sum_{i=1}^{n}\tilde{e}_i^2\right)\Big/1}{\sum_{i=1}^{n}\tilde{e}_i^2\Big/(n-k-1)}=\frac{e_i^2/(1-h_{ii})}{s^2(i)}=\frac{e_i^2}{s^2(i)(1-h_{ii})}=t_i^2$$
$$\sim F(1,\ n-k-1) \tag{3.21}$$

ゆえに

$$t_i=\frac{e_i}{s(i)(1-h_{ii})^{\frac{1}{2}}}\sim t(n-k-1) \tag{3.22}$$

が得られる．

したがって，$t_i$ が（絶対値で）大きな値をとり，統計的に有意であれば，$H_0$: $\beta(i)=0$ は棄却され，$Y_i$ は期待値が $E(Y_i)=\boldsymbol{x}_i'\boldsymbol{\beta}$ で与えられるモデルに従わず，$E(Y_i)=\boldsymbol{x}_i'\boldsymbol{\beta}+\beta(i)$ というモデルに従うことになる．最初のモデルを基準とすれば，$t_i$ が有意であれば $Y_i$ は外れ値である．Mickey et al.（1967）の提唱した外れ値検出のための検定量はこの $t_i^2$ のことにほかならない．

この（2）で説明したことは，FWL の定理の応用として例 1.1 で示したことと同じである．ここでは（1.21）式の $\gamma=\beta(i)$ に等しく，$H_0:\gamma=\beta(i)=0$ の検定

統計量が $t_i \sim t(n-k-1)$ であることが示されている.

(3) $t_i$ と（内的）スチューデント化残差 $r_i$ の間には

$$t_i^2 = r_i^2\left(\frac{n-k-1}{n-k-r_i^2}\right) \tag{3.23}$$

の関係がある.

また，一般に

$$X \sim F(m_1, m_2) \to Y = \frac{m_1 X}{m_1 X + m_2} \sim \mathrm{Beta}\left(\frac{m_1}{2}, \frac{m_2}{2}\right)$$

であるから，$X = t_i^2$，$m_1 = 1$，$m_2 = n-k-1$ とすれば

$$\frac{m_1 X}{m_1 X + m_2} = \frac{t_i^2}{t_i^2 + n - k - 1} = \frac{r_i^2}{n-k}$$

となり

$$\frac{r_i^2}{n-k} \sim \mathrm{Beta}\left(\frac{1}{2}, \frac{n-k-1}{2}\right) \tag{3.24}$$

が得られる．この結果より

$$1 - \frac{r_i^2}{n-k} = \frac{A_i}{1-h_{ii}} \sim \mathrm{Beta}\left(\frac{n-k-1}{2}, \frac{1}{2}\right)$$

$$A_i = \frac{(n-k-1)(1-h_{ii})s^2(i)}{(n-k)s^2} \tag{3.25}$$

と表すと，この $A_i$ は Andrews and Pregibon（1978）が外れ値の検定に用いた統計量である.

(4) $t_i^2$ はハウスマン Hausman の定式化テストの検定統計量でもある（ハウスマンの定式化テストについては蓑谷（2007）pp. 213〜214).

$H_0$：$i$ 番目の観測値は影響点でない.

（(3.14) 式の $\beta_j(i) = \beta_j$，したがって $\boldsymbol{\beta}(i) = \boldsymbol{\beta}$）

$H_1$：$i$ 番目の観測値は影響点である.

（$\boldsymbol{\beta}(i) \neq \boldsymbol{\beta}$）

としよう．$\hat{\boldsymbol{\beta}}$ は $H_0$ のもとで有効推定量であるが，$H_1$ のもとでは不偏性ももたない．他方，$\hat{\boldsymbol{\beta}}(i)$ は $H_0$ のもとでも $H_1$ のもとでも不偏性をもつが，$H_0$ のもとでは有効性はもたない.

数学注（1）および（2）を用いると

$$\boldsymbol{V} = \mathrm{var}\left[\hat{\boldsymbol{\beta}}(i) - \hat{\boldsymbol{\beta}}\right] = \sigma^2\left[\boldsymbol{X}'(i)\boldsymbol{X}(i)\right]^{-1} - \sigma^2(\boldsymbol{X}'\boldsymbol{X})^{-1}$$

が得られる．このときハウスマンの定式化検定統計量は次式で与えられる．

$$H=\left[\hat{\boldsymbol{\beta}}(i)-\hat{\boldsymbol{\beta}}\right]'\boldsymbol{V}^{-}\left[\hat{\boldsymbol{\beta}}(i)-\hat{\boldsymbol{\beta}}\right]$$

$\boldsymbol{V}^{-}$は$\boldsymbol{V}$の一般逆行列である．$\boldsymbol{V}$は

$$\boldsymbol{V}=\frac{\sigma^2(\boldsymbol{X}'\boldsymbol{X})^{-1}\boldsymbol{x}_i\boldsymbol{x}_i'(\boldsymbol{X}'\boldsymbol{X})^{-1}}{1-h_{ii}}$$

と表すこともできるから

$$\boldsymbol{V}^{-}=\frac{1-h_{ii}}{\sigma^2}(\boldsymbol{X}'\boldsymbol{X})(\boldsymbol{x}_i\boldsymbol{x}_i')^{-}(\boldsymbol{X}'\boldsymbol{X})$$

となる．したがって

$$\hat{\boldsymbol{\beta}}-\hat{\boldsymbol{\beta}}(i)=\frac{(\boldsymbol{X}'\boldsymbol{X})^{-1}\boldsymbol{x}_ie_i}{1-h_{ii}}$$

とこの$\boldsymbol{V}^{-}$を代入すると

$$H=\frac{\boldsymbol{x}_i'(\boldsymbol{x}_i\boldsymbol{x}_i')^{-}\boldsymbol{x}_ie_i^2}{\sigma^2(1-h_{ii})}$$

と表すことができる．ところがGraybill（1969）Theorem 6.2.3を用いると

$$\boldsymbol{x}_i'(\boldsymbol{x}_i\boldsymbol{x}_i')^{-}\boldsymbol{x}_i=1$$

となるから，結局

$$H=\frac{e_i^2}{\sigma^2(1-h_{ii})}$$

を得る．$\sigma^2$を$s^2(i)$で推定すれば

$$H=\frac{e_i^2}{s^2(i)(1-h_{ii})}=t_i^2$$

に等しい．この$H$は，漸近的に

$$H\underset{\text{asy}}{\overset{H_0}{\sim}}\chi^2(1)$$

である（$F(1,\infty)\approx\chi^2(1)$）．自由度が1になるのは$\boldsymbol{V}$に現れる

$$\text{rank}(\boldsymbol{x}_i\boldsymbol{x}_i')=1$$

となるからである（Abadir and Magnus（2005）p. 80参照）．

## 3.4　正規確率プロット

スチューデント化残差$r_i$あるいは$t_i$を用いて正規確率プロットを描き，誤差

項の正規性検定を行うことができる．

$$Y_i \sim N(\mu, \sigma^2)$$

で，$Y_1, \cdots, Y_n$ は独立のとき

$$Z_i = \frac{Y_i - \mu}{\sigma} \sim N(0, 1)$$

である．$Y_i$ を順序化し

$$Y_{(1)} \leq Y_{(2)} \leq \cdots \leq Y_{(n)}$$

対応する順序化された $Z_i$ を

$$Z_{(1)} \leq Z_{(2)} \leq \cdots \leq Z_{(n)}$$

とする．

$$\mu_{(i)} = E\left[Z_{(i)}\right] = E\left[\frac{Y_{(i)} - \mu}{\sigma}\right]$$

は正規得点 normal score あるいはランキット rankit とよばれる．上式より

$$E\left[Y_{(i)}\right] = \mu + \sigma\mu_{(i)}$$

が得られるから，$Y_1, \cdots, Y_n$ が正規分布に従うならば，($\mu_{(i)}$, $Y_{(i)}$) のプロットは切片 $\mu$，勾配 $\sigma$ の直線に近いであろう．

線形回帰モデルの誤差項 $u_i$，$i=1, \cdots, n$ は独立で

$$u_i \sim N(0, \sigma^2)$$

と仮定されているから

$$Z_i = \frac{u_i}{\sigma} \sim N(0, 1)$$

である．したがって順序化された $Z_{(i)}$ とランキット $\mu_{(i)}$ のプロット ($\mu_{(i)}$, $Z_{(i)}$) は切片 0，勾配 1 の直線のまわりで散らばっているであろう．

線形回帰モデルにおける規準化誤差項の標本対応は $r_i$ あるいは $t_i$ である．$r_i$ よりも $t$ 分布に従う $t_i$ の方が適切である．順序化された $t_i$ を $t_{(i)}$ とすると，$t_i \sim N(0, 1)$ ではないから，($\mu_{(i)}$, $t_{(i)}$) のプロットは正規確率プロットの近似にすぎないが，非正規性のパターン認識として十分実用に耐え得る．

**▶例 3.4　丘陵レース (1.24) 式の残差**

**表 3.6** は (1.24) 式の OLS 残差 $e$，次節で説明する *PRESS* 残差，スチューデント化残差 $r$ および $t$ である．例 1.1 でみたように，$Y$ 方向の外れ値 #18 の $r=$

4.78, $t$=8.77 は際立った大きさである．この $t$=8.77 は（1.27）式のダミー変数 $D18$ 係数の $t$ 値に等しい．

（1.23）式の誤差項 $u$ の非正規性もすでに例 1.1 で示したが，（1.24）式からの表 3.3 の $t_i$ を順序化した $t_{(i)}$ を用いる正規確率プロットは**図 3.4** である．#18 は $t_{(i)}=\mu_{(i)}$ の直線から著しく乖離しており，$u$ の正規性は成立していない．

**表 3.6**　（1.24）式の残差

| $i$ | $e$ | *PRESS* 残差 | スチューデント化残差 $r$ | スチューデント化残差 $t$ |
|---|---|---|---|---|
| 1 | −0.12124 | −0.13581 | −0.44 | −0.43 |
| 2 | 0.05270 | 0.05469 | 0.18 | 0.18 |
| 3 | −0.12755 | −0.13325 | −0.45 | −0.44 |
| 4 | 0.00267 | 0.00287 | 0.01 | 0.01 |
| 5 | −0.00347 | −0.00363 | −0.01 | −0.01 |
| 6 | 0.18481 | 0.19204 | 0.65 | 0.64 |
| 7 | −0.02513 | −0.05039 | −0.12 | −0.12 |
| 8 | −0.03999 | −0.04190 | −0.14 | −0.14 |
| 9 | −0.09082 | −0.09453 | −0.32 | −0.31 |
| 10 | 0.06333 | 0.06668 | 0.22 | 0.22 |
| 11 | 0.21667 | 0.34234 | 0.93 | 0.93 |
| 12 | 0.14736 | 0.15308 | 0.51 | 0.51 |
| 13 | 0.00735 | 0.00774 | 0.03 | 0.03 |
| 14 | 0.18162 | 0.19218 | 0.64 | 0.63 |
| 15 | −0.17734 | −0.18444 | −0.62 | −0.61 |
| 16 | −0.02930 | −0.03077 | −0.10 | −0.10 |
| 17 | 0.10315 | 0.11688 | 0.38 | 0.37 |
| 18 | 1.34253 | 1.44953 | 4.78 | 8.77 |
| 19 | −0.55957 | −0.58192 | −1.95 | −2.05 |
| 20 | −0.05975 | −0.06265 | −0.21 | −0.21 |
| 21 | −0.24897 | −0.26879 | −0.89 | −0.88 |
| 22 | 0.06470 | 0.06932 | 0.23 | 0.23 |
| 23 | 0.07492 | 0.07730 | 0.26 | 0.26 |
| 24 | 0.14694 | 0.17694 | 0.55 | 0.55 |
| 25 | −0.11675 | −0.12621 | −0.42 | −0.41 |
| 26 | −0.16501 | −0.17587 | −0.58 | −0.58 |
| 27 | −0.09463 | −0.09916 | −0.33 | −0.33 |
| 28 | −0.14635 | −0.15193 | −0.51 | −0.50 |
| 29 | 0.12037 | 0.12409 | 0.42 | 0.41 |
| 30 | −0.41345 | −0.43309 | −1.45 | −1.48 |
| 31 | −0.04870 | −0.05427 | −0.18 | −0.17 |
| 32 | −0.13700 | −0.14447 | −0.48 | −0.48 |
| 33 | 0.04148 | 0.04969 | 0.16 | 0.15 |
| 34 | −0.06612 | −0.06886 | −0.23 | −0.23 |
| 35 | −0.07947 | −0.09502 | −0.30 | −0.29 |

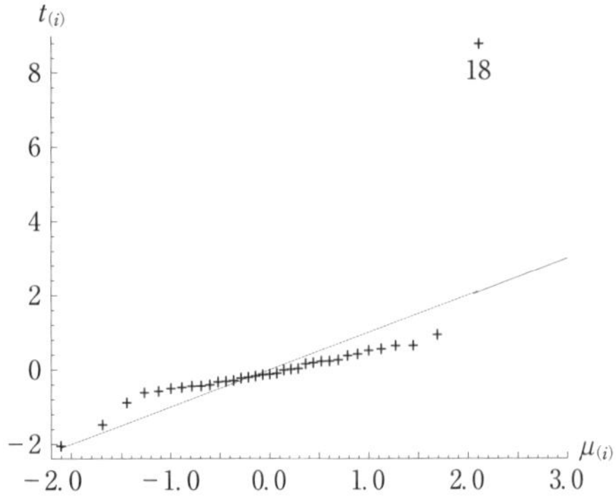


**図 3.4**　(1.24) 式の正規確率プロット

**▶例 3.5　配達時間 (2.16) 式の残差**

**表 3.7** は (2.16) 式の OLS 残差 $e$, *PRESS* 残差, スチューデント化残差 $r$ および $t$ である. 平方残差率 $a_i^2$ が 20.30% と大きいということから (表 2.3), #11 は $Y$ 方向の誤差と例 2.2 で示したが, 表 3.7 の $r$, $t$ も #11 はそれぞれ 2.24, 2.50 と 2 を超える. 例 2.2 で述べたように, (2.15) 式の誤差項 $u_i$ の正規性は成立している. **図 3.5** は表 3.7 の $t$ の順序化された $t_{(i)}$ による正規確率プロットである. $t_{(i)}=\mu_{(i)}$ の直線から #11 は少し乖離しているが, 全体として正規性を疑うべきパターンではない.

正規確率プロットのパターンによる非正規性の識別の方法について詳細は蓑谷 (2012) 15 章 1 節, $\mu_{(i)}$ の計算方法は本章数学注 (4) を参照されたい.

## 3.5　*PRESS* と *PRESS* 残差

パラメータ推定に用いられなかった $i$ 番目の観測値は ($\boldsymbol{x}_i'$, $Y_i$) である. この観測値を除いて推定された (3.3) 式の $\hat{\boldsymbol{\beta}}(i)$ を用いて $Y_i$ を予測し, 予測値を

$$\hat{Y}_i(i)=\boldsymbol{x}_i'\hat{\boldsymbol{\beta}}(i) \tag{3.26}$$

と表す. 予測誤差

$$e_i(i)=Y_i-\hat{Y}_i(i) \tag{3.27}$$

は *PRESS* 残差とよばれ, $e_i(i)$ の 2 乗和は *PRESS* prediction sum of squares

**表 3.7** (2.16) 式の残差

| $i$ | $e$ | *PRESS* 残差 | スチューデント化残差 $r$ | スチューデント化残差 $t$ |
|---|---|---|---|---|
| 1 | −3.71261 | −3.92758 | −1.63 | −1.70 |
| 2 | 0.35024 | 0.37872 | 0.16 | 0.15 |
| 3 | −0.00095 | −0.00104 | 0.00 | 0.00 |
| 4 | 2.83931 | 3.02033 | 1.25 | 1.27 |
| 5 | −1.32856 | −1.40247 | −0.58 | −0.57 |
| 6 | 0.48953 | 0.51304 | 0.21 | 0.21 |
| 7 | −1.27084 | −1.39541 | −0.57 | −0.56 |
| 8 | 1.05716 | 1.11750 | 0.46 | 0.46 |
| 9 | 0.10060 | 0.59554 | 0.10 | 0.10 |
| 10 | 3.22391 | 3.62812 | 1.46 | 1.50 |
| 11 | 4.94811 | 5.57931 | 2.24 | 2.50 |
| 12 | −0.05898 | −0.06545 | −0.03 | −0.03 |
| 13 | 0.71520 | 0.76246 | 0.32 | 0.31 |
| 14 | 2.14538 | 2.26318 | 0.94 | 0.94 |
| 15 | 2.30922 | 2.41879 | 1.01 | 1.01 |
| 16 | 0.33149 | 0.36309 | 0.15 | 0.14 |
| 17 | 0.04935 | 0.05200 | 0.02 | 0.02 |
| 18 | 2.56529 | 2.72520 | 1.13 | 1.14 |
| 19 | −1.06098 | −1.14205 | −0.47 | −0.46 |
| 20 | −3.37535 | −3.80008 | −1.53 | −1.58 |
| 21 | −2.82066 | −3.16549 | −1.28 | −1.30 |
| 22 | 0.17849 | 0.36831 | 0.11 | 0.11 |
| 23 | −2.96509 | −3.10511 | −1.30 | −1.32 |
| 24 | −3.21992 | −3.42408 | −1.42 | −1.45 |
| 25 | −1.48935 | −1.58458 | −0.66 | −0.65 |

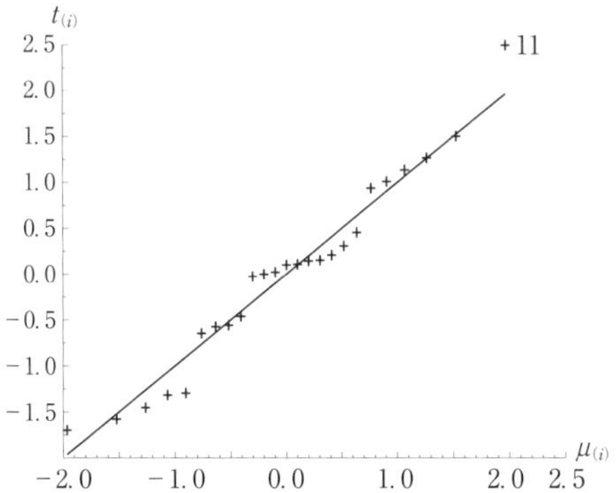


**図 3.5** (2.16) 式の正規確率プロット

とよばれる．例 1.1 の $\hat{\gamma}$ がこの $e_i(i)$ である．すなわち

$$PRESS=\sum_{i=1}^{n}e_i^2(i)=\sum_{i=1}^{n}\left[Y_i-\hat{Y}_i(i)\right]^2 \tag{3.28}$$

である．

$e_i(i)$ は（3.7）式で $l=i$ とおき

$$e_i(i)=\frac{e_i}{1-h_{ii}} \tag{3.29}$$

と表すことができるから

$$PRESS=\sum_{i=1}^{n}\left(\frac{e_i}{1-h_{ii}}\right)^2 \tag{3.30}$$

である．

$h_{ii}=1$ となる場合を除き，通常，$0<h_{ii}<1$ であるから，絶対値は，（3.29）式より $e_i(i)>e_i$ である．$h_{ii}$ が 1 に近いほど，いいかえれば $\boldsymbol{x}_i'$ が $\bar{\boldsymbol{x}}$ から遠く離れている高い作用点のとき $e_i(i)$ は $e_i$ より大きくなる．例 1.1 の（1.24）式 #7 の $e_i=-0.02513$（表 3.6）であるが，$h_{ii}=0.501$（表 2.1）と比較的大きく，$e_i(i)=-0.05039$（表 3.1）と絶対値で $e_i$ の約 2 倍になる．

（2.16）式の #9 の $h_{ii}=0.831$（表 2.3）と大きいため，$e_i=0.10060$ に対し $e_i(i)=0.59554$（表 3.7）と約 6 倍になる．

一般に，$e_i$ が小さいにもかかわらず，$e_i(i)$ がきわめて大きいとき，いいかえれば，高い作用点への説明力は高いが，その作用点の $e_i(i)$ が大きいとき，その作用点を除くとモデルの予測は悪化する．予測力という観点から，複数のモデルを比較するとき，$R^2$-$PRESS$ はひとつの基準となる．

$PRESS$ を用いて計算される決定係数

$$R^2\text{-}PRESS=1-\frac{PRESS}{\sum_{i=1}^{n}y_i^2} \tag{3.31}$$

は，通常，$R^2$ が有している説明変数の数が増えると大きくなるという性質はもっていない．

例 1.1（1.24）式の場合

$$\sum_{i=1}^{n}e_i^2=2.72971,\quad PRESS=3.20085$$

$$R^2=0.83839,\quad R^2\text{-}PRESS=0.81050$$

例 2.2（2.16）式のケースは

$$\sum_{i=1}^{n} e_i^2 = 120.620, \quad PRESS = 143.66165$$

$$R^2 = 0.97915, \quad R^2\text{-}PRESS = 0.97516$$

となる.

$$E\left[e_i(i)\right] = 0$$

$$\mathrm{var}\left[e_i(i)\right] = \left(\frac{1}{1-h_{ii}}\right)^2 \mathrm{var}(e_i) = \frac{\sigma^2}{1-h_{ii}}$$

であるから，$e_i(i)$ の規準化も

$$\frac{e_i(i)}{(\mathrm{var}[e_i(i)])^{\frac{1}{2}}} = \frac{e_i(i)}{\sigma/(1-h_{ii})^{\frac{1}{2}}} = \frac{e_i}{\sigma(1-h_{ii})^{\frac{1}{2}}}$$

と，規準化 $e_i$ と同じになり，$\sigma$ を $s$ で推定すればスチューデント化残差 $r_i$，$s(i)$ で推定すれば $t_i$ になる.

## 3.6　被説明変数の推定値への影響

$i$ 番目の観測値（$\boldsymbol{x}_i'$　$Y_i$）を除いてパラメータ $\boldsymbol{\beta}$ を推定したとき，被説明変数の推定値がどう変化するかを考察する.

$$\hat{Y}_j = \boldsymbol{x}_j'\hat{\boldsymbol{\beta}}$$

$$\hat{Y}_j(i) = \boldsymbol{x}_j'\hat{\boldsymbol{\beta}}(i)$$

とおけば，推定値の相違は，（3.4）式，$h_{ji} = h_{ij}$ と（2.3）式を用いて次式で与えられる.

$$DFFIT_j(i) = \hat{Y}_j - \hat{Y}_j(i) = \frac{h_{ij}e_i}{1-h_{ii}} \tag{3.32}$$

ところが $DFFIT_j(i)$ は $\hat{Y}_j$ の尺度から独立ではない．$\hat{Y}_j$ の標準偏差は，2.2.1 項性質(h)より $\sigma\sqrt{h_{jj}}$ で与えられるから，未知パラメータ $\sigma$ を推定値 $s(i)$ でおきかえ，尺度の影響を除去するために $DFFIT_j(i)$ を $s(i)\sqrt{h_{jj}}$ で割り，それを $DFFITS_j(i)$ とすれば

$$DFFITS_j(i) = \frac{\hat{Y}_j - \hat{Y}_j(i)}{s(i)\sqrt{h_{jj}}}$$

$$= \frac{\boldsymbol{x}_j'[\hat{\boldsymbol{\beta}} - \hat{\boldsymbol{\beta}}(i)]}{s(i)\sqrt{h_{jj}}}$$

$$= \frac{h_{ij}e_i}{s(i)\sqrt{h_{jj}}(1-h_{ii})} \tag{3.33}$$

となる．

ところがすべての $j$ について

$$\left|\frac{\hat{Y}_j - \hat{Y}_j(i)}{s(i)\sqrt{h_{jj}}}\right| \leq |DFFITS_i(i)| \tag{3.34}$$

が成立するから（数学注（5）参照），$DFFITS_j(i)$ のすべての $j$, $i$ についてその大きさを調べなくても，$i$ 番目の観測値の削除による被説明変数の推定値の最大の変化は

$$DFFITS_i(i) = \frac{\sqrt{h_{ii}}\,e_i}{s(i)(1-h_{ii})} = t_i\left(\frac{h_{ii}}{1-h_{ii}}\right)^{\frac{1}{2}} \tag{3.35}$$

によって与えられる．

$DFFITS_i(i)$ の切断点を求めよう．$\sum_{i=1}^{n} h_{ii} = k$ であるから，行列 $\boldsymbol{X}$ が完全にバランスがとれているならば $h_{ii} = k/n$ である．このとき

$$DFFITS_i(i) = t_i\left(\frac{k}{n-k}\right)^{\frac{1}{2}}$$

となるから，$|t_i| > 2$ を影響の大きい残差とすれば

$$|DFFITS_i(i)| > 2\sqrt{\frac{k}{n-k}} \tag{3.36}$$

となる $i$ 番目の観測値があれば，それは被説明変数の推定値に大きな影響を与える観測値とみなすことができる．

## 3.7　クックの $\boldsymbol{D}$，切断点，分解

### 3.7.1　クックの $\boldsymbol{D}$

$\hat{\boldsymbol{\beta}} - \hat{\boldsymbol{\beta}}(i)$ は $k \times 1$ のベクトルであるから，ベクトル $\hat{\boldsymbol{\beta}} - \hat{\boldsymbol{\beta}}(i)$，$i = 1, 2, \cdots, n$ を影響力の強さで順序づけすることはできない．$\hat{\beta}_j - \hat{\beta}_j(i)$ を規準化した $DFBETAS_j(i)$ は影響力比較のための１つの尺度であるが，Cook（1979）は，$k$ 個のベクトルの要素を用いて，$i$ 番目の観測値（$\boldsymbol{x}_i'$ $Y_i$）の $\hat{\boldsymbol{\beta}}$ への影響力を示す

スカラーの尺度を与えた．クックの $D$ とよばれている次の尺度である．

$$D_i=\frac{[\hat{\boldsymbol{\beta}}-\hat{\boldsymbol{\beta}}(i)]'(\boldsymbol{X}'\boldsymbol{X})[\hat{\boldsymbol{\beta}}-\hat{\boldsymbol{\beta}}(i)]/k}{\sum e^2/(n-k)}$$

$$=\frac{[\hat{\boldsymbol{\beta}}-\hat{\boldsymbol{\beta}}(i)]'(\boldsymbol{X}'\boldsymbol{X})[\hat{\boldsymbol{\beta}}-\hat{\boldsymbol{\beta}}(i)]}{ks^2} \tag{3.37}$$

この $D_i$ は次のように表すこともできる．

$$\boldsymbol{X}\left[\hat{\boldsymbol{\beta}}-\hat{\boldsymbol{\beta}}(i)\right]=\hat{\boldsymbol{y}}-\hat{\boldsymbol{y}}(i)$$

であるから

$$\left[\hat{\boldsymbol{\beta}}-\hat{\boldsymbol{\beta}}(i)\right]'(\boldsymbol{X}'\boldsymbol{X})\left[\hat{\boldsymbol{\beta}}-\hat{\boldsymbol{\beta}}(i)\right]$$

$$=\left\{\boldsymbol{X}[\hat{\boldsymbol{\beta}}-\hat{\boldsymbol{\beta}}(i)]\right\}'\left\{\boldsymbol{X}[\hat{\boldsymbol{\beta}}-\hat{\boldsymbol{\beta}}(i)]\right\}=\left[\hat{\boldsymbol{y}}-\hat{\boldsymbol{y}}(i)\right]'\left[\hat{\boldsymbol{y}}-\hat{\boldsymbol{y}}(i)\right]$$

ゆえに

$$D_i=\frac{[\hat{\boldsymbol{y}}-\hat{\boldsymbol{y}}(i)]'[\hat{\boldsymbol{y}}-\hat{\boldsymbol{y}}(i)]}{ks^2} \tag{3.38}$$

あるいは，$D_i$ は次のように表すこともできる．

$$\left[\hat{\boldsymbol{\beta}}-\hat{\boldsymbol{\beta}}(i)\right]'(\boldsymbol{X}'\boldsymbol{X})\left[\hat{\boldsymbol{\beta}}-\hat{\boldsymbol{\beta}}(i)\right]=\frac{e_i\boldsymbol{x}_i'(\boldsymbol{X}'\boldsymbol{X})^{-1}}{1-h_{ii}}(\boldsymbol{X}'\boldsymbol{X})\frac{(\boldsymbol{X}'\boldsymbol{X})^{-1}\boldsymbol{x}_ie_i}{1-h_{ii}}$$

$$=\frac{e_i\boldsymbol{x}_i'(\boldsymbol{X}'\boldsymbol{X})^{-1}\boldsymbol{x}_ie_i}{(1-h_{ii})^2}$$

$$=\frac{h_{ii}e_i^2}{(1-h_{ii})^2}=h_{ii}e_i(i)^2 \tag{3.39}$$

であるから

$$D_i=\left[\frac{e_i}{s(1-h_{ii})^{\frac{1}{2}}}\right]^2\left(\frac{h_{ii}}{1-h_{ii}}\right)\frac{1}{k}$$

$$=r_i^2\left(\frac{h_{ii}}{1-h_{ii}}\right)\frac{1}{k} \tag{3.40}$$

$D_i$ が 0 のときには，$i$ 番目の観測値をパラメータ推定に使わなくても，パラメータ推定値の変化はなく，($\boldsymbol{x}_i'$ $Y_i$) の影響力は 0 である．$D_i$ が 0 となるのは (3.40) 式よりスチューデント化残差 $r_i$，したがって残差 $e_i$ が 0 あるいは作用点 $h_{ii}$ の値が 0 の場合である．$D_i$ は残差 $e_i$ と作用点 $h_{ii}$ の増加関数であるから，$Y$ 方向の誤差 ($e_i$) が大きいほど，$X$ 方向の誤差 ($h_{ii}$) が大きいほど $D_i$ は大きくなる．

(3.35) 式より

$$\left[DFFITS_i(i)\right]^2 = t_i^2\left(\frac{h_{ii}}{1-h_{ii}}\right) \tag{3.41}$$

であるから，$[DFFITS_i(i)]^2$ と $D_i$ の相違は $r_i$ と $t_i$，したがって $s^2$ と $s^2(i)$ の相違と，$D_i$ は $k$ で割ってあるという相違にすぎないから，影響力の大きい観測値の検出力はどちらを用いてもほとんど同じである．

### 3.7.2 クックの $D$ の切断点

$D_i$ の値が大きいほど $i$ 番目の観測値は大きな影響点であるが，$D_i$ の切断点はどのような値になるか考えてみよう．

クックの $D_i$ は，$H_0 : \boldsymbol{\beta}=\boldsymbol{\beta}_0$ のとき

$$\frac{(\hat{\boldsymbol{\beta}}-\boldsymbol{\beta}_0)'(\boldsymbol{X}'\boldsymbol{X})(\hat{\boldsymbol{\beta}}-\boldsymbol{\beta}_0)}{ks^2} \sim F(k,\ n-k)$$

において $\boldsymbol{\beta}_0$ を $\hat{\boldsymbol{\beta}}(i)$ におきかえたものにほかならない．しかし $\boldsymbol{\beta}_0$ は定数であるが $\hat{\boldsymbol{\beta}}(i)$ は定数ではなく確率変数である．したがって $D_i$ は $F$ 分布をする統計量にはならないから $F$ 分布の臨界点を $D_i$ に用いることはできない．しかしこの $F$ 分布に従う統計量と $D_i$ との類似から，$D_i$ の値がちょうど $F_\alpha(k,\ n-k)$ に等しいならば，$(\boldsymbol{x}_i'\ Y_i)$ の値がパラメータ推定から除かれることによって，$\boldsymbol{\beta}$ の推定値は，$n$ 個の完全なデータにもとづく $(1-\alpha)\times 100\%$ 信頼領域の縁にまで動くことになる．$F$ 分布の 50% 点をほぼ 1 とみなすと，もし $D_i$ の値が 1 ならば，$i$ 番目の観測値の削除は，パラメータ推定値 50% 信頼領域の縁まで動かすことを意味しており，大きな影響力を推定値に与える．したがって最大の $D_i$ が 1 より小さければ，どの観測値の削除も $\boldsymbol{\beta}$ の推定値を大きく変えることはない，とこれまでいわれてきた．

しかし $D_i$ を $F(k,\ n-k)$ と比較することが意味がないのは，$F(k,\ n-k)$ は $\boldsymbol{\beta}=\boldsymbol{\beta}_0$ という $k\times 1$ のベクトルの検定統計量であるのに対して，$D_i$ は $i$ 番目の観測値の影響度を測るための統計量である．実際，$D_i$ とスチューデント化残差 $t_i$ の 2 乗との間には (3.23) 式を用いれば

$$D_i = \frac{(n-k)t_i^2}{n-k-1+t_i^2}\left(\frac{h_{ii}}{1-h_{ii}}\right)\frac{1}{k} \tag{3.42}$$

の関係があるから，$t_i^2 \sim F(1,\ n-k-1)$ を用いれば

$$P(t_i^2 > F_\alpha) = P\left[D_i > \frac{(n-k)F_\alpha}{n-k-1+F_\alpha}\left(\frac{h_{ii}}{1-h_{ii}}\right)\frac{1}{k}\right] \tag{3.43}$$

となり，$D_i$ は $F(k,\ n-k)$ ではなく，$F(1,\ n-k-1)$ と関係づけるべきである．(3.43) 式は個々の $h_{ii}$ に依存するから，さらに $h_{ii}$ を平均 $k/n$ で代表させ，有意水準 $\alpha$ を与え

$$D_i > \frac{F_\alpha}{n-k-1+F_\alpha} \tag{3.44}$$

のとき，$i$ 番目の観測値は影響力が大きいと判断した方がよいと私は考える．$D_i>1$ の基準は影響点を検出することができず，実際上ほとんど役に立たない．

### 3.7.3　クックの $D$ の分解

(3.40) 式で

$$r_i^2 = \frac{e_i^2}{s^2(1-h_{ii})} = \frac{e_i^2}{s^2(i)(1-h_{ii})} \cdot \frac{s^2(i)}{s^2} = \frac{s^2(i)}{s^2} t_i^2$$

と表すと，クックの $D$ は

$$D_i = \left[\frac{1}{k}\left(\frac{h_{ii}}{1-h_{ii}}\right)\frac{s^2(i)}{s^2}\right] t_i^2 = DA_i t_i^2 \tag{3.45}$$

と分解することができる．$h_{ii}$ の影響が大きく現れる $DA_i$ と $Y$ 方向の誤差を大きく反映する $t_i^2$ の積にクックの $D$ を分解した $(t_i^2,\ DA_i)$ のプロットも，$LR$ プロットと並んで興味深い．

**図 3.6** は例 1.1 (1.24) 式の $(t_i^2,\ DA_i)$ のプロットである．$Y$ 方向の外れ値 #18

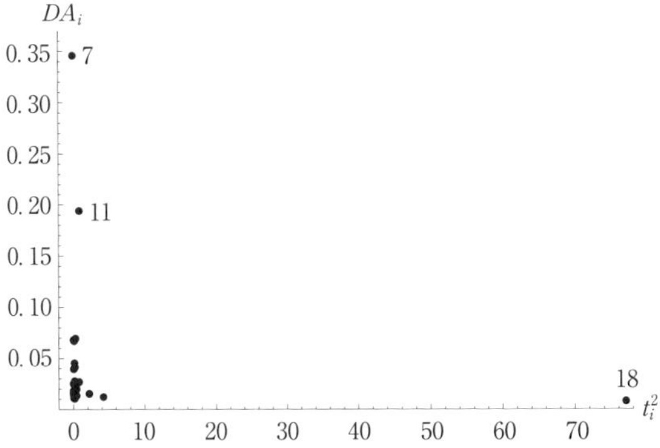


**図 3.6**　(1.24) 式の $(t_i^2,\ DA_i)$ プロット

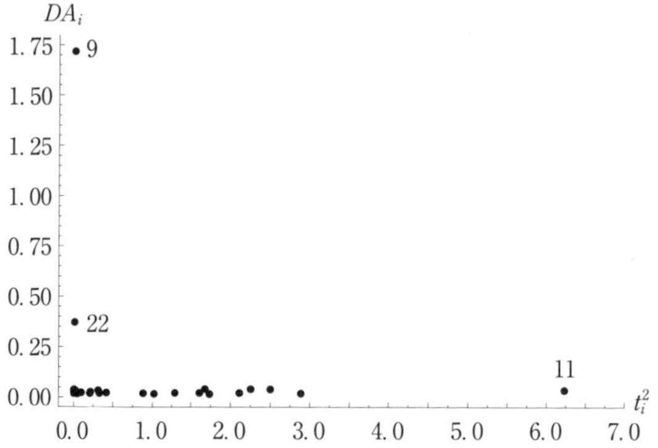


**図 3.7**　(2.16) 式の ($t_i^2$, $DA_i$) プロット

($t_i^2=77.0$), $X$ 方向の外れ値 #7, 11 ($h_{ii}$ それぞれ 0.501, 0.367, $DA_i=0.346$, 0.194) が明瞭である.

**図 3.7** は例 2.2 (2.16) 式の ($t_i^2$, $DA_i$) のプロットである. $Y$ 方向の外れ値 #11 ($t_i^2=6.23$), $X$ 方向の外れ値 #9, 22 ($h_{ii}$ それぞれ 0.831, 0.515, $DA_i=1.72$, 0.37) の他の観測点との相違も明らかである.

## 3.8　修正クックの *D*

### 3.8.1　修正クックの *D*

Atkinson (1981) はクックの $D$ あるいは $DFFITS_i(i)$ を修正して

$$C_i=\left|DFFITS_i(i)\right|\left(\frac{n-k}{k}\right)^{\frac{1}{2}}$$
$$=|t_i|\left(\frac{h_{ii}}{1-h_{ii}}\right)^{\frac{1}{2}}\left(\frac{n-k}{k}\right)^{\frac{1}{2}} \tag{3.46}$$

を影響分析の統計量として提唱した.

Atkinson (1981) によれば $C_i$ がクックの $D$ の改善になっているのは次の点である. 第1に, $\sigma^2$ の推定値に $s^2$ ではなく $s^2(i)$ を用いているから (3.8) 式で示されている $s^2$ と $s^2(i)$ の相違からもわかるように $e_i^2/(1-h_{ii})$ が大きい (すなわち $e_i$ あるいは $h_{ii}$ が大きい) 極値に, クックの $D$ よりも強調を与える. 第2に $h_{ii}=k/n$ と完全にバランスがとれているとき, $C_i=|t_i|$ となる.

### 3.8.2 ウェルシュの *WL*

Welsch (1982) は $h_{ii}$ が大きいほどさらにその影響を強調する

$$WL_i = \left| DFFITS_i(i) \right| \left( \frac{n-1}{1-h_{ii}} \right)^{\frac{1}{2}} \tag{3.47}$$

を与えた．クックの $D_i$，アトキンソンの $C_i$，ウェルシュの $WL_i$ を比較可能な形で表せば

$$D_i = r_i^2 \left( \frac{h_{ii}}{1-h_{ii}} \right) \frac{1}{k} \tag{3.48}$$

$$C_i^2 = t_i^2 \left( \frac{h_{ii}}{1-h_{ii}} \right) \left( \frac{n-k}{k} \right) \tag{3.49}$$

$$WL_i^2 = t_i^2 \left( \frac{h_{ii}}{1-h_{ii}} \right) \left( \frac{n-1}{1-h_{ii}} \right) \tag{3.50}$$

と書くことができるから，$D_i$ より $C_i$，$C_i$ より $WL_i$ のほうが $h_{ii}$ の影響を強調する統計量となっていることがわかる．

切断点を求めておこう．$DFFITS_i(i)$ については (3.36) 式の

$$\left| DFFITS_i(i) \right| > 2\sqrt{\frac{k}{n-k}} \tag{3.51}$$

を採用すれば，$WL_i$ は (3.47) 式より，$h_{ii}$ を $k/n$ で評価して

$$\frac{2}{n-k}\sqrt{kn(n-1)} \tag{3.52}$$

より大きい $WL_i$ を大きな影響点とする．$C_i$ の切断点は (3.46) 式より $|t_i|$ と同じ 2 を超える値を切断点とする．

## 3.9 アンドリウス・プレジボンの *AP*

(3.25) 式のすぐ上の式から，$A_i = 1 - AP_i$ と表し

$$1 - AP_i = (1-h_{ii}) \left( 1 - \frac{r_i^2}{n-k} \right) \tag{3.53}$$

となる．$1-h_{ii}$ は 0 に近いほど $X$ 方向の外れ値，$1-\dfrac{r_i^2}{n-k}$ は小さいほど $X$, $Y$ 両方向の外れ値であるから，$1-AP_i$ は 0 に近いほど外れ値である．

$1-AP_i$ の臨界点を求めよう．

$$X = 1 - \frac{r_i^2}{n-k} \sim \mathrm{Beta}\left(\frac{n-k-1}{2}, \frac{1}{2}\right)$$

である．そして，次の関係を用いる．

$$X \sim \mathrm{Beta}\left(\frac{p}{2}, \frac{q}{2}\right), \quad Y \sim F(q, p)$$

とするとき

$$P\left(X \leq \frac{p}{p+qx}\right) = P(Y > x)$$

（蓑谷（2010）p. 631(4)）.

$$p = n-k-1, \quad q = 1$$

とおき，$Y \sim F(1, n-k-1)$ より

$$P(Y > x) = 0.05$$

を満たす $x$ を $x_{0.05}$ とし，$p/(p+qx_{0.05}) = (n-k-1)/(n-k-1+x_{0.05})$ を計算する．

$h_{ii}$ は $2k/n$ を切断点とし，$1-AP_i$ の下側 5% 点を

$$CAP1 = \left(1 - \frac{2k}{n}\right)\left(\frac{n-k-1}{n-k-1+x_{0.05}}\right) \tag{3.54}$$

とする．すなわち

$$1 - AP_i < CAP1$$

となる $1-AP_i$ を外れ値とする．

(3.53) 式より

$$AP_i = h_{ii} + (1-h_{ii})\frac{r_i^2}{n-k} \tag{3.55}$$

である．

## 3.10 回帰係数推定値の分散推定量および被説明変数の分散推定量への影響

### 3.10.1 *COVRATIO*

$i$ 番目の観測値（$\boldsymbol{x}_i'$ $Y_i$）を除いたときの，回帰係数の分散推定量への影響を考えよう．

$$\mathrm{var}(\hat{\boldsymbol{\beta}}) = \sigma^2(\boldsymbol{X}'\boldsymbol{X})^{-1}$$
$$\mathrm{var}\left[\hat{\boldsymbol{\beta}}(i)\right] = \sigma^2\left[\boldsymbol{X}'(i)\boldsymbol{X}(i)\right]^{-1}$$

であるから，両者の相違は，$\sigma^2$ の推定量 $s^2$, $s^2(i)$ を用い

$$COVRATIO = \frac{\det\{s^2(i)[\boldsymbol{X}'(i)\boldsymbol{X}(i)]^{-1}\}}{\det\{s^2(\boldsymbol{X}'\boldsymbol{X})^{-1}\}} \tag{3.56}$$

によって測ることができる．

$$\det\left[\boldsymbol{X}'(i)\boldsymbol{X}(i)\right] = (1-h_{ii})\det(\boldsymbol{X}'\boldsymbol{X})$$

であるから（数学注（6）参照），（3.56）式は

$$COVRATIO = \frac{[s^2(i)/s^2]^k}{1-h_{ii}} \tag{3.57}$$

と表すこともできる．

また（3.8）式および（3.11）式を用いれば

$$s^2(i) = s^2\left(\frac{n-k-r_i^2}{n-k-1}\right) \tag{3.58}$$

となるから

$$COVRATIO = \left(\frac{n-k-r_i^2}{n-k-1}\right)^k \frac{1}{1-h_{ii}} \tag{3.59}$$

が得られる．

### 3.10.2　*COVRATIO* の切断点

この *COVRATIO* の値が 1 より離れていればいるほど $i$ 番目の観測点の回帰係数の分散への影響は大きい．この *COVRATIO* の切断点は，近似的に

$$1 \pm \frac{3k}{n}$$

で与えられる．このことを示しておこう．

*COVRATIO*（3.59）式は，（3.23）式を用いれば

$$\frac{1}{\left(\frac{n-k-1}{n-k}+\frac{t_i^2}{n-k}\right)^k(1-h_{ii})} \tag{3.60}$$

と表すこともできるから $|t_i| \geq 2$ で $h_{ii} \fallingdotseq 0$ のとき

$$COVRATIO \approx \frac{1}{\left(1+\frac{t_i^2-1}{n-k}\right)^k} \leq \frac{1}{\left(1+\frac{3}{n-k}\right)^k} \approx \frac{1}{\left(1+\frac{3}{n}\right)^k}$$

$$\approx \frac{1}{\left(1+\frac{3k}{n}\right)} \approx 1-\frac{3k}{n}$$

他方，$t_i=0$, $h_{ii} \geq 2k/n$ のとき

$$\begin{aligned}
COVRATIO &\approx \frac{1}{\left(1-\frac{1}{n-k}\right)^k (1-h_{ii})} \\
&\geq \frac{1}{\left(1-\frac{1}{n-k}\right)^k \left(1-\frac{2k}{n}\right)} \\
&\approx \frac{1}{\left(1-\frac{k}{n-k}\right)\left(1-\frac{2k}{n}\right)} \\
&\approx \frac{1}{\left(1-\frac{k}{n}\right)\left(1-\frac{2k}{n}\right)} \\
&= \frac{1}{1-\frac{3k}{n}+\frac{2k^2}{n^2}} \\
&\approx \left(1-\frac{3k}{n}\right)^{-1} \\
&\approx 1+\frac{3k}{n}
\end{aligned}$$

結局，$COVRATIO$ が $1-3k/n$ より小さいあるいは $1+3k/n$ より大きいとき，$i$ 番目の観測値をパラメータ推定から外すと，回帰係数の分散の推定値への影響が大きいと判断する．$COVRATIO$ にも $h_{ii}$ と $r_i$ あるいは $t_i$，したがって $h_{ii}$ と残差 $e_i$ の両者の大きさが関係しており，$h_{ii}$ が 0 に近く，$|r_i|$ あるいは $|t_i|$ が大きいほど $COVRATIO$ は 1 より小さくなり，$r_i$ あるいは $t_i$ が小さく，$h_{ii}$ が大きいほど $COVRATIO$ は 1 より大きくなる．$r_i$ あるいは $t_i$ と $h_{ii}$ がともに大きいとき，すなわち，$X$, $Y$ 両方向の外れ値のときには影響は相殺し合い，影響点に対する $COVRATIO$ の検出力は弱くなる．

### 3.10.3 *FVARATIO*

$\mathrm{var}[\hat{Y}_i(i)]$ の $\mathrm{var}(\hat{Y}_i)$ に対する比は，推定量で評価して，$FVARATIO$ とい

われ（Belsley et al. (1980) p. 24），次式で与えられる．

$$FVARATIO = \frac{s^2(i)}{s^2(1-h_{ii})} \tag{3.61}$$

以下，上式の証明である．

(2.9) 式から

$$\hat{Y}_i(i) = \frac{\hat{Y}_i - h_{ii}Y_i}{1-h_{ii}}$$

であるから

$$\mathrm{var}\left[\hat{Y}_i(i)\right] = \frac{1}{(1-h_{ii})^2}\left\{\mathrm{var}(\hat{Y}_i) + h_{ii}^2\,\mathrm{var}(Y_i) - 2h_{ii}\,\mathrm{cov}(\hat{Y}_i,\ Y_i)\right\}$$

そして

$$\mathrm{var}(\hat{Y}_i) = h_{ii}\sigma^2 \quad \text{(2.2.1 項性質 (h))}$$

$$\mathrm{var}(Y_i) = \sigma^2$$

$$\mathrm{cov}(\hat{Y}_i,\ Y_i) = \mathrm{cov}(\hat{Y}_i,\ \hat{Y}_i + e_i) = \mathrm{var}(\hat{Y}_i) = h_{ii}\sigma^2$$

$$(\because\ \mathrm{cov}(\hat{Y}_i,\ e_i) = 0)$$

であるから

$$\mathrm{var}\left[\hat{Y}_i(i)\right] = \frac{h_{ii}\sigma^2}{1-h_{ii}}$$

が得られる．

$\mathrm{var}(\hat{Y}_i)$ の $\sigma^2$ は $s^2$，$\mathrm{var}[\hat{Y}_i(i)]$ の $\sigma^2$ は $s^2(i)$ で推定すると

$$\frac{\mathrm{var}[\hat{Y}_i(i)]}{\mathrm{var}(\hat{Y}_i)} \text{の推定量} = \frac{s^2(i)}{s^2(1-h_{ii})}$$

が得られる．これが (3.61) 式である．

*FVARATIO*>1 ならば，$i$ 番目の観測値削除によって $Y_i$ の推定値 $\hat{Y}_i(i)$ のバラつきは大きくなる．逆に，*FVARATIO*<1 のときには，$i$ 番目の観測値削除によって $\hat{Y}_i(i)$ のバラつきは小さくなる．

(3.57) 式と (3.61) 式をくらべればわかるように，*COVRATIO* は $s^2(i)/s^2$ が $k$ 乗されているというだけの相違である．

**▶例 3.6 (1.24) 式の *DFFITS*，クックの *D* 他**

**表 3.8** は (1.24) 式の *DFFITS*，クックの *D*，修正クックの *D* である *C*，*WL*，$1-AP$ である．

**表 3.8**　(1.24) 式の *DFFITS*, クックの *D*, *WL*, 1−*AP*

| *i* | *DFFITS* | クックの *D* | *C* | *WL* | 1−*AP* | *i* | *DFFITS* | クックの *D* | *C* | *WL* | 1−*AP* |
|---|---|---|---|---|---|---|---|---|---|---|---|
| 1 | −0.1503 | 0.0077 | 0.4909 | 0.9277 | 0.8874 | 19 | −0.4095 | 0.0508 | 1.3376 | 2.4352 | 0.8469 |
| 2 | 0.0352 | 0.0004 | 0.1149 | 0.2089 | 0.9626 | 20 | −0.0455 | 0.0007 | 0.1485 | 0.2715 | 0.9524 |
| 3 | −0.0932 | 0.0030 | 0.3045 | 0.5557 | 0.9512 | 21 | −0.2490 | 0.0208 | 0.8134 | 1.5088 | 0.9036 |
| 4 | 0.0025 | 0.0000 | 0.0082 | 0.0152 | 0.9322 | 22 | 0.0603 | 0.0013 | 0.1970 | 0.3641 | 0.9319 |
| 5 | −0.0025 | 0.0000 | 0.0082 | 0.0150 | 0.9578 | 23 | 0.0458 | 0.0007 | 0.1495 | 0.2711 | 0.9671 |
| 6 | 0.1264 | 0.0054 | 0.4128 | 0.7512 | 0.9499 | 24 | 0.2467 | 0.0207 | 0.8057 | 1.5786 | 0.8225 |
| 7 | −0.1203 | 0.0050 | 0.3928 | 0.9931 | 0.4984 | 25 | −0.1168 | 0.0047 | 0.3815 | 0.7081 | 0.9200 |
| 8 | −0.0302 | 0.0003 | 0.0986 | 0.1801 | 0.9538 | 26 | −0.1481 | 0.0075 | 0.4836 | 0.8913 | 0.9283 |
| 9 | −0.0632 | 0.0014 | 0.2063 | 0.3758 | 0.9578 | 27 | −0.0715 | 0.0018 | 0.2336 | 0.4269 | 0.9511 |
| 10 | 0.0504 | 0.0009 | 0.1645 | 0.3013 | 0.9484 | 28 | −0.0986 | 0.0033 | 0.3219 | 0.5856 | 0.9554 |
| 11 | 0.7087 | 0.1681 | 2.3145 | 5.1941 | 0.6157 | 29 | 0.0727 | 0.0018 | 0.2373 | 0.4301 | 0.9647 |
| 12 | 0.1001 | 0.0034 | 0.3269 | 0.5949 | 0.9547 | 30 | −0.3216 | 0.0332 | 1.0502 | 1.9190 | 0.8920 |
| 13 | 0.0058 | 0.0000 | 0.0190 | 0.0348 | 0.9503 | 31 | −0.0586 | 0.0012 | 0.1915 | 0.3608 | 0.8965 |
| 14 | 0.1528 | 0.0079 | 0.4990 | 0.9164 | 0.9330 | 32 | −0.1111 | 0.0042 | 0.3630 | 0.6654 | 0.9414 |
| 15 | −0.1228 | 0.0051 | 0.4009 | 0.7299 | 0.9500 | 33 | 0.0681 | 0.0016 | 0.2224 | 0.4346 | 0.8341 |
| 16 | −0.0227 | 0.0002 | 0.0740 | 0.1355 | 0.9519 | 34 | −0.0463 | 0.0007 | 0.1512 | 0.2754 | 0.9587 |
| 17 | 0.1353 | 0.0063 | 0.4418 | 0.8396 | 0.8787 | 35 | −0.1297 | 0.0058 | 0.4236 | 0.8270 | 0.8341 |
| 18 | 2.4770 | 0.6061 | 8.0898 | 15.0076 | 0.2659 | | | | | | |

切断点は

$$DFFITS\quad 0.61237,\quad \text{クックの}\,D\quad 0.11831,\quad C\quad 2.0$$

$$WL\quad 3.73734,\quad 1-AP\quad 0.73055\quad (x_{0.05}=4.15962)$$

クックの $D$ の切断点は，(3.44) 式で $F_{0.05}(1,\ 31)=4.15962$ のケースである．

*DFFITS*, クックの $D$, $C$, $WL$ はすべて #11, 18, $1-AP$ は #7, 11, 18 を影響点として検出する．どの統計量も $Y$ 方向の大きな外れ値 #18 の値が際立って大きい．

#7, 11 は高い作用点であり，$1-AP$ のみ #7 も影響点として検出している．

$DFFITS_i(i)=\hat{Y}_i-\hat{Y}_i(i)$ であるから，高い作用点 #11 の観測値を除くと

$$\hat{Y}_{11}(11)=\hat{Y}_{11}-0.7087=5.0443-0.7087=4.3356$$

と，5.0443 から 4.3356 まで小さくなる．

#18 を除くと

$$\hat{Y}_{18}(18)=3.0225-2.4770=0.5455$$

と，3.0225 から 0.5455 と大きな変化をもたらす．

クックの $D$, $C$, $WL$ は $(\boldsymbol{x}_i'\ \ Y_i)$ を削除したときの $\hat{\boldsymbol{\beta}}$ への影響力を測るスカラーの尺度，個々の $\hat{\beta}_j$ の変化は $DFBETA_j(i)$, $DFBETAS_j(i)$ で表される．

表 3.8 では $1-AP$ もクックの $D$ や $C$ と並べて示したが，外れ値検出の統計量

である.

### ▶例 3.7 (1.24) 式の *COVRATIO* 他

**表 3.9** は (1.24) 式の *COVRATIO*, $s^2(i)$, $s^2(i)/s^2$ および *FVARATIO* である. (1.24) 式の $s^2=0.0853$ である. *COVRATIO* の切断点は $1-3k/n=0.7429$, $1+3k/n=1.2571$ である. 1.2571 より大きく, $i$ 番目の観測値を除くことによって, 回帰係数の共分散行列の行列式の値が, 全データを用いるときよりも大きくなるのは

#7, 24, 33, 35

の観測値である. 逆に, 0.7429 より小さくなるのは #18 の $Y$ 方向の大きな外れ値のみである.

*COVRATIO* で示されている影響点は $FVARATIO=\mathrm{var}[\hat{Y}_i(i)]/\mathrm{var}(\hat{Y}_i)$ からも確かめることができる.

*FVARATIO* がとくに大きいのは #7 (高い作用点) の 2.069, 小さいのは #18 の 0.320 である.

**表 3.9** (1.24) 式の *COVRATIO* 他

| $i$ | *COVRATIO* | $s^2(i)$ | $s^2(i)/s^2$ | *FVARATIO* | $i$ | *COVRATIO* | $s^2(i)$ | $s^2(i)/s^2$ | *FVARATIO* |
|---|---|---|---|---|---|---|---|---|---|
| 1 | 1.2099 | 0.0875 | 1.026 | 1.149 | 19 | 0.7814 | 0.0776 | 0.909 | 0.945 |
| 2 | 1.1379 | 0.0880 | 1.031 | 1.070 | 20 | 1.1486 | 0.0879 | 1.031 | 1.081 |
| 3 | 1.1278 | 0.0875 | 1.026 | 1.072 | 21 | 1.1023 | 0.0859 | 1.007 | 1.087 |
| 4 | 1.1799 | 0.0881 | 1.032 | 1.107 | 22 | 1.1726 | 0.0879 | 1.031 | 1.104 |
| 5 | 1.1484 | 0.0881 | 1.032 | 1.078 | 23 | 1.1277 | 0.0879 | 1.030 | 1.063 |
| 6 | 1.0990 | 0.0869 | 1.019 | 1.059 | 24 | 1.2870 | 0.0872 | 1.022 | 1.231 |
| 7 | 2.2028 | 0.0880 | 1.032 | 2.069 | 25 | 1.1700 | 0.0876 | 1.027 | 1.110 |
| 8 | 1.1504 | 0.0880 | 1.032 | 1.081 | 26 | 1.1353 | 0.0871 | 1.021 | 1.089 |
| 9 | 1.1341 | 0.0878 | 1.029 | 1.071 | 27 | 1.1407 | 0.0878 | 1.029 | 1.078 |
| 10 | 1.1526 | 0.0879 | 1.031 | 1.085 | 28 | 1.1142 | 0.0873 | 1.024 | 1.063 |
| 11 | 1.6000 | 0.0857 | 1.004 | 1.587 | 29 | 1.1155 | 0.0876 | 1.027 | 1.058 |
| 12 | 1.1145 | 0.0873 | 1.024 | 1.063 | 30 | 0.9400 | 0.0823 | 0.965 | 1.010 |
| 13 | 1.1574 | 0.0881 | 1.032 | 1.086 | 31 | 1.2222 | 0.0880 | 1.031 | 1.149 |
| 14 | 1.1198 | 0.0869 | 1.019 | 1.078 | 32 | 1.1349 | 0.0874 | 1.025 | 1.081 |
| 15 | 1.1034 | 0.0870 | 1.020 | 1.061 | 33 | 1.3147 | 0.0880 | 1.031 | 1.236 |
| 16 | 1.1540 | 0.0880 | 1.032 | 1.084 | 34 | 1.1397 | 0.0879 | 1.031 | 1.073 |
| 17 | 1.2298 | 0.0877 | 1.028 | 1.164 | 35 | 1.3042 | 0.0878 | 1.029 | 1.231 |
| 18 | 0.0281 | 0.0253 | 0.296 | 0.320 | | | | | |

表 3.10 (2.16) 式の DFFITS, クックの D, C, WL, 1−AP

| $i$ | DFFITS | クックの D | C | WL | 1−AP | $i$ | DFFITS | クックの D | C | WL | 1−AP |
|---|---|---|---|---|---|---|---|---|---|---|---|
| 1 | −0.4089 | 0.0513 | 1.1074 | 2.0605 | 0.8310 | 14 | 0.2199 | 0.0162 | 0.5955 | 1.1065 | 0.9098 |
| 2 | 0.0434 | 0.0007 | 0.1174 | 0.2209 | 0.9238 | 15 | 0.2200 | 0.0161 | 0.5957 | 1.1028 | 0.9105 |
| 3 | −0.0001 | 0.0000 | 0.0003 | 0.0007 | 0.9139 | 16 | 0.0447 | 0.0007 | 0.1211 | 0.2293 | 0.9121 |
| 4 | 0.3201 | 0.0332 | 0.8669 | 1.6175 | 0.8732 | 17 | 0.0049 | 0.0000 | 0.0132 | 0.0246 | 0.9492 |
| 5 | −0.1354 | 0.0063 | 0.3666 | 0.6815 | 0.9327 | 18 | 0.2838 | 0.0265 | 0.7685 | 1.4330 | 0.8868 |
| 6 | 0.0459 | 0.0007 | 0.1242 | 0.2301 | 0.9522 | 19 | −0.1276 | 0.0056 | 0.3456 | 0.6486 | 0.9197 |
| 7 | −0.1753 | 0.0106 | 0.4746 | 0.8997 | 0.8973 | 20 | −0.5608 | 0.0981 | 1.5185 | 2.9148 | 0.7938 |
| 8 | 0.1089 | 0.0041 | 0.2949 | 0.5484 | 0.9367 | 21 | −0.4530 | 0.0664 | 1.2268 | 2.3511 | 0.8251 |
| 9 | 0.2266 | 0.0179 | 0.6136 | 2.7008 | 0.1688 | 22 | 0.1104 | 0.0043 | 0.2989 | 0.7766 | 0.4844 |
| 10 | 0.5317 | 0.0892 | 1.4399 | 2.7634 | 0.8024 | 23 | −0.2863 | 0.0264 | 0.7752 | 1.4351 | 0.8820 |
| 11 | 0.8917 | 0.2141 | 2.4147 | 4.6386 | 0.6839 | 24 | −0.3660 | 0.0425 | 0.9911 | 1.8490 | 0.8544 |
| 12 | −0.0086 | 0.0000 | 0.0233 | 0.0443 | 0.9011 | 25 | −0.1637 | 0.0092 | 0.4433 | 0.8272 | 0.9215 |
| 13 | 0.0794 | 0.0022 | 0.2150 | 0.4016 | 0.9338 | | | | | | |

### ▶例 3.8 (2.16) 式の *DFFITS*, クックの *D* 他

**表 3.10** は (2.16) 式の *DFFITS*, クックの *D*, *C*, *WL*, 1−*AP* である.

切断点は

$$DFFITS \quad 0.7386, \quad クックの D \quad 0.1708 \quad (F_{0.05}(1,\ 21)=4.32479),$$
$$C \quad 2.0, \quad WL \quad 3.8570, \quad 1-AP \quad 0.6302 \quad (x_{0.05}=4.32479)$$

である.

*DFFITS*, クックの *D*, *C*, *WL* いずれも *Y* 方向の外れ値 #11 のみが影響点である. #11 のスチューデント化残差は 2.50 (表 3.7) である. 1−*AP* はこの #11 を外れ値として検出せず, 高い作用点 #9, 22 のみを外れ値として検出している.

例 3.2 で示したように, 個々の $\hat{\beta}_j$ への影響点は #10 と 11 であった. 回帰診断においてはクックの *D* や *C* のみならず, $DFBETA_j(i)$, $DFBETAS_j(i)$ による影響点検出が重要であることがわかる.

### ▶例 3.9 (2.16) 式の *COVRATIO* 他

**表 3.11** は (2.16) 式の *COVRATIO*, $s^2(i)$, $s^2(i)/s^2$, および *FVARATIO* である. (2.16) 式の $s^2=5.4827$ である. *COVRATIO* の切断点は 0.64 と 1.36 である. 1.36 を超える *COVRATIO* は, #9 の約 6.80, #22 の約 2.37 で #9, 22 とも高い作用点である. この高い作用点を除いて推定すると回帰係数の共分散行列のスカラー尺度は大きくなる. とくに, #9 の *FVARATIO* は 6.1987 と大きくな

**表 3.11** (2.16) 式の *COVRATIO* 他

| $i$ | *COVRATIO* | $s^2(i)$ | $s^2(i)/s^2$ | *FVARATIO* | $i$ | *COVRATIO* | $s^2(i)$ | $s^2(i)/s^2$ | *FVARATIO* |
|---|---|---|---|---|---|---|---|---|---|
| 1 | 0.8264 | 5.0495 | 0.9210 | 0.9743 | 14 | 1.0722 | 5.5126 | 1.0055 | 1.0607 |
| 2 | 1.2392 | 5.7375 | 1.0465 | 1.1316 | 15 | 1.0447 | 5.4779 | 0.9991 | 1.0465 |
| 3 | 1.2581 | 5.7438 | 1.0476 | 1.1463 | 16 | 1.2556 | 5.7381 | 1.0466 | 1.1463 |
| 4 | 0.9803 | 5.3355 | 0.9731 | 1.0352 | 17 | 1.2113 | 5.7437 | 1.0476 | 1.1037 |
| 5 | 1.1584 | 5.6551 | 1.0314 | 1.0888 | 18 | 1.0211 | 5.4109 | 0.9869 | 1.0484 |
| 6 | 1.1975 | 5.7319 | 1.0454 | 1.0956 | 19 | 1.2007 | 5.6861 | 1.0371 | 1.1164 |
| 7 | 1.2076 | 5.6594 | 1.0322 | 1.1334 | 20 | 0.9239 | 5.1330 | 0.9362 | 1.0540 |
| 8 | 1.1800 | 5.6876 | 1.0374 | 1.0966 | 21 | 1.0245 | 5.3186 | 0.9701 | 1.0887 |
| 9 | 6.7964 | 5.7410 | 1.0471 | 6.1987 | 22 | 2.3687 | 5.7407 | 1.0471 | 2.1606 |
| 10 | 0.9528 | 5.1868 | 0.9460 | 1.0646 | 23 | 0.9489 | 5.3054 | 0.9677 | 1.0134 |
| 11 | 0.5945 | 4.4292 | 0.8078 | 0.9109 | 24 | 0.9171 | 5.2188 | 0.9519 | 1.0122 |
| 12 | 1.2758 | 5.7436 | 1.0476 | 1.1625 | 25 | 1.1529 | 5.6314 | 1.0271 | 1.0928 |
| 13 | 1.2092 | 5.7179 | 1.0429 | 1.1118 | | | | | |

るから，#9 を除くと $\mathrm{var}[\hat{Y}_i(i)]$ は $\mathrm{var}(\hat{Y}_i)$ の約 6.2 倍と，$\hat{Y}_i(i)$ のバラつきはきわめて大きくなる．

逆に，*COVRATIO* が 0.64 より小さくなるのは $Y$ 方向の外れ値 #11 の 0.5945 である．#11 を除くと $\mathrm{var}[\hat{Y}_i(i)]$ は $\mathrm{var}(\hat{Y}_i)$ の約 0.91 倍，$s^2(i)$ も $s^2$ の約 0.81 倍と小さくなり，適合度が高くなることを示している．

例 3.8，例 3.9 から，とくに $Y$ 方向の外れ値 #11 の (2.16) 式での影響が大きい．

## 3.11 $i$ 番目の観測値削除による $t$ 値と決定係数の変化

### 3.11.1 $t$ 値の変化 *DFTSTAT*

$i$ 番目の観測値を除いてパラメータ推定をすれば，$H_0: \beta_j=0$ の検定統計量 $t$ も，説明力の尺度である決定係数も変化する．

$i$ 番目の観測値を除いたときの $\beta_j$ の OLSE である $\hat{\beta}_j(i)$ の分散の推定値を $\hat{\sigma}_j^2(i)$ とすれば

$$\hat{\sigma}_j^2(i) = s^2(i)\, q^{jj}(i) \tag{3.62}$$

で与えられる．ここで

$$q^{jj}(i) = \left[\boldsymbol{X}'(i)\boldsymbol{X}(i)\right]^{-1} \text{ の } (j, j) \text{ 要素}$$

である．したがって，$i$ 番目の観測値を除いたとき $H_0: \beta_j=0$ の検定統計量は

$$t_j(i)=\frac{\hat{\beta}_j(i)}{\hat{\sigma}_j(i)}\sim t(n-k-1) \tag{3.63}$$

になる．

この $t_j(i)$ を，全データを用いたときに得られる統計量で表し，計算可能な式で書くと

$$t_j(i)=\frac{\hat{\beta}_j-c_{ij}\left(\dfrac{e_i}{1-h_{ii}}\right)}{s(i)\left(q^{jj}+\dfrac{c_{ij}^2}{1-h_{ii}}\right)^{\frac{1}{2}}} \tag{3.64}$$

となる（数学注（7）参照）．上式の $s(i)$ は（3.8）式から求めればよい．

$t$ 値の変化は

$$DFTSTAT_j(i)=t_j-t_j(i) \tag{3.65}$$
$$j=1,\cdots,k,\quad i=1,\cdots,n$$

とよばれている．

### 3.11.2 決定係数の変化 *RSQRATIO*, *ARSQRATIO*

$i$ 番目の観測値を除いて OLS を適用したときの決定係数を $R^2(i)$ とすれば，全データを用いたときの統計量で表すと

$$R^2(i)=1-\frac{\sum_{j=1}^{n}e_j^2-\dfrac{e_i^2}{1-h_{ii}}}{\sum_{j=1}^{n}y_j^2+\dfrac{n}{n-1}y_i^2} \tag{3.66}$$

となる（数学注（8）参照）．$y_j=Y_j-\bar{Y}$ である．

したがって自由度修正済み決定係数は

$$\bar{R}^2(i)=1-\left[1-R^2(i)\right]\left(\frac{n-2}{n-k-1}\right) \tag{3.67}$$

となる．

$$RSQRATIO(i)=\frac{R^2(i)}{R^2} \tag{3.68}$$

$$ARSQRATIO(i)=\frac{\bar{R}^2(i)}{\bar{R}^2} \tag{3.69}$$

$$i=1,\cdots,n$$

を，それぞれ決定係数，自由度修正済み決定係数変化の指標とする．

### ▶例 3.10　(1.24) 式の $t$ 値，決定係数の変化

**表 3.12** は (1.24) 式の，$i$ 番目の観測値を削除したときの $t_j(i)$，$DFTSTAT_j(i)$，$j=1, 2, 3$，$i=1, \cdots, 35$ である．全データを用いたときの $H_0: \beta_j=0$ の検定統

**表 3.12**　(1.24) 式 $i$ 番目観測値削除による $t$ 値の変化

| $i$ | $t_1(i)$ | $DFTSTAT_1(i)$ | $t_2(i)$ | $DFTSTAT_2(i)$ | $t_3(i)$ | $DFTSTAT_3(i)$ |
|---|---|---|---|---|---|---|
| 1 | 10.89 | 0.58 | 6.64 | 0.45 | 3.01 | 0.01 |
| 2 | 11.23 | 0.24 | 6.98 | 0.11 | 2.95 | 0.07 |
| 3 | 11.33 | 0.14 | 7.02 | 0.08 | 2.91 | 0.11 |
| 4 | 11.25 | 0.22 | 6.87 | 0.22 | 2.92 | 0.10 |
| 5 | 11.29 | 0.18 | 6.98 | 0.11 | 2.96 | 0.06 |
| 6 | 11.36 | 0.12 | 7.02 | 0.07 | 2.95 | 0.07 |
| 7 | 11.21 | 0.27 | 6.60 | 0.49 | 2.30 | 0.72 |
| 8 | 11.30 | 0.18 | 6.97 | 0.12 | 2.93 | 0.09 |
| 9 | 11.31 | 0.17 | 6.99 | 0.10 | 2.94 | 0.08 |
| 10 | 11.31 | 0.17 | 6.93 | 0.16 | 2.97 | 0.05 |
| 11 | 10.20 | 1.28 | 5.16 | 1.93 | 3.12 | −0.10 |
| 12 | 11.18 | 0.30 | 7.03 | 0.07 | 2.94 | 0.08 |
| 13 | 11.25 | 0.23 | 6.90 | 0.19 | 2.96 | 0.06 |
| 14 | 11.38 | 0.10 | 6.92 | 0.17 | 3.05 | −0.04 |
| 15 | 11.34 | 0.14 | 6.94 | 0.16 | 3.01 | 0.01 |
| 16 | 11.27 | 0.21 | 6.96 | 0.13 | 2.97 | 0.05 |
| 17 | 11.07 | 0.41 | 6.56 | 0.53 | 2.99 | 0.03 |
| 18 | 18.45 | −6.97 | 14.31 | −7.22 | 5.44 | −2.42 |
| 19 | 12.19 | −0.72 | 7.33 | −0.23 | 3.10 | −0.08 |
| 20 | 11.31 | 0.17 | 6.98 | 0.11 | 2.92 | 0.10 |
| 21 | 11.33 | 0.15 | 6.83 | 0.26 | 3.02 | 0.00 |
| 22 | 10.94 | 0.54 | 6.90 | 0.19 | 2.94 | 0.08 |
| 23 | 11.26 | 0.22 | 6.99 | 0.10 | 2.96 | 0.06 |
| 24 | 10.14 | 1.34 | 6.72 | 0.37 | 2.82 | 0.19 |
| 25 | 11.08 | 0.39 | 6.80 | 0.29 | 2.99 | 0.03 |
| 26 | 11.22 | 0.26 | 6.79 | 0.30 | 3.04 | −0.02 |
| 27 | 11.32 | 0.16 | 7.00 | 0.10 | 2.91 | 0.11 |
| 28 | 11.35 | 0.13 | 7.01 | 0.08 | 2.94 | 0.07 |
| 29 | 11.32 | 0.16 | 6.98 | 0.11 | 2.99 | 0.03 |
| 30 | 11.75 | −0.27 | 7.26 | −0.17 | 2.89 | 0.13 |
| 31 | 11.30 | 0.18 | 6.96 | 0.13 | 2.93 | 0.09 |
| 32 | 11.33 | 0.15 | 7.02 | 0.07 | 2.87 | 0.15 |
| 33 | 11.22 | 0.26 | 6.94 | 0.15 | 2.87 | 0.15 |
| 34 | 11.27 | 0.21 | 6.97 | 0.12 | 2.96 | 0.06 |
| 35 | 11.05 | 0.43 | 6.95 | 0.15 | 2.99 | 0.03 |

全データによる $t$ 値，$t_1=11.48$，$t_2=7.09$，$t_3=3.02$

表 3.13 (1.24) 式 $i$ 番目観測値削除による決定係数の変化

| $i$ | $R^2(i)$ | $RSQRATIO(i)$ | $\bar{R}^2(i)$ | $ARSQRATIO(i)$ | $i$ | $R^2(i)$ | $RSQRATIO(i)$ | $\bar{R}^2(i)$ | $ARSQRATIO(i)$ |
|---|---|---|---|---|---|---|---|---|---|
| 1 | 0.8287 | 0.9884 | 0.8176 | 0.9871 | 19 | 0.8497 | 1.0135 | 0.8400 | 1.0142 |
| 2 | 0.8385 | 1.0001 | 0.8281 | 0.9997 | 20 | 0.8377 | 0.9992 | 0.8272 | 0.9987 |
| 3 | 0.8387 | 1.0003 | 0.8283 | 1.0000 | 21 | 0.8317 | 0.9920 | 0.8208 | 0.9910 |
| 4 | 0.8384 | 1.0000 | 0.8280 | 0.9996 | 22 | 0.8365 | 0.9978 | 0.8260 | 0.9972 |
| 5 | 0.8372 | 0.9986 | 0.8267 | 0.9981 | 23 | 0.8387 | 1.0003 | 0.8283 | 1.0000 |
| 6 | 0.8380 | 0.9995 | 0.8275 | 0.9991 | 24 | 0.8316 | 0.9919 | 0.8207 | 0.9908 |
| 7 | 0.8115 | 0.9680 | 0.7994 | 0.9651 | 25 | 0.8316 | 0.9920 | 0.8208 | 0.9909 |
| 8 | 0.8381 | 0.9997 | 0.8277 | 0.9993 | 26 | 0.8374 | 0.9988 | 0.8269 | 0.9983 |
| 9 | 0.8373 | 0.9988 | 0.8269 | 0.9983 | 27 | 0.8383 | 0.9999 | 0.8279 | 0.9995 |
| 10 | 0.8385 | 1.0002 | 0.8281 | 0.9998 | 28 | 0.8378 | 0.9993 | 0.8274 | 0.9989 |
| 11 | 0.8189 | 0.9767 | 0.8072 | 0.9745 | 29 | 0.8391 | 1.0009 | 0.8287 | 1.0005 |
| 12 | 0.8397 | 1.0016 | 0.8294 | 1.0013 | 30 | 0.8437 | 1.0063 | 0.8336 | 1.0064 |
| 13 | 0.8369 | 0.9983 | 0.8264 | 0.9977 | 31 | 0.8342 | 0.9949 | 0.8234 | 0.9942 |
| 14 | 0.8405 | 1.0025 | 0.8302 | 1.0023 | 32 | 0.8386 | 1.0003 | 0.8282 | 0.9999 |
| 15 | 0.8379 | 0.9994 | 0.8274 | 0.9990 | 33 | 0.8184 | 0.9762 | 0.8067 | 0.9739 |
| 16 | 0.8360 | 0.9972 | 0.8255 | 0.9966 | 34 | 0.8366 | 0.9979 | 0.8261 | 0.9973 |
| 17 | 0.8326 | 0.9931 | 0.8218 | 0.9921 | 35 | 0.8208 | 0.9790 | 0.8093 | 0.9770 |
| 18 | 0.9527 | 1.1363 | 0.9496 | 1.1465 | | | | | |

全データによる $R^2=0.8384$, $\bar{R}^2=0.8283$

計量の $t$ 値は，$t_1=11.48$, $t_2=7.09$, $t_3=3.02$ である．

$t$ 値の最大の変化は，$j=1, 2, 3$ すべてにおいて，$Y$ 方向の大きな外れ値 #18 を削除したときである．$t_1$ が 11.48 から 18.45, $DFTSTAT_1(18)=-6.97$, $t_2$ が 7.09 から 14.31 へと 2 倍以上の変化，$DFTSTAT_2(18)=-7.22$, $t_3$ が 3.02 から 5.44, $DFTSTAT_3(18)=-2.42$ へと $t$ 値がきわめて大きくなる．

$t$ 値の絶対値で最小の変化は $j=1, 2, 3$ の順に，#14, 6 と 12, 21 である．

**表 3.13** は，$i$ 番目の観測値削除による $R^2(i)$, $\bar{R}^2(i)$, $RSQRATIO(i)$, $ARSQRATIO(i)$ である．全データによる $R^2=0.8384$, $\bar{R}^2=0.8283$ である．

$R^2$, $\bar{R}^2$ とも最小になるのは #7 を削除したときで，それぞれ 0.8115, 0.7994 になる．$R^2$, $\bar{R}^2$ とも最大になるのは，ともに #18 を削除したときであり，それぞれ 0.9527, 0.9496 と高くなる．#7 は高い作用点（$h_{ii}=0.501$）であり，#18 は $Y$ 方向の大きな外れ値（$a_i^2=66.08\%$）である．

転記ミスと思われる #18 は除いて（1.23）式を推定すべきであろう．#18 を除いた推定式は（1.27）式にある．

### ▶例 3.11 (2.16) 式の $t$ 値，決定係数の変化

**表 3.14** は（2.16）式の，$i$ 番目観測値削除による $t_j(i)$, $DFTSTAT_j(i)$, $j=1, 2,$

**表 3.14** (2.16) 式 $i$ 番目観測値削除による $t$ 値の変化

| $i$ | $t_1(i)$ | $DFTSTAT_1(i)$ | $t_2(i)$ | $DFTSTAT_2(i)$ | $t_3(i)$ | $DFTSTAT_3(i)$ |
|---|---|---|---|---|---|---|
| 1 | 7.70 | −0.49 | 11.41 | −0.17 | 7.61 | −0.44 |
| 2 | 6.76 | 0.45 | 10.86 | 0.37 | 6.97 | 0.20 |
| 3 | 6.74 | 0.47 | 10.74 | 0.50 | 6.94 | 0.23 |
| 4 | 6.88 | 0.32 | 11.45 | −0.22 | 7.26 | −0.10 |
| 5 | 7.11 | 0.10 | 11.07 | 0.16 | 6.99 | 0.18 |
| 6 | 6.97 | 0.23 | 10.98 | 0.25 | 7.01 | 0.16 |
| 7 | 6.95 | 0.26 | 10.73 | 0.50 | 7.07 | 0.09 |
| 8 | 7.00 | 0.21 | 10.98 | 0.25 | 7.04 | 0.12 |
| 9 | 7.03 | 0.18 | 10.11 | 1.12 | 3.75 | 3.42 |
| 10 | 6.61 | 0.60 | 11.53 | −0.29 | 6.76 | 0.41 |
| 11 | 8.27 | −1.06 | 11.41 | −0.18 | 8.28 | −1.12 |
| 12 | 7.04 | 0.17 | 10.70 | 0.54 | 6.78 | 0.38 |
| 13 | 6.80 | 0.41 | 10.96 | 0.27 | 6.99 | 0.17 |
| 14 | 6.85 | 0.35 | 11.24 | −0.01 | 7.06 | 0.11 |
| 15 | 7.12 | 0.08 | 11.15 | 0.09 | 7.22 | −0.06 |
| 16 | 6.89 | 0.32 | 10.86 | 0.38 | 6.80 | 0.36 |
| 17 | 6.97 | 0.23 | 10.97 | 0.26 | 6.99 | 0.18 |
| 18 | 7.13 | 0.08 | 11.18 | 0.05 | 7.30 | −0.13 |
| 19 | 6.97 | 0.24 | 10.87 | 0.36 | 7.05 | 0.12 |
| 20 | 7.20 | 0.01 | 11.66 | −0.42 | 7.17 | −0.01 |
| 21 | 7.25 | −0.05 | 11.38 | −0.14 | 6.67 | 0.50 |
| 22 | 5.90 | 1.31 | 7.85 | 3.38 | 5.89 | 1.27 |
| 23 | 7.40 | −0.19 | 11.48 | −0.25 | 7.17 | 0.00 |
| 24 | 7.53 | −0.32 | 11.22 | 0.01 | 7.48 | −0.31 |
| 25 | 7.09 | 0.12 | 10.98 | 0.25 | 7.08 | 0.09 |

全データによる $t$ 値，$t_1=7.21$，$t_2=11.23$，$t_3=7.17$

3, $i=1, \cdots, 25$ である．全データによる $t$ 値は $t_1=7.21$，$t_2=11.23$，$t_3=7.17$ である．

$t$ 値の最大の変化は $t_1$, $t_2$ は #22，$t_3$ は #9 を削除したときである．#9, 22 ともに $h_{ii}>3k/n$ を超える高い作用点であり，この高い作用点 #22 を削除すると $t_1$ は 7.21 から 5.90，$t_2$ は 11.23 から 7.85 へと小さくなり，#9 を除くと $t_3$ は 7.17 から 3.75 へと，3.42 も小さくなる．

$t$ 値の最小の変化は $DFTSTAT_j(i)$ の値で，$t_1$ が #20 の 0.01，$t_2$ が #14 の −0.01，#24 の 0.01，$t_3$ が #23 の 0.00 とわずかである．

$Y$ 方向の外れ値 #11（$a_i^2=20.30\%$）を除くと，すべての $j=1, 2, 3$ に対して $t_j(11)$ は大きくなる．

決定係数の変化については，$R^2(i)$ と $\overline{R}^2(i)$ の最小値と最大値および $ARSQRATIO(i)$ のグラフ（**図 3.8**）のみ示す．

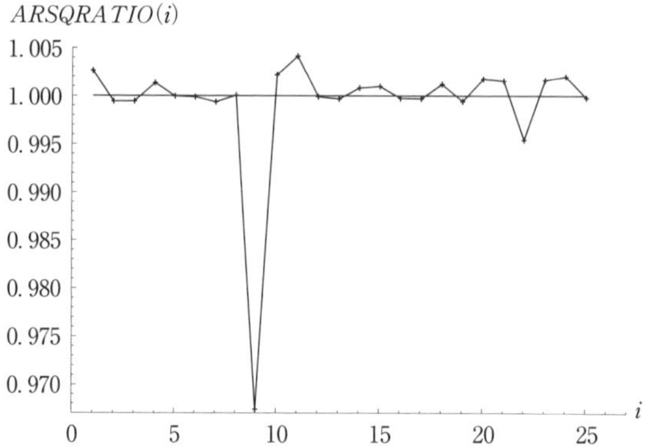


**図 3.8**　(2.16) 式の $ARSQRATIO(i)$

$R^2(i)$ の最小値　$i=9$ のとき 0.9501
$\bar{R}^2(i)$ の最小値　$i=9$ のとき 0.9454
$R^2(i)$ の最大値　$i=11$ のとき 0.9829
$\bar{R}^2(i)$ の最大値　$i=11$ のとき 0.9813

$Y$ 方向の外れ値 #11 を除くと，$R^2(i)$ も $\bar{R}^2(i)$ も最大になるが，全データの $R^2=0.9792$，$\bar{R}^2=0.9773$ であるから差は小さい．高い作用点 #9 を除くと $R^2(i)$ も $\bar{R}^2(i)$ も最小になる．もう 1 個の高い作用点 #22 を除くと，$R^2(i)$ は 0.9752，$\bar{R}^2(i)$ は 0.9728 と，やはり若干小さくなる．

### ▶例 3.12　(3.10) 式の影響分析

(3.10) 式の $h_{ii}$, $a_i^2$, $DFBETA_j(i)$ に関しては例 3.3 で説明した．以下，(3.10) 式のその他の診断統計量はグラフと主な点のみ示す．

(1)　スチューデント化残差

スチューデント化残差 $r_i$, $t_i$ が絶対値で 2 を超えるのは #1 と #7 である．$r_i$, $t_i$ の値は，それぞれ #1 が $-2.16$，$-2.35$，$t_i$ が 2.72, 3.18 である．**図 3.9** は $t_i$ のグラフである．図 3.1 の $LR$ プロットからわかるように，#7, #1 の順で，この 2 点は $Y$ 方向の外れ値である．

(2)　$DFFITS$，クックの $D$ 他

$DFFITS$，クックの $D$，修正クックの $D$ である $C$ および $WL$ いずれも #1, 7, 22 を影響点として検出する．$1-AP$ は #7 のみが影響点である．

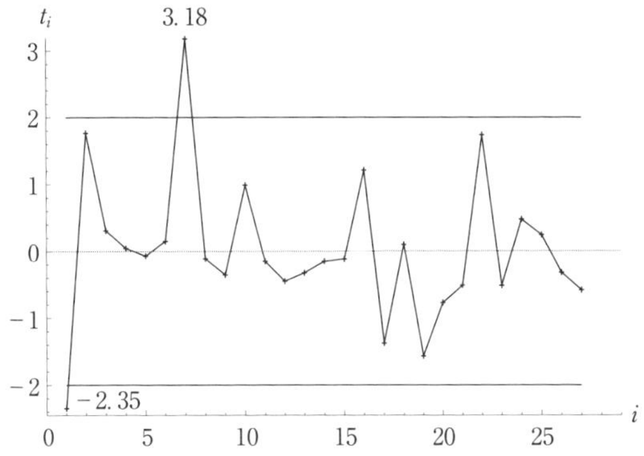


図 3.9　(3.10) 式のスチューデント化残差 $t_i$

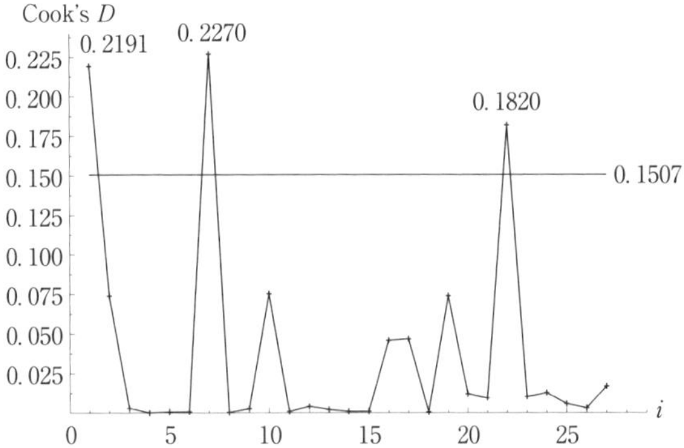


図 3.10　(3.10) 式のクックの $D$

$DFFITS$ の切断点は 0.5657

　　#1 は −0.7192,　#7 は 0.7870,　#22 は 0.62725

クックの $D$ の切断点は 0.1507

　　#1　0.2191,　#7　0.2270,　#22　0.1820

$C$ の切断点は 2

　　#1　2.5429,　#7　2.7825,　#22　2.2177

$WL$ の切断点は 2.9976

　　#1　3.8356,　#7　4.1342,　#22　3.3999

$1-AP$ の臨界点は 0.7235（$x_{0.05}=0.84927$）

　　#7　0.6631

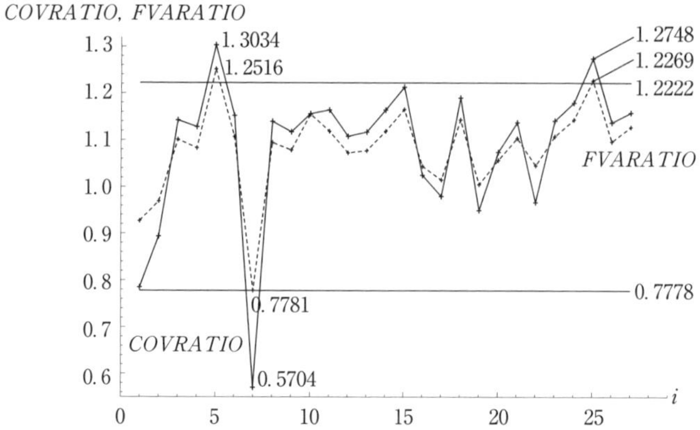


**図 3.11**　(3.10) 式の *COVRATIO*（実線），*FVARATIO*（破線）

**図 3.10** はクックの $D$ のグラフである．

(3)　*COVRATIO, FVARATIO*

*COVRATIO* の切断点は 0.7778 と 1.2222

$$\#5 \quad 1.3034, \quad \#7 \quad 0.5704, \quad \#25 \quad 1.2748$$

が影響点である．**図 3.11** は *COVRATIO*（実線）と *FVARATIO*（破線）のグラフである．

#5, 25 の高い作用点を除くと $\bar{Y}_i(i)$ の変動は大きくなり，#7 の $Y$ 方向の外れ値を除けば逆に変動は小さくなる．

*FVARATIO* は #5 1.2516，#7 0.7781，#25 1.2269 である．

(4)　$t$ 値および決定係数の変化

**図 3.12** は $t_2(i)$，**図 3.13** は $\bar{R}^2(i)$ のグラフである．全データを用いたときの $t_1=20.93$，$t_2=13.87$，$\bar{R}^2=0.8804$ である．

$t_1(i)$ が最小になるのは #5（高い作用点）のときで 18.95，最大になるのは #7（$Y$ 方向の外れ値）のとき 23.56 である．

$t_2(i)$ の最小値も #5 のときの 12.61，最大値も，やはり，#7 のときで 16.49 である．

#5, 7 以外にも $t_2(i)$ が 13.87 より小さくなる，あるいは大きくなる観測値 $i$ は図 3.12 に示されている．

$\bar{R}^2(i)$ が最小になるのも #5（0.8634），最大になるのも #7（0.9155）のときで

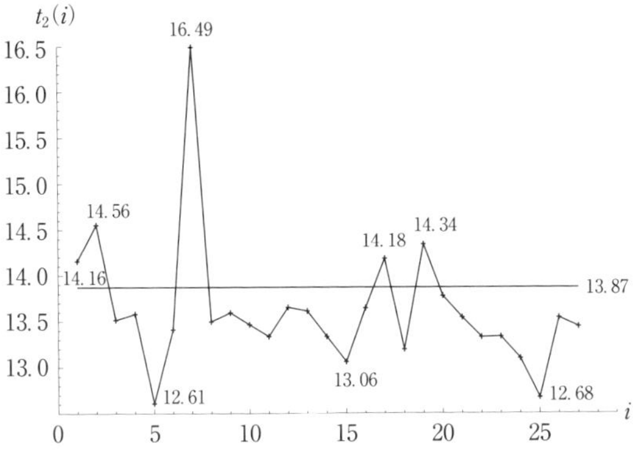


**図 3.12**　(3.10) 式の $t_2(i)$

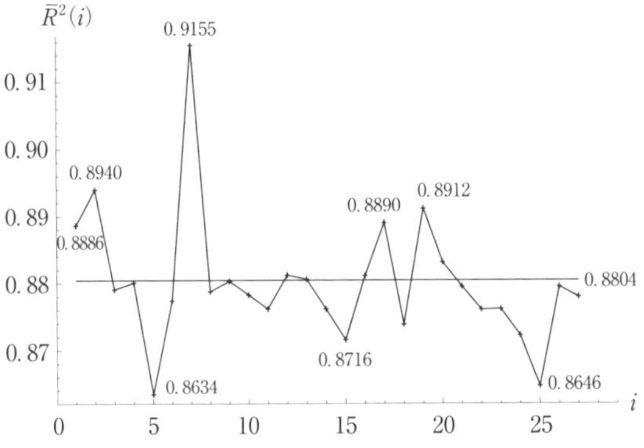


**図 3.13**　(3.10) 式の $\bar{R}^2(i)$

あり，$t_j(i)$ の動きと同じである．#5, 7 以外で 0.8804 より小あるいは大となる主な観測値 $i$ は図 3.13 を参照されたい．

### ▶例 3.13　重度うつ病に対する 3 通りの治療法の効果

**表 3.15** のデータは，重度うつ病患者 36 人の無作為標本である．3 通りの治療法 $A$, $B$, $C$ が，無作為に，それぞれ 12 人に施され，治療効果が測定された．表の変数は次の意味である．

$EF$ = 治療効果の数値．高いほど治療効果がある

$AGE$ = 年齢

**表 3.15** 重度うつ病に関するデータ

| $i$ | $EF$ | $AGE$ | $TA$ | $TB$ | $i$ | $EF$ | $AGE$ | $TA$ | $TB$ | $i$ | $EF$ | $AGE$ | $TA$ | $TB$ |
|---|---|---|---|---|---|---|---|---|---|---|---|---|---|---|
| 1 | 56 | 21 | 1 | 0 | 13 | 50 | 45 | 0 | 0 | 25 | 62 | 58 | 0 | 1 |
| 2 | 41 | 23 | 0 | 1 | 14 | 45 | 43 | 0 | 1 | 26 | 36 | 29 | 0 | 0 |
| 3 | 40 | 30 | 0 | 1 | 15 | 58 | 38 | 1 | 0 | 27 | 69 | 53 | 1 | 0 |
| 4 | 28 | 19 | 0 | 0 | 16 | 46 | 37 | 0 | 0 | 28 | 47 | 29 | 0 | 1 |
| 5 | 55 | 28 | 1 | 0 | 17 | 58 | 43 | 0 | 1 | 29 | 73 | 58 | 1 | 0 |
| 6 | 25 | 23 | 0 | 0 | 18 | 34 | 27 | 0 | 0 | 30 | 64 | 66 | 0 | 1 |
| 7 | 46 | 33 | 0 | 1 | 19 | 65 | 43 | 1 | 0 | 31 | 60 | 67 | 0 | 1 |
| 8 | 71 | 67 | 0 | 0 | 20 | 55 | 45 | 0 | 1 | 32 | 62 | 63 | 1 | 0 |
| 9 | 48 | 42 | 0 | 1 | 21 | 57 | 48 | 0 | 1 | 33 | 71 | 59 | 0 | 0 |
| 10 | 63 | 33 | 1 | 0 | 22 | 59 | 47 | 0 | 0 | 34 | 62 | 51 | 0 | 0 |
| 11 | 52 | 33 | 1 | 0 | 23 | 64 | 48 | 1 | 0 | 35 | 70 | 67 | 1 | 0 |
| 12 | 62 | 56 | 0 | 0 | 24 | 61 | 53 | 1 | 0 | 36 | 71 | 63 | 0 | 0 |

出所：Daniel（2010）p. 547, Ex. 11. 2. 3

$$TA = \begin{cases} 1, & \text{治療法 } A \text{ のとき} \\ 0, & \text{その他} \end{cases}$$

$$TB = \begin{cases} 1, & \text{治療法 } B \text{ のとき} \\ 0, & \text{その他} \end{cases}$$

年齢と治療法との交互作用を考慮し，次のように定式化した．

$$\begin{aligned} EF_i &= \beta_1 + \beta_2 AGE_i + \beta_3 TA_i + \beta_4 TB_i \\ &\quad + \beta_5 (TA \cdot AGE)_i + \beta_6 (TB \cdot AGE)_i + u_i \\ & i = 1, \cdots, 36 \end{aligned} \tag{3.70}$$

この定式化から治療法 $A$, $B$, $C$ の効果は次のようになる．

治療法 $A$ のとき（$TA=1$, $TB=0$）

$$EF_i = \beta_1 + \beta_3 + (\beta_2 + \beta_5) AGE_i + u_i$$

治療法 $B$ のとき（$TA=0$, $TB=1$）

$$EF_i = \beta_1 + \beta_4 + (\beta_2 + \beta_6) AGE_i + u_i$$

治療法 $C$ のとき（$TA=0$, $TB=0$）

$$EF_i = \beta_1 + \beta_2 AGE_i + u_i$$

OLS による(3.70)式の推定結果は次式である．係数の下の(　)内は $t$ 値である．

$$\begin{aligned} EF = &\underset{(1.85)}{6.2114} + \underset{(14.29)}{1.0334} AGE + \underset{(8.12)}{41.3042} TA + \underset{(4.46)}{22.7068} TB \\ &- \underset{(-6.45)}{0.7029} (TA \cdot AGE) - \underset{(-4.62)}{0.5097} (TB \cdot AGE) \end{aligned} \tag{3.71}$$

$$\bar{R}^2 = 0.9001, \quad s = 3.9249$$

**表 3.16** (3.71) 式の OLS 残差他

| $i$ | $e$ | $h_{ii}$ | $MD_i^2$ | $a_i^2$ | $t_i$ | $i$ | $e$ | $h_{ii}$ | $MD_i^2$ | $a_i^2$ | $t_i$ |
|---|---|---|---|---|---|---|---|---|---|---|---|
| 1 | 1.5438 | 0.3282 | 10.515 | 0.52 | 0.47 | 19 | 3.2726 | 0.0848 | 1.995 | 2.32 | 0.87 |
| 2 | 0.0371 | 0.2809 | 8.858 | 0.00 | 0.01 | 20 | 2.5160 | 0.0839 | 1.963 | 1.37 | 0.66 |
| 3 | −4.6287 | 0.1708 | 5.005 | 4.64 | −1.31 | 21 | 2.9450 | 0.0909 | 2.208 | 1.88 | 0.78 |
| 4 | 2.1542 | 0.2886 | 9.127 | 1.00 | 0.64 | 22 | 4.2193 | 0.0873 | 2.083 | 3.85 | 1.13 |
| 5 | −1.7698 | 0.2055 | 6.220 | 0.68 | −0.50 | 23 | 0.6201 | 0.0877 | 2.096 | 0.08 | 0.16 |
| 6 | −4.9794 | 0.2272 | 6.980 | 5.36 | −1.47 | 24 | −4.0325 | 0.1121 | 2.951 | 3.52 | −1.09 |
| 7 | −0.1998 | 0.1371 | 3.828 | 0.01 | −0.05 | 25 | 2.7081 | 0.1729 | 5.079 | 1.59 | 0.75 |
| 8 | −4.4486 | 0.2695 | 8.461 | 4.28 | −1.34 | 26 | −0.1797 | 0.1556 | 4.472 | 0.01 | −0.05 |
| 9 | −2.9129 | 0.0850 | 2.002 | 1.84 | −0.77 | 27 | 3.9675 | 0.1121 | 2.951 | 3.41 | 1.08 |
| 10 | 4.5777 | 0.1437 | 4.057 | 4.53 | 1.27 | 28 | 2.8950 | 0.1838 | 5.460 | 1.81 | 0.81 |
| 11 | −6.4223 | 0.1437 | 4.057 | 8.92 | −1.84 | 29 | 6.3150 | 0.1581 | 4.560 | 8.63 | 1.82 |
| 12 | −2.0813 | 0.1357 | 3.777 | 0.94 | −0.56 | 30 | 0.5186 | 0.3035 | 9.651 | 0.06 | 0.16 |
| 13 | −2.7140 | 0.0840 | 1.968 | 1.59 | −0.72 | 31 | −4.0050 | 0.3239 | 10.364 | 3.47 | −1.25 |
| 14 | −6.4366 | 0.0837 | 1.958 | 8.96 | −1.77 | 32 | −6.3376 | 0.2256 | 6.924 | 8.69 | −1.91 |
| 15 | −2.0749 | 0.1035 | 2.649 | 0.93 | −0.55 | 33 | 3.8186 | 0.1640 | 4.769 | 3.16 | 1.07 |
| 16 | 1.5532 | 0.0981 | 2.460 | 0.52 | 0.41 | 34 | 3.0857 | 0.1020 | 2.598 | 2.06 | 0.83 |
| 17 | 6.5634 | 0.0837 | 1.958 | 9.32 | 1.81 | 35 | 0.3404 | 0.2952 | 9.358 | 0.03 | 0.10 |
| 18 | −0.1129 | 0.1767 | 5.213 | 0.00 | −0.03 | 36 | −0.3150 | 0.2114 | 6.425 | 0.02 | −0.09 |

$2k/n=0.3333$, $3k/n=0.5000$, $\chi^2_{0.05}(5)=11.071$

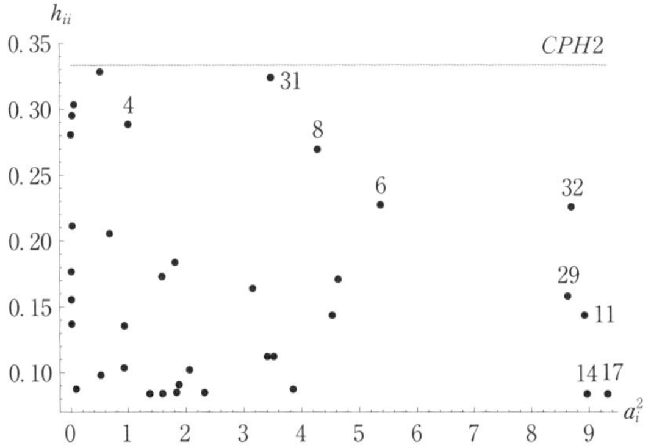


**図 3.14** (3.71) 式の *LR* プロット

$$\text{BP}=2.99582\ (0.701),\quad \text{W}=10.4759\ (0.313)$$

$$\text{RESET}(2)=1.23721\ (0.275)$$

$$\text{RESET}(3)=1.42142\ (0.258)$$

$$\text{SW}=0.96286\ (0.263),\quad \text{JB}=1.47472\ (0.478)$$

均一分散，定式化ミスなし，正規性いずれも成立している．(3.71) 式の残差 $e_i$, $h_{ii}$, $MD_i^2$, $a_i^2$, $t_i$ は**表 3.16**，*LR* プロットは**図 3.14** に示されている．図の

$CPH2=2k/n=0.3333$ である.

説明変数は年齢と治療法であるから，高い作用点はなく，$X$ 方向の外れ値はない．表3.16，図3.14からわかるように，#11，14，17，29，32が $100\times3/n=8.33\%$ を超える $a_i^2$ である．しかし，スチューデント化残差 $t_i$ が絶対値で2を超える観測値はない.

治療法 $A$，$B$，$C$ の，年齢との関係で治療効果を示す散布図と標本回帰線は**図3.15**である．図で治療法 $A$ は■，$B$ は▲，$C$ は●を表す．図から次のことがわかる.

(i) $A$，$B$，$C$ の治療法はすべて年齢とともに治療効果が高くなる.

(ii) 治療法 $A$ はすべての年齢層で $B$ より効果は大きい.

(iii) 治療法 $C$ は44.5歳以下の患者に対しては，治療効果は一番低い．44.5歳から58.8歳までの $C$ の治療効果は $B$ より高いが $A$ より低い．しかし，58.8歳以上の患者に対しては $C$ の効果が $A$，$B$ を上回る.

以下，(3.71) 式の $DFBETA$，クックの $D$ 等々の診断統計量を示す.

(1) $DFBETA$，$DFBETAS$

$DFBETAS$ の切断点は0.3333である．$DFBETAS_j(i)$ の絶対値が0.3333を超える影響点のみ $DFBETA_j(i)$ と $DFBETAS_j(i)$ を示したのが**表3.17**である.

#6は $j=1$ から6の $\hat{\beta}_j$ すべての影響点である．表3.16あるいは図3.14からわかるように，#6は $h_{ii}=0.2272$，$a_i^2=5.36\%$ であり，$h_{ii}$ も $a_i^2$ もとくに大きいわけではない.

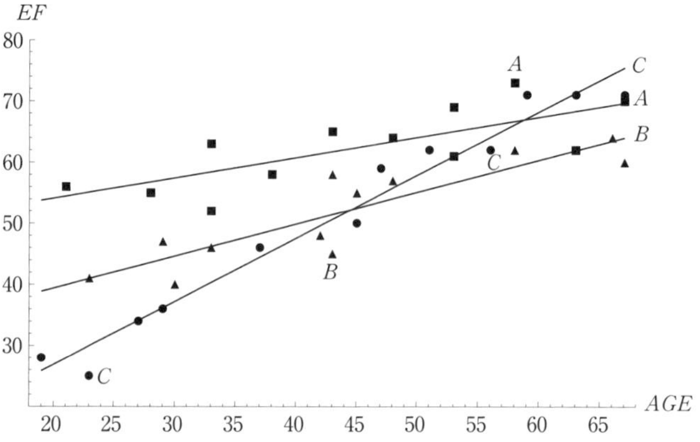


**図3.15** (3.71) 式の治療法 $A$, $B$, $C$ の ($AGE$, $EF_i$) の散布図と標本回帰線

$$DFBETA_j(i)=\hat{\beta}_j-\hat{\beta}_j(i)$$

であるから，#6 を除くと，(3.71) 式の $\hat{\beta}_j$ より，$j=1, 5, 6$ のとき大きくなり，$j=2, 3, 4$ のとき小さくなる．

**図 3.16** は，#6, 8, 11, 29, 32 と 5 個の観測点から影響を受ける $DFBETAS_5(i)$ のグラフである．

(2) *DFFITS*，クックの *D* 他

切断点は *DFFITS* 0.8944，クックの *D* 0.1261，*C* 2，*WL* 5.7966 であり，

**表 3.17** (3.71) 式の $DFBETA_j(i)$，$DFBETAS_j(i)$ の影響点

| | #3 | #4 | #6 | #8 | #11 | #29 | #31 | #32 |
|---|---|---|---|---|---|---|---|---|
| $DFBETA_1$ | | 1.3539 | −2.4997 | 1.6030 | | | | |
| $DFBETAS_1$ | | 0.4002 | −0.7606 | 0.4850 | | | | |
| $DFBETA_2$ | | −0.0253 | 0.0450 | −0.0484 | | | | |
| $DFBETAS_2$ | | −0.3461 | 0.6346 | −0.6785 | | | | |
| $DFBETA_3$ | | | 2.4997 | | −2.3403 | | | 2.1925 |
| $DFBETAS_3$ | | | 0.5011 | | −0.4782 | | | 0.4498 |
| $DFBETA_4$ | −2.0054 | | 2.4997 | | | | 2.2176 | |
| $DFBETAS_4$ | −0.3986 | | 0.5004 | | | | 0.4397 | |
| $DFBETA_5$ | | | −0.0450 | 0.0484 | 0.0383 | 0.0426 | | −0.0641 |
| $DFBETAS_5$ | | | −0.4213 | 0.4504 | 0.3648 | 0.4055 | | −0.6138 |
| $DFBETA_6$ | | | −0.0450 | 0.0484 | | | −0.0617 | |
| $DFBETAS_6$ | | | −0.4158 | 0.4446 | | | −0.5645 | |

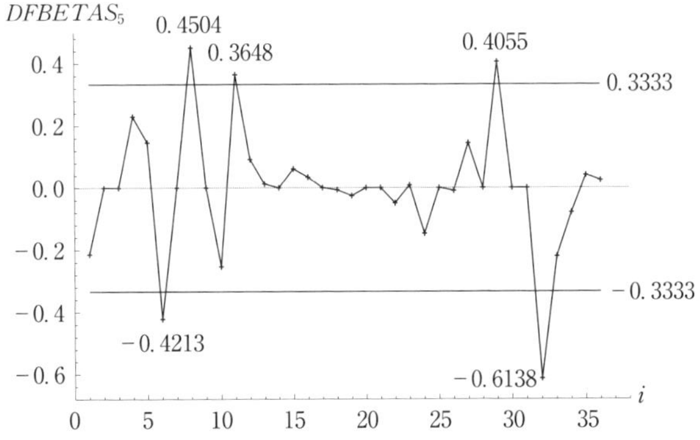


**図 3.16** (3.71) 式の $DFBETAS_5(i)$

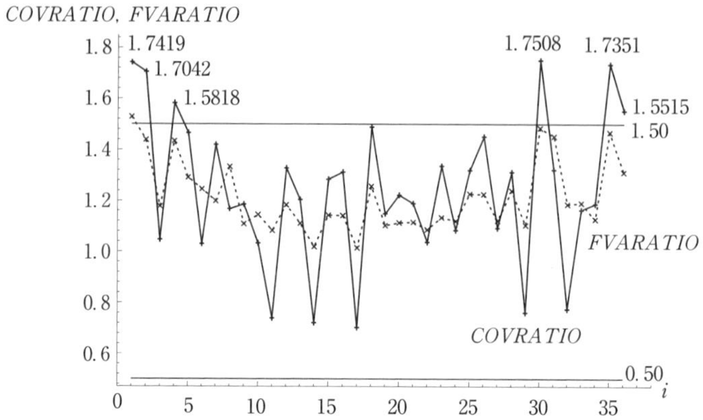


**図 3.17**　(3.71) 式の *COVRATIO* (実線), *FVARATIO* (破線)

この 4 個の統計量はすべて #32 のみが影響点である．統計量の値は上述の順に，−1.0335, 0.1635, 2.3109, 6.9478 である．1−*AP* の臨界点は 0.5826 であるが，この値より小さい 1−*AP* はない．

(3)　*COVRATIO, FVARATIO*

*COVRATIO* の切断点は 0.50 と 1.50 である．0.5 より小さい影響点はなく，#1, 2, 4, 30, 35, 36 が 1.5 を超える影響点である．影響点の値は**図 3.17** に示されている．

*FVARATIO* の値は，図 3.17 からわかるように，すべての $i=1, \cdots, 36$ で 1 を超えるから，推定量による判断であるが

$$\mathrm{var}\left[\hat{Y}_i(i)\right] > \mathrm{var}(\hat{Y}_i), \quad i=1, \cdots, 36$$

という特徴がある．

(4)　$t$ 値，決定係数の変化

$i$ 番目の観測値を削除したときの $t_j(i)$ および $DFTSTAT_j(i)$ の，絶対値で最小値と最大値のみを $j=1$ から 6 まで**表 3.18** に示した．たとえば，$t_2(i)$ は $i=4$ のとき最小値 12.769，$i=32$ のとき最大値 14.909 となる．

$$DFTSTAT_2(i) = t_2 - t_2(i)$$

は，$i=27$ のとき最小の差 −0.037，$i=4$ のとき最大の差 1.519 となる．表の数値は，+，− の符号を元に戻して小数点 4 位を四捨五入し，小数点 3 位まで示した．

**図 3.18** は $t_2(i)$ のグラフである．全データを用いたときの $t_2=14.288$ である．

**表 3.18**　(3.71) 式の観測値削除による $t$ 値の変化

| | 最小値 | | 最大値 | | | 最小値 | | 最大値 | |
|---|---|---|---|---|---|---|---|---|---|
| $t_1(i)$ | #4, | 1.220 | #6, | 2.354 | $t_4(i)$ | #6, | 3.830 | #14, | 4.746 |
| $DFTSTAT_1(i)$ | #27, | −0.005 | #4, | 0.635 | $DFTSTAT_4(i)$ | #17, | −0.004 | #6, | 0.630 |
| $t_2(i)$ | #4, | 12.769 | #32, | 14.909 | $t_5(i)$ | #1, | −5.608 | #11, | −6.931 |
| $DFTSTAT_2(i)$ | #27, | −0.037 | #4, | 1.519 | $DFTSTAT_5(i)$ | #22, | −0.026 | #1, | −0.843 |
| $t_3(i)$ | #1, | 6.920 | #11, | 8.629 | $t_6(i)$ | #31, | −3.735 | #8, | −4.864 |
| $DFTSTAT_3(i)$ | #28, | 0.046 | #1, | 1.204 | $DFTSTAT_6(i)$ | #9, | −0.009 | #31, | −0.883 |

全データを用いたときの $t_1=1.854$, $t_2=14.288$, $t_3=8.124$, $t_4=4.460$, $t_5=-6.451$, $t_6=-4.617$

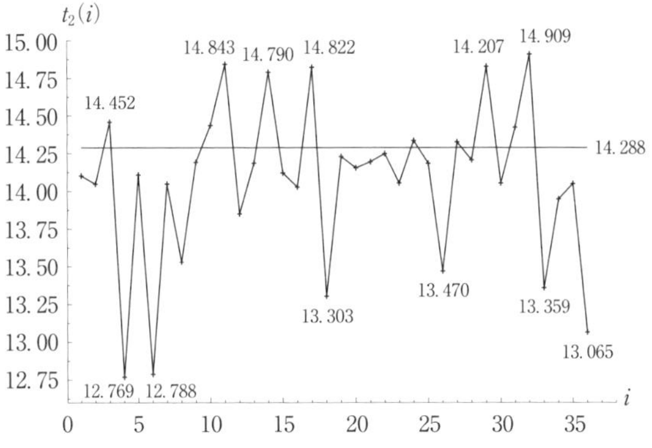


**図 3.18**　(3.71) 式の $t_2(i)$

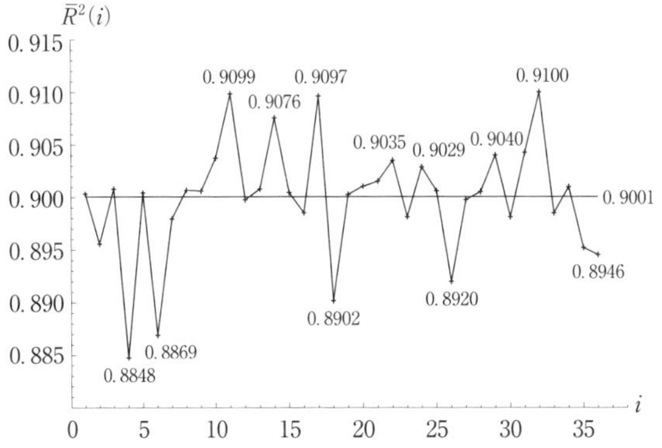


**図 3.19**　(3.71) 式の $\bar{R}^2(i)$

**図 3.19** は $\bar{R}^2(i)$ のグラフである．全データによる（3.71）式の $\bar{R}^2=0.9001$ である．$\bar{R}^2(i)$ が最大になるのは，$\bar{R}^2(32)$ の 0.9100，最小になるのは $\bar{R}^2(4)=0.8848$ である．

例 3.13 の最後に，外れ値ではないが，すべての $\hat{\beta}_j$ の影響点である #6 を削除して推定したときの（3.70）式の推定結果を示しておこう．#6 は 23 歳，治療法 $C$，治療効果は 25 と低い患者である．

$$EF = \underset{(2.35)}{8.7111} + \underset{(12.79)}{0.9884}AGE + \underset{(7.36)}{38.8045}TA + \underset{(3.83)}{20.2071}TB \tag{3.72}$$

$$- \underset{(-5.92)}{0.6578}(TA \cdot AGE) - \underset{(-4.13)}{0.4647}(TB \cdot AGE)$$

$\bar{R}^2=0.8869,\quad s=3.8510$

BP = 4.82464 (0.438), W = 16.8845 (0.051)

RESET(2) = 0.67517 (0.418)

RESET(3) = 1.15053 (0.332)

SW = 0.96917 (0.421), JB = 1.08872 (0.580)

均一分散，定式化ミスなし，正規性いずれも，#6 を除いても崩れていない．$H_0 : \beta_1 = 0$ も #6 を除くと有意水準 5% で棄却される．

上式の $\hat{\beta}_j(6)$ を（3.71）式の $\hat{\beta}_j$ と比較されたい．$\bar{R}^2$ も（3.71）式より小さい．外れ値でなくても $\hat{\beta}_j$ への影響点を精査すべき例のひとつである．

### ▶例 3.14 肝臓手術後の生存時間

**表 3.19** のデータは，ある特殊なタイプの肝臓手術を受けた無作為標本，54 人の患者の生存時間と関連する 4 個の予測因子である．表の変数は以下の意味である．

$TIME$ = 手術後患者の生存日数

$CLOT$ = 血液凝固の評点

$RPOG$ = 予後指数，年齢を含む

$ENZ$ = 酵素機能テストの評点

$LIV$ = 肝臓機能テストの評点

4 個の予測因子はいずれも手術前の数値であり，目的は生存時間と予測因子と

**表 3.19**　肝臓手術後の生存時間と予測因子

| 患者 | *TIME* | *CLOT* | *PROG* | *ENZ* | *LIV* | 患者 | *TIME* | *CLOT* | *PROG* | *ENZ* | *LIV* |
|---|---|---|---|---|---|---|---|---|---|---|---|
| 1 | 200 | 6.7 | 62 | 81 | 2.59 | 28 | 574 | 11.2 | 76 | 90 | 5.59 |
| 2 | 101 | 5.1 | 59 | 66 | 1.70 | 29 | 72 | 5.2 | 54 | 56 | 2.71 |
| 3 | 204 | 7.4 | 57 | 83 | 2.16 | 30 | 178 | 5.8 | 76 | 59 | 2.58 |
| 4 | 101 | 6.5 | 73 | 41 | 2.01 | 31 | 71 | 3.2 | 64 | 65 | 0.74 |
| 5 | 509 | 7.8 | 65 | 115 | 4.30 | 32 | 58 | 8.7 | 45 | 23 | 2.52 |
| 6 | 80 | 5.8 | 38 | 72 | 1.42 | 33 | 116 | 5.0 | 59 | 73 | 3.50 |
| 7 | 80 | 5.7 | 46 | 63 | 1.91 | 34 | 295 | 5.8 | 72 | 93 | 3.30 |
| 8 | 127 | 3.7 | 68 | 81 | 2.57 | 35 | 115 | 5.4 | 58 | 70 | 2.64 |
| 9 | 202 | 6.0 | 67 | 93 | 2.50 | 36 | 184 | 5.3 | 51 | 99 | 2.60 |
| 10 | 203 | 3.7 | 76 | 94 | 2.40 | 37 | 118 | 2.6 | 74 | 86 | 2.05 |
| 11 | 329 | 6.3 | 84 | 83 | 4.13 | 38 | 120 | 4.3 | 8 | 119 | 2.85 |
| 12 | 65 | 6.7 | 51 | 43 | 1.86 | 39 | 151 | 4.8 | 61 | 76 | 2.45 |
| 13 | 830 | 5.8 | 96 | 114 | 3.95 | 40 | 148 | 5.4 | 52 | 88 | 1.81 |
| 14 | 330 | 5.8 | 83 | 88 | 3.95 | 41 | 95 | 5.2 | 49 | 72 | 1.84 |
| 15 | 168 | 7.7 | 62 | 67 | 3.40 | 42 | 75 | 3.6 | 28 | 99 | 1.30 |
| 16 | 217 | 7.4 | 74 | 68 | 2.40 | 43 | 483 | 8.8 | 86 | 88 | 6.10 |
| 17 | 87 | 6.0 | 85 | 28 | 2.98 | 44 | 153 | 6.5 | 56 | 77 | 2.85 |
| 18 | 34 | 3.7 | 51 | 41 | 1.55 | 45 | 191 | 3.4 | 77 | 93 | 1.48 |
| 19 | 215 | 7.3 | 68 | 74 | 3.56 | 46 | 123 | 6.5 | 40 | 84 | 3.00 |
| 20 | 172 | 5.6 | 57 | 87 | 3.02 | 47 | 311 | 4.5 | 73 | 106 | 3.05 |
| 21 | 109 | 5.2 | 52 | 76 | 2.85 | 48 | 398 | 4.8 | 86 | 101 | 4.10 |
| 22 | 136 | 3.4 | 83 | 53 | 1.12 | 49 | 158 | 5.1 | 67 | 77 | 2.86 |
| 23 | 70 | 6.7 | 26 | 68 | 2.10 | 50 | 310 | 3.9 | 82 | 103 | 4.55 |
| 24 | 220 | 5.8 | 67 | 86 | 3.40 | 51 | 124 | 6.6 | 77 | 46 | 1.95 |
| 25 | 276 | 6.3 | 59 | 100 | 2.95 | 52 | 125 | 6.4 | 85 | 40 | 1.21 |
| 26 | 144 | 5.8 | 61 | 73 | 3.50 | 53 | 198 | 6.4 | 59 | 85 | 2.33 |
| 27 | 181 | 5.2 | 52 | 86 | 2.45 | 54 | 313 | 8.8 | 78 | 72 | 3.20 |

出所：Hocking（2013）p. 646,　Table C. 1

の関係を知り，手術前の予測因子から手術後の生存時間を予測することにある．

モデルを次のように定式化した．

$$\begin{aligned}\log(TIME)_i &= \beta_1 \log(CLOT)_i + \beta_2 \log(PROG)_i \\ &\quad + \beta_3 \log(ENZ)_i + \beta_4 LIV_i^2 + \beta_5 (ENZ \cdot LIV)_i \\ &\quad + \beta_6 \left[PROG \cdot \log(PROG)\right]_i + u_i \qquad (3.73)\end{aligned}$$

上式とは別の定式化は蓑谷（2015）例 4.6，Hocking（2013）Ch. 4 にある．

変数記号を簡略化し

$$Y = TIME, \quad X_2 = CLOT, \quad X_3 = PROG, \quad X_4 = ENZ, \quad X_5 = LIV$$

とする．

$\eta_j$ を $X_j$ の $Y$ への偏弾力性とすると，（3.73）式の定式化より

$$\eta_j = \frac{\partial \log Y}{\partial \log X_j}, \quad j = 2, 3, 4, 5$$

は次のようになる.

$$\eta_2 = \beta_1$$
$$\eta_{3i} = \beta_2 + \beta_6 \left( X_{3i} \left[ 1 + \log (X_3)_i \right] \right)$$
$$\eta_{4i} = \beta_3 + \beta_5 (X_4 \cdot X_5)_i$$
$$\eta_{5i} = 2\beta_4 X_{5i}^2 + \beta_5 (X_4 \cdot X_5)_i$$

OLS による (3.73) 式の推定結果は次式, 係数の下の ( ) 内は $t$ 値である.

$$\begin{aligned} \log(Y) = {} & \underset{(12.35)}{0.8256} \log(X_2) - \underset{(-3.07)}{0.3074} \log(X_3) + \underset{(9.94)}{0.7177} \log(X_4) \\ & - \underset{(-4.62)}{0.3373 \times 10^{-1}} X_5^2 + \underset{(6.30)}{0.3148 \times 10^{-2}} (X_4 \cdot X_5) \\ & + \underset{(10.44)}{0.5410 \times 10^{-2}} \left[ X_3 \cdot \log(X_3) \right] \end{aligned} \tag{3.74}$$

$\bar{R}^2 = 0.9672, \quad s = 0.1143$

BP = 11.6022 (0.071), W = 33.6929 (0.175)

RESET(2) = 3.03423 (0.088)

RESET(3) = 1.49285 (0.235)

SW = 0.93794 (0.007), JB = 8.77634 (0.012)

有意水準 5% で, 均一分散, 定式化ミスなしの帰無仮説はそれぞれ採択されるが, 正規性は成立していない.

標本歪度 = 0.8933, 標本尖度 = 4.0452

である. **図 3.20** は順序化スチューデント化残差 $t_{(i)}$ の正規確率プロット ($\mu_{(i)}$, $t_{(i)}$) である. #22, 27, 32 の $Y$ 方向の外れ値 3 個が, $t_{(i)} = \mu_{(i)}$ の直線からの乖離が大きく, この 3 個が非正規性, 歪度 $>0$, 尖度 $>3$ をもたらしていると予想される.

(3.74) 式の回帰診断を行う.

(1) $h_{ii}$, $a_i^2$, $t_i$

$h_{ii}$ の切断点は $2k/n = 0.2222$, $3k/n = 0.3333$ であり, ( ) 内が $h_{ii}$ の値あるいは $a_i^2$ あるいは $t_i$ の値である.

$h_{ii} > 3k/n$ は #38 (0.6035), #43 (0.5261)

$2k/n < h_{ii} < 3k/n$ は #5 (0.2620), #13 (0.2399), #28 (0.2735), #32 (0.2570)

平方残差率 $a_i^2$ が $100 \times 3/n \doteqdot 5.56\%$ を超えるのは

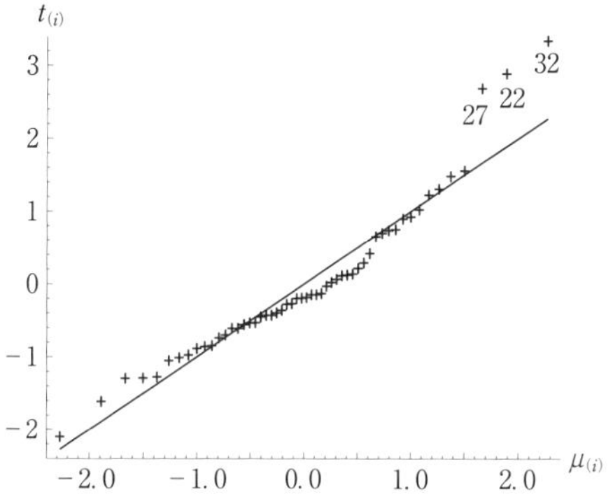


**図 3.20**　(3.74) 式の正規確率プロット

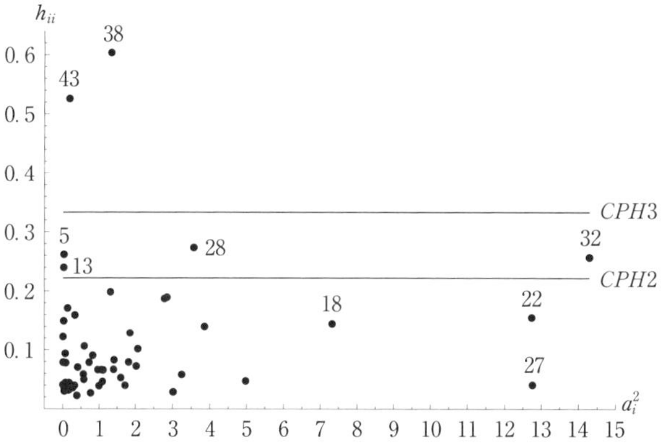


**図 3.21**　(3.74) 式の LR プロット

#18(7.32%)，#22(12.74%)，#27(12.76%)，#32(14.29%)

スチューデント化残差 $t_i$ が絶対値で 2 を超えるのは

#18(−2.10)，#22(2.89)，#27(2.69)，#32(3.35)

の 4 点である．#32 は $t_i$, $a_i^2$ が一番大きく，$h_{ii}$ も $2k/n$ を超える．

**図 3.21** は $LR$ プロットであり，図の $CPH2=2k/n=0.2222$, $CPH3=3k/n=0.3333$ である．

(2)　$DFBETA_j(i)$，$DFBETAS_j(i)$

$DFBETAS$ の切断点は 0.2722 である．**表 3.20** は，$DFBETAS_j(i)$ の絶対値が 0.2722 を超える影響点とその影響点に対応する $DFBETA_j(i)$ である．

**表 3.20** (3.74) 式の $DFBETAS_j(i)$ の影響点と $DFBETA_j(i)$

| $i$ | $DFBETA_1$ | $DFBETAS_1$ | $DFBETA_2$ | $DFBETAS_2$ |
|---|---|---|---|---|
| 18 | 0.0374 | 0.5789 | −0.0593 | −0.6120 |
| 22 | −0.0241 | −0.3869 | −0.0311 | −0.3334 |
| 32 | 0.0294 | 0.4842 | 0.0961 | 1.0552 |
| 38 | −0.0295 | −0.4445 | 0.1173 | 1.1781 |
| 50 | 0.0191 | 0.2847 | | |
| 52 | −0.0227 | −0.3415 | | |

| $i$ | $DFBETA_5$ | $DFBETAS_5$ | $DFBETA_6$ | $DFBETAS_6$ |
|---|---|---|---|---|
| 18 | | | 0.0003 | 0.6194 |
| 22 | −0.0003 | −0.5976 | 0.0003 | 0.5678 |
| 27 | | | −0.0001 | −0.3045 |
| 28 | −0.0001 | −0.2795 | | |
| 32 | 0.0002 | 0.3935 | −0.0005 | −1.1091 |
| 38 | 0.0003 | 0.5843 | −0.0004 | −0.7799 |
| 42 | −0.0002 | −0.3142 | | |
| 45 | | | 0.0002 | 0.3138 |
| 52 | | | −0.0002 | −0.3917 |

| $i$ | $DFBETA_3$ | $DFBETAS_3$ | $DFBETA_4$ | $DFBETAS_4$ |
|---|---|---|---|---|
| 18 | 0.0239 | 0.3428 | | |
| 22 | 0.0332 | 0.4941 | 0.0024 | 0.3544 |
| 28 | | | 0.0037 | 0.5142 |
| 32 | −0.0762 | −1.1612 | | |
| 38 | −0.0860 | −1.1985 | −0.0025 | −0.3410 |
| 42 | 0.0258 | 0.3597 | 0.0022 | 0.2966 |
| 43 | | | 0.0026 | 0.3516 |
| 45 | 0.0245 | 0.3434 | | |

*DFBETAS* の切断点 = 0.2722

#22, 38 はすべての $\hat{\beta}_j$, #18 は $\hat{\beta}_4$ と $\hat{\beta}_5$ を除くその他の $\hat{\beta}_j$, #32 は $\hat{\beta}_4$ を除くすべての $\hat{\beta}_j$ の影響点である．#22 は $Y$ 方向の外れ値，#38 はもっとも高い作用点である．

たとえば

$$DFBETAS_2(38) = 1.1781$$

と大きく

$$DFBETA_2(38) = \hat{\beta}_2 - \hat{\beta}_2(38) = 0.1173$$

であるから，高い作用点 #38 を除くと

$$\hat{\beta}_2(38) = \hat{\beta}_2 - 0.1173 = -0.3074 - 0.1173 = -0.4247$$

となる．

(3) *DFFITS*, クックの *D* 他

*DFFITS*, クックの *D*, *C*, *WL* および 1−*AP* のそれぞれの切断点，影響点として検出された観測値番号 $i$ と統計量の値を**表 3.21** に示した．

1−*AP* を除く 4 つの統計量はすべて同じ #18, 22, 28, 32, 38 を影響点として検出しており，1−*AP* のみ異なる．#18, 22, 32 は $Y$ 方向の外れ値，#38 は一番高い作用点，#28 も高い作用点である（図 3.21 *LR* プロット参照）．

(4) $t$ 値，決定係数の変化

**表 3.21**　(3.74) 式の *DFFITS*, クックの *D* 他の影響点

| 切断点<br>$i$ | *DFFITS*<br>0.7071 | クックの *D*<br>0.0793 | *C*<br>2.0000 | *WL*<br>5.4601 | $1-AP$<br>0.7161 |
|---|---|---|---|---|---|
| 18 | −0.8620 | 0.1156 | 2.4380 | 6.7843 | |
| 22 | 1.2390 | 0.2219 | 3.5045 | 9.8148 | |
| 28 | 0.9552 | 0.1477 | 2.7017 | 8.1584 | 0.6909 |
| 32 | 1.9675 | 0.5322 | 5.5650 | 16.6179 | 0.6001 |
| 38 | −1.5712 | 0.4062 | 4.4440 | 18.1652 | 0.3832 |
| 43 | | | | | 0.4721 |

**表 3.22**　(3.73) 式の観測値削除による $t$ 値の変化

| | 最小値 | 最大値 | | 最小値 | 最大値 |
|---|---|---|---|---|---|
| $t_1(i)$ | #37,　11.39 | #22,　13.53 | $t_4(i)$ | #43,　−3.78 | #22,　−5.27 |
| $DFTSTAT_1(i)$ | #52,　$(-0.167)\times10^{-2}$ | #22,　−1.18 | $DFTSTAT_4(i)$ | #48,　$(-0.271)\times10^{-2}$ | #43,　−0.84 |
| $t_2(i)$ | #18,　−2.46 | #32,　−4.23 | $t_5(i)$ | #38,　5.23 | #22,　7.21 |
| $DFTSTAT_2(i)$ | #14,　$0.226\times10^{-2}$ | #32,　1.16 | $DFTSTAT_5(i)$ | #21,　$0.249\times10^{-2}$ | #38,　1.07 |
| $t_3(i)$ | #38,　8.16 | #32,　11.43 | $t_6(i)$ | #38,　9.63 | #32,　11.96 |
| $DFTSTAT_3(i)$ | #29,　$0.209\times10^{-1}$ | #38,　1.78 | $DFTSTAT_6(i)$ | #22,　$(-0.275)\times10^{-2}$ | #32,　−1.52 |

全データを用いたときの $t_1=12.35$, $t_2=-3.07$, $t_3=9.94$, $t_4=-4.62$, $t_5=6.30$, $t_6=10.44$

$i$ 番目の観測値を除いて (3.73) 式を推定したときの, $H_0: \beta_j=0$ の検定統計量 $t_j(i)$ および $t$ 値の変化

$$DFTSTAT_j(i)=t_j-t_j(i)$$

を, 絶対値で最小, 最大を求め, その後で符号を元に戻したのが**表 3.22** である. たとえば, $|t_4(i)|$ は #43 のとき最小, #22 のとき最大となり, $t_4(43)=-3.78$, $t_4(22)=-5.27$ である. $|DFTSTAT_4(i)|$ は #48 のとき最小, #43 のとき最大となり, $DFTSTAT_4(48)=-0.271\times10^{-2}$, $DFTSTAT_4(43)=-0.84$ である.

$|t_j(i)|$ を最大にする $i$ は #22 ($Y$ 方向の外れ値) か #32 ($X$, $Y$ 両方向の外れ値) のいずれかである.

$|DFTSTAT_j(i)|$ を最大にする #38, 43 は高い作用点 ($X$ 方向の外れ値), #32 は $X$, $Y$ 両方向の外れ値, #22 は $Y$ 方向の外れ値である.

$|t_j(i)|$ を最小にする $i$ は $j=3, 5, 6$ のとき #38 ($X$ 方向の外れ値), $j=4$ のときの #43 も $X$ 方向の外れ値, $j=2$ のときの #18 は $Y$ 方向の外れ値である.

$|DFTSTAT_j(i)|$ を最小にする $i$ は $j$ ごとに異なり, $j=6$ のときの $i=22$ のみが外れ値 ($Y$ 方向) である.

(3.73) 式は定数項のないモデルであるから, (3.74) 式の決定係数 $R^2$ は

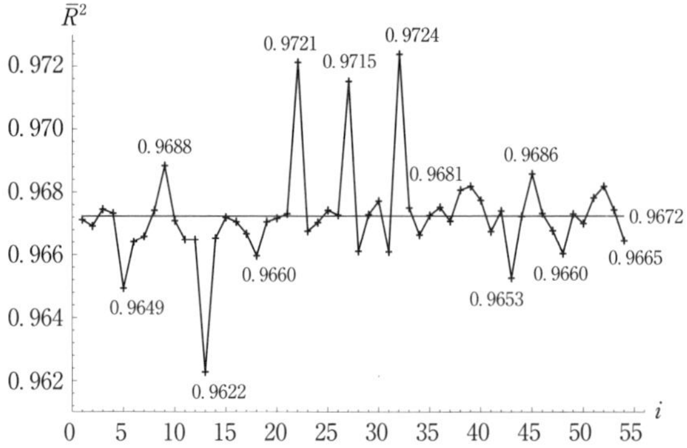


**図 3.22**　(3.74) 式の $\bar{R}^2(i)$

log (*TIME*) と log (*TIME*) の推定値の相関係数の 2 乗として計算し

$$\bar{R}^2 = 1 - \frac{n-1}{n-k}(1-R^2)$$

として求めている．したがって，観測値 $i$ を削除して (3.73) 式を推定したとき，log [$Y(i)$] とその推定値の相関係数の 2 乗を $R^2(i)$ とし，(3.67) 式から $\bar{R}^2(i)$ を求めている．

**図 3.22** は $\bar{R}^2(i)$ のグラフである．図の 0.9672 の水平線は全データを用いたときの $\bar{R}^2$ の値である．$\bar{R}^2(i)$ がこの 0.9672 よりとくに大きくなるのは，$i=22$, 27 の $Y$ 方向の外れ値，$X$, $Y$ 両方向の外れ値 $i=32$ のときである．$\bar{R}^2(i)$ が一番小さくなるのは $i=13$ ($X$ 方向の外れ値) のときであり，$i=43$ の $X$ 方向の外れ値のときも 0.9653 と小さくなる．一番高い作用点 #38 ($h_{ii}=0.6035$) を除いたときは $\bar{R}^2(38)=0.9681$ と若干大きくなる．

(5)　$X_j$ の $Y$ への偏弾力性 $\eta_j$

$\beta_j$ を (3.74) 式の $\hat{\beta}_j$ を用い，$\eta_j$, $j=3$, 4, 5 は

$$\eta_j = \frac{1}{n}\sum_{i=1}^{n}\eta_{ji}, \quad j=3,\ 4,\ 5$$

によって求めると，$\eta_2=0.826$, $\eta_3=1.467$, $\eta_4=1.411$, $\eta_5=0.115$ が得られる．$\eta_j$ はいずれも正であるから，4 個の予測因子 $X_j$ はいずれも，その値が大きいほど生存日数を長くする．$\eta_j$ の値から，予後指数，酵素機能テストの評点，血液凝固の評点，肝臓機能テストの評点の順に生存日数を長くする効果がある．

**●数学注(1)　(3.4) 式の証明**

一般に，$\boldsymbol{A}$ を $n\times n$ の非特異行列，$\boldsymbol{p}$，$\boldsymbol{q}$ を $n\times 1$ の任意の列ベクトルとするとき次式が成立する（Graybill (1969) Theorem 8.9.3）

$$(\boldsymbol{A}-\boldsymbol{p}\boldsymbol{q}')^{-1}=\boldsymbol{A}^{-1}+\frac{\boldsymbol{A}^{-1}\boldsymbol{p}\boldsymbol{q}'\boldsymbol{A}^{-1}}{1-\boldsymbol{q}'\boldsymbol{A}^{-1}\boldsymbol{p}}$$

$[\boldsymbol{X}'(i)\boldsymbol{X}(i)]^{-1}=(\boldsymbol{X}'\boldsymbol{X}-\boldsymbol{x}_i\boldsymbol{x}_i')^{-1}$ において $\boldsymbol{A}=\boldsymbol{X}'\boldsymbol{X}$，$\boldsymbol{p}=\boldsymbol{q}=\boldsymbol{x}_i$ とおくと，上式より

$$\begin{aligned}\left[\boldsymbol{X}'(i)\boldsymbol{X}(i)\right]^{-1}&=(\boldsymbol{X}'\boldsymbol{X}-\boldsymbol{x}_i\boldsymbol{x}_i')^{-1}=(\boldsymbol{X}'\boldsymbol{X})^{-1}+\frac{(\boldsymbol{X}'\boldsymbol{X})^{-1}\boldsymbol{x}_i\boldsymbol{x}_i'(\boldsymbol{X}'\boldsymbol{X})^{-1}}{1-\boldsymbol{x}_i'(\boldsymbol{X}'\boldsymbol{X})^{-1}\boldsymbol{x}_i}\\&=(\boldsymbol{X}'\boldsymbol{X})^{-1}+\frac{(\boldsymbol{X}'\boldsymbol{X})^{-1}\boldsymbol{x}_i\boldsymbol{x}_i'(\boldsymbol{X}'\boldsymbol{X})^{-1}}{1-h_{ii}}\end{aligned}$$

ゆえに

$$\begin{aligned}\hat{\boldsymbol{\beta}}(i)&=\left[\boldsymbol{X}'(i)\boldsymbol{X}(i)\right]^{-1}\boldsymbol{X}'(i)\boldsymbol{y}(i)\\&=\left\{(\boldsymbol{X}'\boldsymbol{X})^{-1}+\frac{(\boldsymbol{X}'\boldsymbol{X})^{-1}\boldsymbol{x}_i\boldsymbol{x}_i'(\boldsymbol{X}'\boldsymbol{X})^{-1}}{1-h_{ii}}\right\}(\boldsymbol{X}'\boldsymbol{y}-\boldsymbol{x}_iY_i)\\&=(\boldsymbol{X}'\boldsymbol{X})^{-1}\boldsymbol{X}'\boldsymbol{y}-(\boldsymbol{X}'\boldsymbol{X})^{-1}\boldsymbol{x}_iY_i\\&\quad+\frac{(\boldsymbol{X}'\boldsymbol{X})^{-1}\boldsymbol{x}_i\boldsymbol{x}_i'(\boldsymbol{X}'\boldsymbol{X})^{-1}\boldsymbol{X}'\boldsymbol{y}}{1-h_{ii}}-\frac{(\boldsymbol{X}'\boldsymbol{X})^{-1}\boldsymbol{x}_i\boldsymbol{x}_i'(\boldsymbol{X}'\boldsymbol{X})^{-1}\boldsymbol{x}_iY_i}{1-h_{ii}}\\&=\hat{\boldsymbol{\beta}}-(\boldsymbol{X}'\boldsymbol{X})^{-1}\boldsymbol{x}_iY_i+\frac{(\boldsymbol{X}'\boldsymbol{X})^{-1}\boldsymbol{x}_i\boldsymbol{x}_i'\hat{\boldsymbol{\beta}}}{1-h_{ii}}-\frac{(\boldsymbol{X}'\boldsymbol{X})^{-1}\boldsymbol{x}_ih_{ii}Y_i}{1-h_{ii}}\\&=\hat{\boldsymbol{\beta}}-\frac{(\boldsymbol{X}'\boldsymbol{X})^{-1}\boldsymbol{x}_i}{1-h_{ii}}\left\{(1-h_{ii})Y_i-\boldsymbol{x}_i'\hat{\boldsymbol{\beta}}+h_{ii}Y_i\right\}\\&=\hat{\boldsymbol{\beta}}-\frac{(\boldsymbol{X}'\boldsymbol{X})^{-1}\boldsymbol{x}_i(Y_i-\boldsymbol{x}_i'\hat{\boldsymbol{\beta}})}{1-h_{ii}}\\&=\hat{\boldsymbol{\beta}}-\frac{(\boldsymbol{X}'\boldsymbol{X})^{-1}\boldsymbol{x}_ie_i}{1-h_{ii}}\end{aligned}$$

したがって

$$\hat{\boldsymbol{\beta}}-\hat{\boldsymbol{\beta}}(i)=\frac{(\boldsymbol{X}'\boldsymbol{X})^{-1}\boldsymbol{x}_ie_i}{1-h_{ii}}$$

が得られる．

**●数学注(2)　(3.15) 式＝(3.13) 式の証明**

以下

$$H_0:\beta_j-\beta_j(i)=0$$
$$H_0:\beta_j-\beta_j(i)\neq 0$$

において，$H_0$ が正しいと仮定したとき (3.15) 式が (3.13) 式に等しいことを証明する．

① まず $\hat{\beta}_j-\hat{\beta}_j(i)$ は平均0，分散 $\sigma_j^2(i)$ の正規分布をすることを示す．

$$\hat{\boldsymbol{\beta}}-\hat{\boldsymbol{\beta}}(i)=\frac{(\boldsymbol{X}'\boldsymbol{X})^{-1}\boldsymbol{x}_i e_i}{1-h_{ii}}$$

であるから

$$E\left(\hat{\boldsymbol{\beta}}-\hat{\boldsymbol{\beta}}(i)\right)=\mathbf{0}$$

$$\begin{aligned}\mathrm{var}\left(\hat{\boldsymbol{\beta}}-\hat{\boldsymbol{\beta}}(i)\right)&=E\left\{\left[\frac{(\boldsymbol{X}'\boldsymbol{X})^{-1}\boldsymbol{x}_i e_i}{1-h_{ii}}\right]\left[\frac{e_i\boldsymbol{x}_i'(\boldsymbol{X}'\boldsymbol{X})^{-1}}{1-h_{ii}}\right]\right\}\\&=\frac{(\boldsymbol{X}'\boldsymbol{X})^{-1}\boldsymbol{x}_iE(e_i^2)\boldsymbol{x}_i'(\boldsymbol{X}'\boldsymbol{X})^{-1}}{(1-h_{ii})^2}\\&=\frac{\sigma^2(\boldsymbol{X}'\boldsymbol{X})^{-1}\boldsymbol{x}_i\boldsymbol{x}_i'(\boldsymbol{X}'\boldsymbol{X})^{-1}}{1-h_{ii}}\end{aligned}$$

$$(\boldsymbol{X}'\boldsymbol{X})^{-1}\boldsymbol{x}_i\boldsymbol{x}_i'(\boldsymbol{X}'\boldsymbol{X})^{-1}\text{ の }(i,j)\text{ 要素}=c_{ij}^2\quad(3.2.3\text{ 項})$$

と表すことができるから，$\mathrm{var}(\hat{\beta}_j-\hat{\beta}_j(i))=\sigma_j^2(i)$ とすれば

$$\sigma_j^2(i)=\frac{\sigma^2c_{ij}^2}{1-h_{ii}}$$

が得られる．$u_i$ したがって $e_i$ は正規分布をするから $\hat{\beta}_j-\hat{\beta}_j(i)$ は平均0，分散 $\sigma_j^2(i)$ の正規分布をする．ゆえに次式が成立する．

$$Z=\frac{\hat{\beta}_j-\hat{\beta}_j(i)}{\sigma\left(\dfrac{c_{ij}^2}{1-h_{ii}}\right)^{\frac{1}{2}}}\sim N(0,1)$$

② 次に

$$\frac{(n-k-1)s^2(i)}{\sigma^2}\sim\chi^2(n-k-1)$$

を示そう．

$$\boldsymbol{e}=\boldsymbol{M}\boldsymbol{u}=(\boldsymbol{I}-\boldsymbol{H})\boldsymbol{u}$$

であるから

$$e_i=u_i-\sum_{i=1}^{n}h_{ij}u_j=\boldsymbol{a}_i'\boldsymbol{u}$$

と表すことができる．ここで

$$\boldsymbol{a}_i=\begin{bmatrix}a_{i1}\\a_{i2}\\\vdots\\a_{in}\end{bmatrix},\quad a_{ij}=\begin{cases}1-h_{ij}, & i=j\\-h_{ij}, & i\neq j\end{cases}$$

この $\boldsymbol{a}_i$ は次の性質をもつ

$$\boldsymbol{a}_i'\boldsymbol{a}_i=\sum_{j=1}^{n}a_{ij}^2=\sum_{j=1}^{n}h_{ij}^2-2h_{ii}+1=1-h_{ii}\quad \text{(2.2.1 項性質 (b))}$$

ここでこの結果を用いて

$$\frac{e_i^2}{1-h_{ii}}=\frac{(\boldsymbol{a}_i'\boldsymbol{u})'(\boldsymbol{a}_i'\boldsymbol{u})}{\boldsymbol{a}_i'\boldsymbol{a}_i}=\boldsymbol{u}'\left(\frac{\boldsymbol{a}_i\boldsymbol{a}_i'}{\boldsymbol{a}_i'\boldsymbol{a}_i}\right)\boldsymbol{u}=\boldsymbol{u}'\boldsymbol{A}_i\boldsymbol{u}$$

と表し

$$\begin{aligned}(n-k-1)s^2(i)&=(n-k)s^2-\frac{e_i^2}{1-h_{ii}}\\&=\boldsymbol{u}'\boldsymbol{M}\boldsymbol{u}-\boldsymbol{u}'\boldsymbol{A}_i\boldsymbol{u}\\&=\boldsymbol{u}'(\boldsymbol{M}-\boldsymbol{A}_i)\boldsymbol{u}\end{aligned}$$

が得られる．この $\boldsymbol{M}-\boldsymbol{A}_i$ はベキ等行列であり，$\mathrm{rank}(\boldsymbol{M}-\boldsymbol{A}_i)=n-k-1$ であることを以下に示す．

$$(\boldsymbol{M}-\boldsymbol{A}_i)'=\boldsymbol{M}-\boldsymbol{A}_i$$

は明らかである．$\boldsymbol{M}=\boldsymbol{M}^2$，$\boldsymbol{A}_i=\boldsymbol{A}_i^2$ であるから

$$(\boldsymbol{M}-\boldsymbol{A}_i)^2=\boldsymbol{M}-\boldsymbol{A}_i\boldsymbol{M}-\boldsymbol{M}\boldsymbol{A}_i+\boldsymbol{A}_i$$

ところが

$$\begin{aligned}\boldsymbol{M}\boldsymbol{A}_i&=(\boldsymbol{I}-\boldsymbol{H})\left(\frac{\boldsymbol{a}_i\boldsymbol{a}_i'}{\boldsymbol{a}_i'\boldsymbol{a}_i}\right)\\&=\frac{\boldsymbol{a}_i\boldsymbol{a}_i'}{\boldsymbol{a}_i'\boldsymbol{a}_i}-\boldsymbol{H}\left(\frac{\boldsymbol{a}_i\boldsymbol{a}_i'}{\boldsymbol{a}_i'\boldsymbol{a}_i}\right)\end{aligned}$$

そして $\boldsymbol{H}\boldsymbol{a}_i\boldsymbol{a}_i'$ の $(l, m)$ 要素は

$$\begin{aligned}\sum_{j=1}^{n}h_{lj}a_{ij}a_{im}&=\sum_{j\neq i}h_{lj}(-h_{ij})(-h_{im})+h_{li}(1-h_{ii})(-h_{im})\\&=h_{im}\sum_{j=1}^{n}h_{lj}h_{ij}-h_{li}h_{im}\\&=0\end{aligned}$$

ゆえに

$$\begin{aligned}&\boldsymbol{M}\boldsymbol{A}_i=\boldsymbol{A}_i\\&\boldsymbol{A}_i\boldsymbol{M}=(\boldsymbol{M}\boldsymbol{A}_i)'=\boldsymbol{A}_i'=\boldsymbol{A}_i\end{aligned}$$

を用いてベキ等性

$$(\boldsymbol{M}-\boldsymbol{A}_i)^2=\boldsymbol{M}-\boldsymbol{A}_i$$

が得られる．したがって

$$\begin{aligned}\mathrm{rank}(\boldsymbol{M}-\boldsymbol{A}_i)&=\mathrm{tr}(\boldsymbol{M}-\boldsymbol{A}_i)=\mathrm{tr}(\boldsymbol{M})-\mathrm{tr}(\boldsymbol{A}_i)\\&=n-k-1\end{aligned}$$

となる．以上の結果より次式が得られる．

$$\frac{\boldsymbol{u}'(\boldsymbol{M}-\boldsymbol{A}_i)\boldsymbol{u}}{\sigma^2}=\frac{(n-k-1)s^2(i)}{\sigma^2}\sim\chi^2(n-k-1)$$

③ 最後に $\hat{\boldsymbol{\beta}}-\hat{\boldsymbol{\beta}}(i)$ と $(n-k-1)s^2(i)$ が独立であることは

$$\hat{\boldsymbol{\beta}}-\hat{\boldsymbol{\beta}}(i)=\frac{(\boldsymbol{X}'\boldsymbol{X})^{-1}\boldsymbol{x}_i e_i}{1-h_{ii}}=\frac{(\boldsymbol{X}'\boldsymbol{X})^{-1}\boldsymbol{x}_i\boldsymbol{a}_i'\boldsymbol{u}}{1-h_{ii}}=\boldsymbol{L}\boldsymbol{u}$$

とおくと

$$\boldsymbol{L}(\boldsymbol{M}-\boldsymbol{A}_i)=\frac{(\boldsymbol{X}'\boldsymbol{X})^{-1}\boldsymbol{x}_i\boldsymbol{a}_i'}{\boldsymbol{a}_i'\boldsymbol{a}_i}-\frac{(\boldsymbol{X}'\boldsymbol{X})^{-1}\boldsymbol{x}_i\boldsymbol{a}_i'\boldsymbol{a}_i\boldsymbol{a}_i'}{(\boldsymbol{a}_i'\boldsymbol{a}_i)^2}=\boldsymbol{0}$$

であることから直ちにわかる．上式で $\boldsymbol{a}_i'\boldsymbol{H}=\boldsymbol{0}$ を用いた．

以上①，②，③の結果をまとめれば

$$Z=\frac{\hat{\beta}_j-\hat{\beta}_j(i)}{\sigma\left(\dfrac{c_{ij}^2}{1-h_{ii}}\right)^{\frac{1}{2}}}\sim N(0,1)$$

$$v^2=\frac{(n-k-1)s^2(i)}{\sigma^2}\sim\chi^2(n-k-1)$$

$Z$ と $v^2$ は独立

となるから

$$T=\frac{Z}{\sqrt{v^2/(n-k-1)}}=\frac{\hat{\beta}_j-\hat{\beta}_j(i)}{\hat{\sigma}_j(i)}\sim t(n-k-1)$$

$$\hat{\sigma}_j(i)=s(i)\left(\frac{c_{ij}^2}{1-h_{ii}}\right)^{\frac{1}{2}}$$

が成立する．

ところで $(\boldsymbol{X}'\boldsymbol{X})^{-1}\boldsymbol{x}_i$ の $j$ 番目の要素は $c_{ij}$ であるから

$$\hat{\beta}_j-\hat{\beta}_j(i)=\frac{c_{ij}e_i}{1-h_{ii}}$$

と表すことができる．この結果を $T$ に代入すれば，結局

$$T=\frac{e_i}{s(i)(1-h_{ii})^{1/2}}=t_i$$

が得られる．

**●数学注(3)　(3.20) 式の証明**

$\boldsymbol{d}_i$ は $i$ 番目の要素のみ 1，その他は 0 の $n\times 1$ ベクトルとする．

$$\begin{aligned}\boldsymbol{y}&=\boldsymbol{X}\boldsymbol{\beta}+\boldsymbol{d}_i\beta(i)+\boldsymbol{u}\\&=[X\ \boldsymbol{d}_i]\begin{bmatrix}\boldsymbol{\beta}\\ \beta(i)\end{bmatrix}+\boldsymbol{u}\end{aligned}$$

のパラメータ $\boldsymbol{\beta}$, $\beta(i)$ の最小2乗推定量を求める.

$$\begin{bmatrix} \tilde{\boldsymbol{\beta}} \\ \tilde{\beta}(i) \end{bmatrix} = \left[(\boldsymbol{X}\ \boldsymbol{d}_i)'(\boldsymbol{X}\ \boldsymbol{d}_i)\right]^{-1}[\boldsymbol{X}\ \boldsymbol{d}_i]'\boldsymbol{y}$$

$$= \begin{bmatrix} \boldsymbol{X}'\boldsymbol{X} & \boldsymbol{X}'\boldsymbol{d}_i \\ \boldsymbol{d}_i'\boldsymbol{X} & \boldsymbol{d}_i'\boldsymbol{d}_i \end{bmatrix}^{-1} \begin{bmatrix} \boldsymbol{X}'\boldsymbol{y} \\ \boldsymbol{d}_i'\boldsymbol{y} \end{bmatrix}$$

$$= \begin{bmatrix} \boldsymbol{X}'\boldsymbol{X} & \boldsymbol{x}_i \\ \boldsymbol{x}_i' & 1 \end{bmatrix}^{-1} \begin{bmatrix} \boldsymbol{X}'\boldsymbol{y} \\ Y_i \end{bmatrix}$$

そして, 分割行列の逆行列を用いて

$$\begin{bmatrix} \boldsymbol{X}'\boldsymbol{X} & \boldsymbol{x}_i \\ \boldsymbol{x}_i' & 1 \end{bmatrix}^{-1} = \begin{bmatrix} (\boldsymbol{X}'\boldsymbol{X})^{-1} + (\boldsymbol{X}'\boldsymbol{X})^{-1}\boldsymbol{x}_i(1-h_{ii})^{-1}\boldsymbol{x}_i'(\boldsymbol{X}'\boldsymbol{X})^{-1} & -(\boldsymbol{X}'\boldsymbol{X})^{-1}\boldsymbol{x}_i(1-h_{ii})^{-1} \\ -(1-h_{ii})^{-1}\boldsymbol{x}_i'(\boldsymbol{X}'\boldsymbol{X})^{-1} & (1-h_{ii})^{-1} \end{bmatrix}$$

となる.

$$\begin{bmatrix} \tilde{\boldsymbol{\beta}} \\ \tilde{\beta}(i) \end{bmatrix} = \begin{bmatrix} (\boldsymbol{X}'\boldsymbol{X})^{-1}\boldsymbol{X}'\boldsymbol{y} + (\boldsymbol{X}'\boldsymbol{X})^{-1}\boldsymbol{x}_i(1-h_{ii})^{-1}\boldsymbol{x}_i'(\boldsymbol{X}'\boldsymbol{X})^{-1}\boldsymbol{X}'\boldsymbol{y} - (\boldsymbol{X}'\boldsymbol{X})^{-1}\boldsymbol{x}_i(1-h_{ii})^{-1}Y_i \\ -(1-h_{ii})^{-1}\boldsymbol{x}_i'(\boldsymbol{X}'\boldsymbol{X})^{-1}\boldsymbol{X}'\boldsymbol{y} + (1-h_{ii})^{-1}Y_i \end{bmatrix}$$

ところで

$$(\boldsymbol{X}'\boldsymbol{X})^{-1}\boldsymbol{X}'\boldsymbol{y} = \hat{\boldsymbol{\beta}}$$

$$\boldsymbol{x}_i'(\boldsymbol{X}'\boldsymbol{X})^{-1}\boldsymbol{X}'\boldsymbol{y} = \boldsymbol{x}_i'\hat{\boldsymbol{\beta}} = Y_i - e_i$$

であるから

$$\tilde{\boldsymbol{\beta}} = \hat{\boldsymbol{\beta}} + \frac{(\boldsymbol{X}'\boldsymbol{X})^{-1}\boldsymbol{x}_i(Y_i - e_i)}{1-h_{ii}} - \frac{(\boldsymbol{X}'\boldsymbol{X})^{-1}\boldsymbol{x}_iY_i}{1-h_{ii}}$$

$$= \hat{\boldsymbol{\beta}} - \frac{(\boldsymbol{X}'\boldsymbol{X})^{-1}\boldsymbol{x}_ie_i}{1-h_{ii}}$$

$$= \hat{\boldsymbol{\beta}}(i)$$

$$\tilde{\beta}(i) = \frac{e_i}{1-h_{ii}}$$

が得られる. $\tilde{\boldsymbol{\beta}} = \hat{\boldsymbol{\beta}}(i)$ は例1.1ですでに述べたことでもある.

また (3.17) 式の残差ベクトルを $\tilde{\boldsymbol{e}}$ とすれば

$$\tilde{\boldsymbol{e}}'\tilde{\boldsymbol{e}} = \boldsymbol{e}'\boldsymbol{e} + \frac{\boldsymbol{e}'\boldsymbol{X}(\boldsymbol{X}'\boldsymbol{X})^{-1}\boldsymbol{x}_ie_i}{1-h_{ii}} - \boldsymbol{e}'\boldsymbol{d}_i\left(\frac{e_i}{1-h_{ii}}\right)$$

$$+ \frac{e_i\boldsymbol{x}_i'(\boldsymbol{X}'\boldsymbol{X})^{-1}\boldsymbol{X}'\boldsymbol{e}}{1-h_{ii}} + \frac{e_i\boldsymbol{x}_i'(\boldsymbol{X}'\boldsymbol{X})^{-1}\boldsymbol{x}_ie_i}{(1-h_{ii})^2}$$

$$- \frac{e_i\boldsymbol{x}_i'(\boldsymbol{X}'\boldsymbol{X})^{-1}\boldsymbol{X}'\boldsymbol{d}_ie_i}{(1-h_{ii})^2} - \left(\frac{e_i}{1-h_{ii}}\right)\boldsymbol{d}_i\boldsymbol{e}$$

$$- \frac{e_i\boldsymbol{d}_i'\boldsymbol{X}(\boldsymbol{X}'\boldsymbol{X})^{-1}\boldsymbol{x}_ie_i}{(1-h_{ii})^2} + \left(\frac{e_i}{1-h_{ii}}\right)^2\boldsymbol{d}_i'\boldsymbol{d}_i$$

となる. この式で

$$\boldsymbol{e}'\boldsymbol{X}=\boldsymbol{X}'\boldsymbol{e}=\boldsymbol{0}$$
$$\boldsymbol{e}'\boldsymbol{d}_i=e_i$$
$$\boldsymbol{X}'\boldsymbol{d}_i=\boldsymbol{x}_i,\quad \boldsymbol{d}_i'\boldsymbol{X}=\boldsymbol{x}_i'$$
$$\boldsymbol{d}_i'\boldsymbol{d}_i=1$$

に注意すれば（3.20）式

$$\tilde{\boldsymbol{e}}'\tilde{\boldsymbol{e}}=\boldsymbol{e}'\boldsymbol{e}-\frac{e_i^2}{1-h_{ii}}=(n-k-1)s^2(i)$$

が得られる．

**●数学注(4)　ランキット $\boldsymbol{\mu}_{(i)}$ の計算**

順序化標準正規変数 $Z_{(i)}$ の期待値

$$\mu_{(i)}=E\left[Z_{(i)}\right]$$

はランキットともよばれ，次式で与えられる．

$$\mu_{(i)}=i\binom{n}{i}\int_{-\infty}^{\infty}t\left[\Phi(t)\right]^{i-1}\left[1-\Phi(t)\right]^{n-i}\phi(t)\,dt$$

ここで $\phi(t)$，$\Phi(t)$ はそれぞれ標準正規変数の pdf，cdf である．

$$\mu_{(i)}=-\mu_{(n-i+1)}$$

の関係があるから，たとえば，$n=20$ のとき

$$\mu_{(1)}=-\mu_{(20)}$$
$$\mu_{(2)}=-\mu_{(19)}$$
$$\vdots$$
$$\mu_{(11)}=-\mu_{(10)}$$
$$\mu_{(12)}=-\mu_{(9)}$$

等々となり，$n=20$ のとき $i=1$ から 10，あるいは $i=11$ から 20 までの $\mu_{(i)}$ を求めればよい．日本規格協会『簡約統計数値表』（1991）pp. 26～27 に $i=2(1)50$ の $\mu_{(i)}$ の値が示されている．

正規確率プロットを描きたいとき，その都度 $\mu_{(i)}$ の値を数表から読み取って入力することは面倒であり，$n\geq 51$ のとき $\mu_{(i)}$ の値は数表にない．

以下，十分実用に耐え得る $\mu_{(i)}$ 計算の近似式を示す（$\mu_{(i)}$ の値と近似計算の詳細は蓑谷（2007）pp. 323～326 に示されている）．

$\mu_{(i)}$ の 2 つの近似式は次式である．

(1)　$\Phi^{-1}\left(\dfrac{i-\alpha}{n-2\alpha+1}\right)$

$$\alpha=0.327511+0.058212\log_{10}n-0.007909\ (\log_{10}n)^2$$

(2)　$\Phi^{-1}\left(\dfrac{i-\dfrac{3}{8}}{n+\dfrac{1}{4}}\right)$

計算方法

$n\leq 8$ のとき (1)，$n\geq 9$ で，かつ $i=1$ あるいは $i=n$ のときのみ (2)，

$i=2, \cdots, n-1$ のときは (1)

本書の正規確率プロットはこの近似式によって $\mu_{(i)}$ を求めている．

**●数学注(5)　(3.34) 式の証明**

まず，任意の $k\times 1$ の列ベクトルを $\boldsymbol{x}$，$\boldsymbol{y}$，および $k\times k$ の正値定符号行列を $\boldsymbol{A}$ とするとき

$$(\boldsymbol{x}'\boldsymbol{y})^2\leq(\boldsymbol{x}'\boldsymbol{A}\boldsymbol{x})(\boldsymbol{y}'\boldsymbol{A}^{-1}\boldsymbol{y})$$

が成立することを証明する．

任意のスカラー $t$ および任意の $m\times 1$ ベクトル $\boldsymbol{u}$，$\boldsymbol{v}$ に対して

$$(\boldsymbol{u}+t\boldsymbol{v})'(\boldsymbol{u}+t\boldsymbol{v})\geq 0$$

である．すなわち

$$\boldsymbol{v}'\boldsymbol{v}t^2+2\boldsymbol{u}'\boldsymbol{v}t+\boldsymbol{u}'\boldsymbol{u}\geq 0$$

したがって

$$\text{判別式}=(\boldsymbol{u}'\boldsymbol{v})^2-(\boldsymbol{v}'\boldsymbol{v})(\boldsymbol{u}'\boldsymbol{u})\leq 0$$

すなわち

$$(\boldsymbol{u}'\boldsymbol{v})^2\leq(\boldsymbol{u}'\boldsymbol{u})(\boldsymbol{v}'\boldsymbol{v})\quad\text{（コーシーの不等式）}$$

次に $\boldsymbol{A}$ は正値定符号であるから

$$\boldsymbol{A}=\boldsymbol{Q}'\boldsymbol{Q}$$

となる非特異行列 $\boldsymbol{Q}$ が存在する．

$$\boldsymbol{u}=\boldsymbol{Q}\boldsymbol{x}$$
$$\boldsymbol{v}=\boldsymbol{Q}'^{-1}\boldsymbol{y}$$

とおけば

$$\boldsymbol{u}'\boldsymbol{v}=\boldsymbol{x}'\boldsymbol{Q}'\boldsymbol{Q}'^{-1}\boldsymbol{y}=\boldsymbol{x}'\boldsymbol{y}$$
$$\boldsymbol{u}'\boldsymbol{u}=\boldsymbol{x}'\boldsymbol{Q}'\boldsymbol{Q}\boldsymbol{x}=\boldsymbol{x}'\boldsymbol{A}\boldsymbol{x}$$
$$\boldsymbol{v}'\boldsymbol{v}=\boldsymbol{y}'\boldsymbol{Q}^{-1}\boldsymbol{Q}'^{-1}\boldsymbol{y}=\boldsymbol{y}'(\boldsymbol{Q}'\boldsymbol{Q})^{-1}\boldsymbol{y}=\boldsymbol{y}'\boldsymbol{A}^{-1}\boldsymbol{y}$$

この結果をコーシーの不等式へ代入すれば

$$(\boldsymbol{x}'\boldsymbol{y})^2\leq(\boldsymbol{x}'\boldsymbol{A}\boldsymbol{x})(\boldsymbol{y}'\boldsymbol{A}^{-1}\boldsymbol{y})$$

が得られる．

ところで

$$\left[DFFITS_j(i)\right]^2=\frac{\{\boldsymbol{x}_j'[\hat{\boldsymbol{\beta}}-\hat{\boldsymbol{\beta}}(i)]\}^2}{s^2(i)h_{jj}}$$
$$=\frac{\{\boldsymbol{x}_j'[\hat{\boldsymbol{\beta}}-\hat{\boldsymbol{\beta}}(i)]\}^2}{s^2(i)\boldsymbol{x}_j'(\boldsymbol{X}'\boldsymbol{X})^{-1}\boldsymbol{x}_j}$$

であるから，$\boldsymbol{x}=\boldsymbol{x}_j$, $\boldsymbol{y}=\hat{\boldsymbol{\beta}}-\hat{\boldsymbol{\beta}}(i)$，$\boldsymbol{A}=(\boldsymbol{X}'\boldsymbol{X})^{-1}$ とおくと，上の不等式より

$$\left[DFFITS_j(i)\right]^2\le\frac{[\hat{\boldsymbol{\beta}}-\hat{\boldsymbol{\beta}}(i)]'(\boldsymbol{X}'\boldsymbol{X})[\hat{\boldsymbol{\beta}}-\hat{\boldsymbol{\beta}}(i)]}{s^2(i)}$$

この不等式の右辺へ（3.4）式を代入すれば

$$\frac{[\hat{\boldsymbol{\beta}}-\hat{\boldsymbol{\beta}}(i)]'(\boldsymbol{X}'\boldsymbol{X})[\hat{\boldsymbol{\beta}}-\hat{\boldsymbol{\beta}}(i)]}{s^2(i)}=\frac{e_i\boldsymbol{x}_i'(\boldsymbol{X}'\boldsymbol{X})^{-1}(\boldsymbol{X}'\boldsymbol{X})(\boldsymbol{X}'\boldsymbol{X})^{-1}\boldsymbol{x}_ie_i}{s^2(i)(1-h_{ii})^2}$$
$$=\frac{e_i\boldsymbol{x}_i'(\boldsymbol{X}'\boldsymbol{X})^{-1}\boldsymbol{x}_ie_i}{s^2(i)(1-h_{ii})^2}$$
$$=\frac{h_{ii}e_i^2}{s^2(i)(1-h_{ii})^2}$$
$$=\left[DFFITS_i(i)\right]^2$$

したがって

$$\left|DFFITS_j(i)\right|\le\left|DFFITS_i(i)\right|$$

**●数学注(6)　$\det\{\boldsymbol{X}'(i)\boldsymbol{X}(i)\}=(1-h_{ii})\det(\boldsymbol{X}'\boldsymbol{X})$ の証明**

一般に次の関係が成立する．

$$|\boldsymbol{A}+\alpha\boldsymbol{x}\boldsymbol{y}'|=|\boldsymbol{A}|(1+\alpha\boldsymbol{y}'\boldsymbol{A}^{-1}\boldsymbol{x})$$

ここで $\boldsymbol{A}$ は $k\times k$ の非特異行列，$\alpha$ はスカラー，$\boldsymbol{x}$，$\boldsymbol{y}$ はそれぞれ $k\times 1$ のベクトルである．まずこの関係を証明しておこう．

$$\boldsymbol{A}+\alpha\boldsymbol{x}\boldsymbol{y}'=(\boldsymbol{I}+\alpha\boldsymbol{x}\boldsymbol{y}'\boldsymbol{A}^{-1})\boldsymbol{A}$$

であるから，$\boldsymbol{I}+\boldsymbol{u}\boldsymbol{v}'$（$\boldsymbol{u}$, $\boldsymbol{v}$ はそれぞれ $k\times 1$ のベクトル）の形の行列式を評価すればよい．

$$\begin{bmatrix}1 & \boldsymbol{v}'\\ -\boldsymbol{u} & \boldsymbol{I}\end{bmatrix}\begin{bmatrix}1 & \boldsymbol{0}\\ \boldsymbol{u} & \boldsymbol{I}\end{bmatrix}=\begin{bmatrix}1+\boldsymbol{v}'\boldsymbol{u} & \boldsymbol{v}'\\ \boldsymbol{0} & \boldsymbol{I}\end{bmatrix}$$

$$\det\begin{bmatrix}1 & \boldsymbol{0}\\ \boldsymbol{u} & \boldsymbol{I}\end{bmatrix}=1$$

$$\det\begin{bmatrix}1+\boldsymbol{v}'\boldsymbol{u} & \boldsymbol{v}'\\ \boldsymbol{0} & \boldsymbol{I}\end{bmatrix}=1+\boldsymbol{v}'\boldsymbol{u}$$

したがって

$$\det\begin{bmatrix} 1 & \boldsymbol{v}' \\ -\boldsymbol{u} & \boldsymbol{I} \end{bmatrix} = 1 + \boldsymbol{v}'\boldsymbol{u}$$

他方

$$\begin{bmatrix} 1 & \boldsymbol{0} \\ \boldsymbol{u} & \boldsymbol{I} \end{bmatrix}\begin{bmatrix} 1 & \boldsymbol{v}' \\ -\boldsymbol{u} & \boldsymbol{I} \end{bmatrix} = \begin{bmatrix} 1 & \boldsymbol{v}' \\ \boldsymbol{0} & \boldsymbol{I} + \boldsymbol{u}\boldsymbol{v}' \end{bmatrix}$$

より

$$\det\begin{bmatrix} 1 & \boldsymbol{v}' \\ -\boldsymbol{u} & \boldsymbol{I} \end{bmatrix} = \det(\boldsymbol{I} + \boldsymbol{u}\boldsymbol{v}')$$

ゆえに

$$\det(\boldsymbol{I} + \boldsymbol{u}\boldsymbol{v}') = 1 + \boldsymbol{v}'\boldsymbol{u}$$

この式で $\boldsymbol{u} = \boldsymbol{x}$，$\boldsymbol{v}' = \alpha\boldsymbol{y}'\boldsymbol{A}^{-1}$ とおけば

$$\det(\boldsymbol{I} + \alpha\boldsymbol{x}\boldsymbol{y}'\boldsymbol{A}^{-1}) = 1 + \alpha\boldsymbol{y}'\boldsymbol{A}^{-1}\boldsymbol{x}$$

以上の結果を用いれば次式が得られる.

$$|\boldsymbol{A} + \alpha\boldsymbol{x}\boldsymbol{y}'| = |(\boldsymbol{I} + \alpha\boldsymbol{x}\boldsymbol{y}'\boldsymbol{A}^{-1})\boldsymbol{A}| = |\boldsymbol{A}|(1 + \alpha\boldsymbol{y}'\boldsymbol{A}^{-1}\boldsymbol{x})$$

この定理に $\boldsymbol{A} = \boldsymbol{X}'\boldsymbol{X}$，$\boldsymbol{x} = \boldsymbol{x}_i$，$\boldsymbol{y}' = \boldsymbol{x}_i'$，$\alpha = -1$ とおくと

$$\begin{aligned} \det\left[\boldsymbol{X}'(i)\boldsymbol{X}(i)\right] &= \det(\boldsymbol{X}'\boldsymbol{X} - \boldsymbol{x}_i\boldsymbol{x}_i') \\ &= \det(\boldsymbol{X}'\boldsymbol{X})\left[1 - \boldsymbol{x}_i'(\boldsymbol{X}'\boldsymbol{X})^{-1}\boldsymbol{x}_i\right] \\ &= (1 - h_{ii})\det(\boldsymbol{X}'\boldsymbol{X}) \end{aligned}$$

が得られる.

### ●数学注(7)　(3.64) 式の証明

$$\begin{aligned} \hat{\beta}_j(i) &= \hat{\beta}_j - \left[\hat{\beta}_j - \hat{\beta}_j(i)\right] \\ &= \hat{\beta}_j - \frac{c_{ij}e_i}{1 - h_{ii}} \quad (3.2.3\ 項) \end{aligned}$$

これが (3.64) 式の分子である.

$\boldsymbol{a}_j$ を $j$ 番目の要素のみ 1，その他 0 の $k \times 1$ ベクトルとすると

$$\begin{aligned} q^{jj}(i) &= \boldsymbol{a}_j'\left[\boldsymbol{X}'(i)\boldsymbol{X}(i)\right]^{-1}\boldsymbol{a}_j \\ &= \boldsymbol{a}_j'\left[(\boldsymbol{X}'\boldsymbol{X})^{-1} + \frac{(\boldsymbol{X}'\boldsymbol{X})^{-1}\boldsymbol{x}_i\boldsymbol{x}_i'(\boldsymbol{X}'\boldsymbol{X})^{-1}}{1 - h_{ii}}\right]\boldsymbol{a}_j \\ &= q^{jj} + \frac{\boldsymbol{a}_j'(\boldsymbol{X}'\boldsymbol{X})^{-1}\boldsymbol{x}_i\boldsymbol{x}_i'(\boldsymbol{X}'\boldsymbol{X})^{-1}\boldsymbol{a}_j}{1 - h_{ii}} \\ &= q^{jj} + \frac{c_{ij}^2}{1 - h_{ii}} \quad (3.2.3\ 項) \end{aligned}$$

したがって（3.63）式の分母

$$\hat{\sigma}_j(i) = s(i)\left(q^{jj} + \frac{c_{ij}^2}{1-h_{ii}}\right)^{\frac{1}{2}}$$

となり，以上の結果を（3.63）式の分子，分母に代入すれば（3.64）式が得られる．

**●数学注(8)　(3.66) 式の証明**

$$R^2(i) = 1 - \frac{\sum_{j\neq i} e_j^2(i)}{\sum_{j\neq i}[Y_j - \bar{Y}(i)]^2}$$

は定義である．ここで

$$\begin{aligned}\bar{Y}(i) &= \frac{1}{n-1}\sum_{j\neq i} Y_i = \frac{1}{n-1}\left(\sum_{j=1}^{n} Y_j - Y_i\right)\\ &= \frac{1}{n-1}(n\bar{Y} - Y_i)\end{aligned}$$

である．そして

$$Y_j - \bar{Y}(i) = Y_j - \bar{Y} + \bar{Y} - \bar{Y}(i) = y_j + \bar{Y} - \bar{Y}(i)$$

$$\bar{Y} - \bar{Y}(i) = \bar{Y} - \frac{1}{n-1}(n\bar{Y} - Y_i) = \frac{1}{n-1}(Y_i - \bar{Y}) = \frac{1}{n-1}y_i$$

$$\sum_{j\neq i}^{n}\left[Y_j - \bar{Y}(i)\right]^2 = \sum_{j=1}^{n}\left[Y_j - \bar{Y}(i)\right]^2 - \left[Y_i - \bar{Y}(i)\right]^2$$

$$Y_i - \bar{Y}(i) = Y_i - \frac{1}{n-1}(n\bar{Y} - Y_i) = \frac{n}{n-1}(Y_i - \bar{Y}) = \left(\frac{n}{n-1}\right)y_i$$

したがって

$$\begin{aligned}\sum_{j=1}^{n}\left[Y_j - \bar{Y}(i)\right]^2 &= \sum_{j=1}^{n}\left[y_j + \bar{Y} - \bar{Y}(i)\right]^2 - \left(\frac{n}{n-1}\right)^2 y_i^2\\ &= \sum_{j=1}^{n} y_j^2 + \left(\frac{1}{n-1}\right)^2 n y_i^2 - \left(\frac{n}{n-1}\right)^2 y_i^2\\ &= \sum_{j=1}^{n} y_j^2 - \frac{n}{n-1} y_i^2\end{aligned}$$

他方

$$\begin{aligned}\sum_{j\neq i} e_j^2(i) &= \sum_{j\neq i}\left[Y_j - \boldsymbol{x}_j'\hat{\boldsymbol{\beta}}(i)\right]^2 = (n-k-1)s^2(i) \quad \text{((3.5) 式)}\\ &= \sum_{j=1}^{n} e_j^2 - \frac{e_i^2}{1-h_{ii}} \quad \text{((3.8) 式)}\end{aligned}$$

であるから，以上の結果より（3.66）式が得られる．

# 4

# 外れ値への対処——削除と頑健回帰推定

## 4.1　は　じ　め　に

外れ値，とくに $Y$ 方向の外れ値への対処の仕方に定まった準則はない．

(1)　何もしない．

(2)　平方残差率 $a_i^2$ が $100\times 3/n$ % を超えるすべての外れ値を除いて推定する．

(3)　スチューデント化残差 $|t_i|\geq 2$ のすべての外れ値を除いて推定する．

(4)　推定から除く外れ値を $|t_i|\geq 3$ のみに限定する．

(5)　頑健回帰推定を行う．

等々の対処がある．

外れ値への対処の仕方によって，回帰係数 $\beta_j$ の推定値，$\hat{\beta}_j$ の $t$ 値が異なってくるばかりでなく，不均一分散，定式化ミスや非正規性への影響もあり得る．

$\beta_j$, $\sigma$ の推定値が異なれば

(1)　構造パラメータとしての限界効果 $\partial Y/\partial X_j$ あるいは弾性値 $\partial \log Y/\partial \log X_j$ の数値，したがって $Y$ への影響の大きさ，意味が変わる．

(2)　$Y_i$ の予測区間が変わり，予測精度が異なってくる．

(3)　生存分析においては，生存確率，危険度（死亡率）が異なってくる．

本章は上記（2），（3），（5）を具体例によって説明する．

4.2 節で本章で用いる頑健回帰推定を説明し，具体例により回帰診断と頑健回帰推定を行う．頑健回帰推定は，Collins の $\psi$ 関数を用いる 3 段階 S 推定（3SS）と MM 推定（MM）を適用する．

OLS はすべての残差にウエイト 1 を与える．他方，Collins の $\psi$ 関数は，“正常な”残差にはウエイト 1 を与え，ある値を超える残差はウエイトダウンし，あるいはウエイト 0 にする．OLS と比較するとき，Collins の $\psi$ 関数はどの観測値が

ウエイトダウンしたかが明確になる．したがって本章では Collins の $\psi$ 関数を用いる．

3SS と MM は本節で簡略して説明する．頑健回帰推定の詳細な説明は蓑谷 (2016) を参照されたい．

4.3 節は外れ値削除と予測区間をあつかう．単純回帰モデルで，$X=X_0$ が与えられたときの $E(Y_0)$ および $Y_0$ の予測区間が，全データによるパラメータ推定値，外れ値を除いて推定したパラメータ推定値でどのように変わるかを，例 3.3 の $\log(TBK)$ を例に採り説明する．

4.4 節は，肺がん患者の生存日数のデータを用いて，全データによる推定，$Y$ 方向の外れ値を除いた推定，頑健回帰推定を行い，対数正規分布の仮定のもとで得られる推定結果を分析し，比較する．

4.4.1 項はデータの説明，4.4.2 項で対数正規分布の生存関数と危険度関数の説明，4.4.3 項および 4.4.4 項は全データによる推定と回帰診断である．

4.5 節で $Y$ 方向の外れ値を除いた推定結果（#70，78 削除は 4.5.1 項，#40，70，78 削除は 4.5.2 項）および頑健回帰推定の結果（4.5.3 項）を示す．

4.6 節は外れ値への対処と生存確率および危険度をあつかう．4.6.1 項で，肺がん患者の生存日数のモデルの生存関数と危険度関数を示す．肺がん患者は非打ち切りデータのみの 128 人を分析対象とするが，128 人は 9 ケースに分類される (4.6.2 項)．

9 ケースの生存確率と危険度の計算と特徴を，全データは 4.6.3 項，#40，70，78 削除の場合が 4.6.4 項，頑健回帰推定は 4.6.5 項で示す．

さらに，4.6.6 項で，全データ，#40，70，78 削除，3SS，MM の 4 通りの方法それぞれから，9 ケース別に平均生存日数，中位生存日数，生存確率 0.8 を与える生存日数を求め，外れ値への対処の仕方による相違を明らかにする．

## 4.2　外れ値への対処と頑健回帰推定の例

**▶例 4.1　例 1.2 の丘陵レース**

(1.23) 式を OLS で推定した (1.24) 式の

平方残差率 $a_i^2 > 100\times\dfrac{3}{n}=8.57\%$ は，#18 の 66.03%，#19 の 11.47%

スチューデント化残差 $|t_i|>2$ は，#18 の 8.77，#19 の −2.05

$$h_{ii}>\frac{3k}{n}=0.257 \text{ は，\#7 の 0.501，\#11 の 0.367}$$

であった．$Y$ 方向の外れ値 #18，$X$ 方向の外れ値（高い作用点）#7 がとくに際立っている．図 1.1，図 1.2 の偏回帰作用点プロット，図 2.2 の $LR$ プロットで外れ値の位置関係を確認されたい．**図 4.1** は（$X_3$, $X_2$）の散布図である．この散布図からも，#7 の（$X_3$, $X_2$）=(4.8846, 2.7726) は（$\bar{X}_3$, $\bar{X}_2$）=(0.9501, 1.8304) から大きく乖離，とくに $\bar{X}_3$ から遠く離れていることがわかる．#11 は逆に $\bar{X}_2$ から離れている．例 1.2 で #18 は転記ミスではないかとの疑いを抱いた．

**表 4.1** は，(1.23) 式の全データを用いたとき，#18 削除，#7 削除，#7 と #18 を削除して推定したときの推定結果と検定統計量の値，および Collins の $\psi$ 関数を用いる 3 段階 S 推定（表の 3SS）と MM 推定（表の MM）の頑健回帰推定である．

$i$ 観測値削除の 3 ケースについて主な点を挙げよう．

(i) 3 ケースとも正規性は成立しないが，均一分散，定式化ミスなしの仮定は崩れていない．

(ii) $Y$ 方向の大きな外れ値 #18 を除くと，$\bar{R}^2$ は高くなり，すべての $\hat{\beta}_j$ の $t$ 値は大きくなる．$\hat{\beta}_j$ の値も変わり，log(*DIST*) の係数 $\hat{\beta}_2$ がとくに変化が大きい．

(iii) 高い作用点，Huber の基準でいえば 0.5 を超える危険な #7 を除くと，

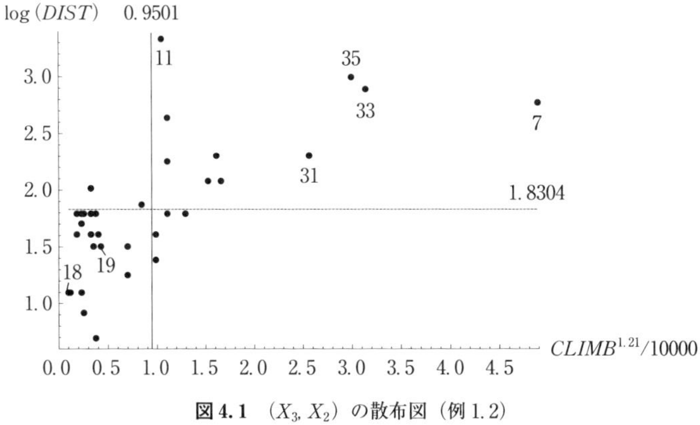


**図 4.1** （$X_3$, $X_2$）の散布図（例 1.2）

**表 4.1**　(1.23) 式の全データ，$i$ 観測値削除，頑健回帰（Collins の $\psi$）推定結果

| 説明変数 | 全データ | #18 削除 | #7 削除 | #7, 18 削除 | 3SS | MM |
|---|---|---|---|---|---|---|
| 定数項 | 2.0948 | 1.8852 | 2.0979 | 1.8919 | 1.8347 | 1.8952 |
| $t$ 値 | 11.48 | 18.45 | 11.21 | 18.14 | 23.24 | 24.04 |
| log ($DIST$) | 0.8227 | 0.9166 | 0.8181 | 0.9062 | 0.9556 | 0.9267 |
| $t$ 値 | 7.09 | 14.31 | 6.60 | 13.32 | 19.84 | 19.04 |
| $CLIMB^{1.21}\times 10^{-4}$ | 0.1987 | 0.1949 | 0.2058 | 0.2113 | 0.1755 | 0.1816 |
| $t$ 値 | 3.02 | 5.44 | 2.30 | 4.35 | 6.88 | 6.83 |
| | | | | | | |
| $\bar{R}^2$ | 0.8283 | 0.9496 | 0.7994 | 0.9411 | 0.9905 | 0.9891 |
| $s$ | 0.2921 | 0.1590 | 0.2967 | 0.1609 | 0.1103 | 0.1166 |
| | | | | | | |
| BP | 2.08040 | 1.85860 | 2.01105 | 1.32177 | 3.47203 | 2.72776 |
| $p$ 値 | 0.353 | 0.395 | 0.366 | 0.516 | 0.324 | 0.436 |
| W | 4.42837 | 2.11174 | 4.38064 | 1.66605 | 27.07460 | 17.78510 |
| $p$ 値 | 0.490 | 0.833 | 0.496 | 0.893 | 0.001 | 0.038 |
| | | | | | | |
| RESET (2) | 0.92250 | $0.70293\times 10^{-3}$ | 0.97235 | $0.34373\times 10^{-4}$ | 0.60551 | 0.57890 |
| $p$ 値 | 0.344 | 0.979 | 0.332 | 0.995 | 0.442 | 0.452 |
| RESET (3) | 1.17434 | 2.05535 | 1.23298 | 2.09246 | 1.08120 | 1.02937 |
| $p$ 値 | 0.323 | 0.146 | 0.306 | 0.142 | 0.352 | 0.370 |
| | | | | | | |
| SW | 0.69806 | 0.92590 | 0.70150 | 0.93429 | 0.97080 | 0.96190 |
| $p$ 値 | 0.000 | 0.024 | 0.000 | 0.046 | 0.466 | 0.261 |
| JB | 290.51300 | 9.79636 | 267.026 | 8.42449 | 0.21278 | 0.67330 |
| $p$ 値 | 0.000 | 0.007 | 0.000 | 0.015 | 0.899 | 0.714 |

$\bar{R}^2$，$t$ 値すべてが低くなる．

(iv)　#7 と #18 を除くと，#18 を除いたときの影響の方が強く反映される．

頑健回帰推定に用いた Collins の $\psi$ 関数は，$\psi(0)=0$，$|u|>r$ のとき再び $\psi(u)=0$ となる次のような奇関数である．OLS は $\psi(u)=u$ である．

$$\psi(u)=\begin{cases} u, & |u|\leq x_0 \\ x_1\tanh\left[\dfrac{1}{2}x_1(r-|u|)\right]\mathrm{sign}(u), & x_0\leq|u|\leq r \\ 0, & |u|>r \end{cases} \tag{4.1}$$

ウエイト関数 $w(u)=\psi(u)/u$ は次式になる．OLS は，すべての $u$ に対して $w(u)=1$ である．

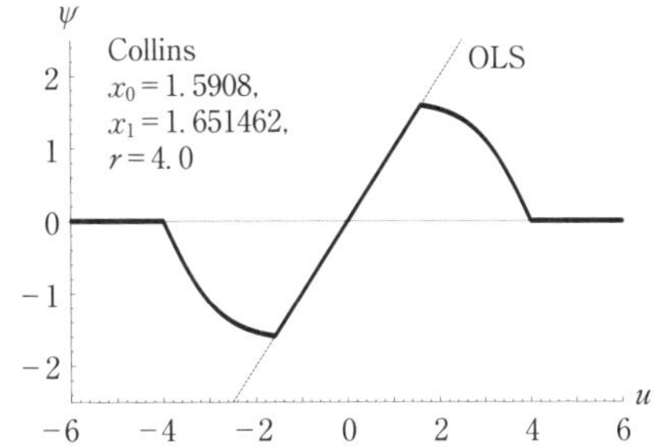


**図 4.2**　Collins の $\psi$ 関数

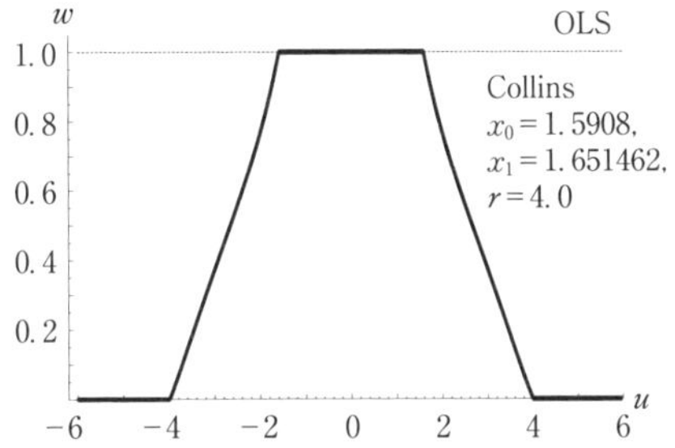


**図 4.3**　Collins のウエイト関数

$$w(u)=\begin{cases}1, & |u|\leq x_0 \\ \dfrac{x_1}{|u|}\tanh\left[\dfrac{1}{2}x_1(r-|u|)\right], & x_0\leq |u|\leq r \\ 0, & |u|>r\end{cases} \tag{4.2}$$

$x_0$, $x_1$, $r$ は調整定数 tuning constant とよばれる．**図 4.2** は $\psi$ 関数，**図 4.3** はウエイト関数のグラフであり，$x_0=1.5908$, $x_1=1.651462$, $r=4.0$ のケースである．OLS の $\psi$ 関数，ウエイト関数も比較のために示されている．$u$ の標本対応は規準化残差

$$\hat{u}_i=\frac{\hat{\varepsilon}_i}{\hat{\sigma}}$$

である．ここで $\boldsymbol{b}$ を $\boldsymbol{\beta}$ の何らかの方法による推定量ベクトルとすると

$$\hat{\varepsilon}_i=Y_i-\boldsymbol{x}_i'\boldsymbol{b},\quad i=1,\cdots,n$$
$$\hat{\sigma}=\sigma \text{ の頑健推定量}$$

である．

3SS では第 1 段階の LMS（最小メディアン 2 乗法）の残差 $\hat{\varepsilon}_i$ から

$$\mathrm{MAD}=\mathrm{median}\,|\hat{\varepsilon}_i-M|$$

$$M=\underset{j}{\mathrm{median}}\,(\hat{\varepsilon}_j)$$

を求め

$$s_0=\frac{\mathrm{MAD}}{0.6745}$$

を初期値にして

$$\hat{\sigma}^2=\frac{1}{(n-k)E_{\Phi}(\rho)}\sum_{i=1}^{n}\left[\rho(\hat{\varepsilon}_i/s_0)\right]s_0^2 \tag{4.3}$$

を求めている．$\rho(\cdot)$ は Collins の損失関数であり，$\rho'=\psi$ の関係である．$E_{\Phi}(\rho)$ は標準正規分布のもとでの $\rho$ の期待値である．

MM 推定においては，$\sigma$ の $M$ 推定値

$$\hat{\sigma}_M=\frac{\sqrt{n}\,(c\mathrm{MAD})\left|\sum_{i=1}^{n}\psi^2(v_i)\right|^{\frac{1}{2}}}{\left|\sum_{i=1}^{n}\psi'(v_i)\right|}$$

$$v_i=\frac{\hat{\varepsilon}_i-M}{c\mathrm{MAD}},\quad c=6.0$$

を $\hat{\sigma}$ としている．

Collins のウエイト関数からわかるように，$|u|\leq x_0$ のときウエイト 1，$x_0\leq|u|\leq r$ のときウエイトダウン，$|u|>r$ のときウエイト 0 となり，$r$ を超える $|u|$ の観測値は排除される．

調整定数の値は，3SS，MM とも第 2 段階は，崩壊点 50% を与える

$$x_0=0.5005,\quad x_1=1.044428,\quad r=1.5.$$

第 3 段階は，(1.23) 式の誤差項が正規分布のときにも，漸近的有効性 95% を与える値（図 4.2，図 4.3 の調整定数の値）に設定した．

(i)　3SS および MM 推定のウエイトは**表 4.2** に示されている．3SS，MM とも #18 のウエイト 0，スチューデント化残差 $t_i=-2.05$ の #19 のウエイトダウンも大きい．3SS の #22 を除き，ウエイトダウンする観測値は 3SS，MM とも同じである．高い作用点 #7，11 のウエイトダウンはない．

(ii)　頑健回帰の最終段階は表 4.2 のウエイトによる加重回帰であるから，表 4.1 の他のケースとは被説明変数，説明変数の値は異なっている．加重変数によ

表 4.2 頑健回帰推定のウエイト

| $i$ | 3SS | MM | $i$ | 3SS | MM | $i$ | 3SS | MM |
|---|---|---|---|---|---|---|---|---|
| 1 | 1 | 1 | 13 | 1 | 1 | 25 | 1 | 1 |
| 2 | 1 | 1 | 14 | 0.74355 | 0.95606 | 26 | 1 | 1 |
| 3 | 1 | 1 | 15 | 1 | 1 | 27 | 1 | 1 |
| 4 | 1 | 1 | 16 | 1 | 1 | 28 | 1 | 1 |
| 5 | 1 | 1 | 17 | 1 | 1 | 29 | 1 | 1 |
| 6 | 0.78339 | 0.99365 | 18 | 0 | 0 | 30 | 0.51222 | 0.44224 |
| 7 | 1 | 1 | 19 | 0.14430 | 0.06638 | 31 | 1 | 1 |
| 8 | 1 | 1 | 20 | 1 | 1 | 32 | 1 | 1 |
| 9 | 1 | 1 | 21 | 1 | 1 | 33 | 1 | 1 |
| 10 | 1 | 1 | 22 | 0.72174 | 1 | 34 | 1 | 1 |
| 11 | 1 | 1 | 23 | 1 | 1 | 35 | 1 | 1 |
| 12 | 0.64402 | 0.93308 | 24 | 0.13890 | 0.55483 | | | |

る回帰の正規性は成立しているが，W テストによると不均一分散である．

(iii) $\beta_j$ の推定値は，#18 のウエイト 0 以外に，3SS は 7 個，MM は 6 個のウエイトダウンがあるから，他のケースとは，すべて異なっている．

(1.24) 式で，#18 は転記ミスと考えられ，$\hat{\beta}_1$, $\hat{\beta}_2$ への影響点であり（例 3.1），*DFFITS*，クックの *D* などの統計量すべてが影響点であることを示し（例 3.6），#18 を除くと *COVRATIO*, *FVARATIO* も小さくなり（例 3.7），$\hat{\beta}_j$ の $t$ 値も $\bar{R}^2(i)$ も大きくなる．#18 を削除したケース，あるいは頑健回帰推定を採用した方がよい．

### ▶例 4.2 例 2.2 の配達時間

例 2.2 (2.15) 式の全データ，#11 削除，#9 と 22 削除，#9, 11, 22 削除および Collins の $\psi$ 関数による頑健回帰推定 3SS，MM 推定の結果が**表 4.3** である．

#11 は平方残差率 $a_i^2$，スチューデント化残差 $t_i$ が，それぞれ 20.30%（>100 ×3/$n$=12%），2.50 の $Y$ 方向の外れ値である．#9 は $h_{ii}$=0.8311，#22 は $h_{ii}$= 0.5154 と，ともに $3k/n$=0.36 を超える高い作用点である（表 2.3）．*LR* プロットは図 2.3 に示されている．

#11 は (2.16) 式の $\hat{\beta}_2$, $\hat{\beta}_3$ への影響点であり（表 3.2），*DFFITS*，クックの *D*, *C*, *WL* も #11 のみを影響点として検出する（表 3.10）．#11 のみが *COVRATIO*，*FVARATIO* を小さくする（表 3.11）．

高い作用点 #9, 22 は (2.16) 式の $\hat{\beta}_j$ への影響点ではない．#9, 22 を除くと

**表 4.3**　(2.15) 式の全データ，$i$ 観測値削除，頑健回帰（Collins の $\psi$）推定結果

| 説明変数 | 全データ | #11 削除 | #9, 22 削除 | #9, 11, 22 削除 | 3SS | MM |
|---|---|---|---|---|---|---|
| 定数項 | 6.2879 | 6.5382 | 6.3832 | 7.4766 | 5.8340 | 6.5101 |
| $t$ 値 | 7.21 | 8.27 | 5.66 | 7.22 | 7.1 | 8.12 |
| *CASE* | 1.4196 | 1.3427 | 1.4098 | 1.2104 | 1.4459 | 1.3670 |
| $t$ 値 | 11.23 | 11.41 | 7.60 | 7.00 | 10.65 | 11.60 |
| $DIST^{2.069}\times 10^{-5}$ | 0.8588 | 0.9057 | 0.8445 | 0.8470 | 1.3034 | 0.8929 |
| $t$ 値 | 7.17 | 8.28 | 3.64 | 4.27 | 6.50 | 8.10 |
| $\bar{R}^2$ | 0.9773 | 0.9813 | 0.9002 | 0.8893 | 0.9663 | 0.9801 |
| $s$ | 2.3415 | 2.1046 | 2.4541 | 2.0982 | 1.6210 | 2.1301 |
| BP | 0.65219 | 0.06465 | 8.98059 | 1.67070 | 2.19730 | 4.98070 |
| $p$ 値 | 0.722 | 0.968 | 0.011 | 0.434 | 0.532 | 0.173 |
| W | 9.97830 | 5.87398 | 13.90590 | 7.55302 | 18.73940 | 12.72090 |
| $p$ 値 | 0.076 | 0.318 | 0.016 | 0.183 | 0.028 | 0.176 |
| RESET(2) | 0.02638 | 0.71715 | $0.39096\times 10^{-2}$ | 0.66457 | 6.32769 | 0.03253 |
| $p$ 値 | 0.873 | 0.407 | 0.998 | 0.426 | 0.020 | 0.859 |
| RESET(3) | 0.01535 | 0.34266 | $0.24013\times 10^{-2}$ | 1.01150 | 4.51093 | 0.30685 |
| $p$ 値 | 0.985 | 0.714 | 0.998 | 0.385 | 0.024 | 0.739 |
| SW | 0.96514 | 0.95337 | 0.96460 | 0.95181 | 0.97865 | 0.94088 |
| $p$ 値 | 0.526 | 0.320 | 0.562 | 0.343 | 0.857 | 0.155 |
| JB | 0.36069 | 1.05876 | 0.59205 | 1.32333 | 0.15711 | 1.16360 |
| $p$ 値 | 0.835 | 0.589 | 0.744 | 0.516 | 0.924 | 0.559 |

*COVRATIO*, *FVARATIO* は大きくなり，モデルの適合度は低くなる（表 3.11）.

回帰診断と影響分析で明らかになった以上のことを念頭におき，表 4.3 の主な点を記す.

(i)　#11 を除くと，わずかではあるが，$\bar{R}^2$ も $\hat{\beta}_j$ の $t$ 値も高くなる．逆に，高い作用点 #9 と #22 を除くと $\bar{R}^2$ も $t$ 値も少し小さくなる．とくに，$\hat{\beta}_3$ の $t$ 値は 7.17 から 3.64 まで低下する.

(ii)　#9, 11, 22 を削除すると，$\bar{R}^2$ はどのケースよりも小さくなり，$\hat{\beta}_1$, $\hat{\beta}_2$ の変化が全データのケースとくらべ大きい.

(iii)　3SS の定式化ミスを除き，均一分散，定式化ミスなし，正規性はどのケースも成立している.

(iv)　3SS と MM のウエイトが**表 4.4** である．(2.15) 式に対する 3SS と MM はかなりウエイトが異なり，$\beta_j$ の推定値の相違も大きい．$Y$ 方向の外れ値 #11 のウエイトは，MM は 0.35791 まで小さくなるが，3SS はウエイトダウンしない.

表 4.4 頑健回帰推定のウエイト

| $i$ | 3SS | MM | $i$ | 3SS | MM | $i$ | 3SS | MM |
|---|---|---|---|---|---|---|---|---|
| 1 | 0.19703 | 0.77704 | 10 | 1 | 1 | 19 | 1 | 1 |
| 2 | 1 | 1 | 11 | 1 | 0.35791 | 20 | 0 | 0.97515 |
| 3 | 1 | 1 | 12 | 1 | 1 | 21 | 1 | 1 |
| 4 | 0.82471 | 1 | 13 | 1 | 1 | 22 | 0 | 1 |
| 5 | 1 | 1 | 14 | 1 | 1 | 23 | 0.58644 | 1 |
| 6 | 1 | 1 | 15 | 1 | 1 | 24 | 0.07147 | 0.94914 |
| 7 | 1 | 1 | 16 | 0.27378 | 1 | 25 | 1 | 1 |
| 8 | 1 | 1 | 17 | 1 | 1 | | | |
| 9 | 0 | 1 | 18 | 0.98352 | 1 | | | |

高い作用点 #9, 22 のウエイトは，3SS が 0 となるが，MM は 2 個ともウエイト 1 である．#9, 11, 22 以外にもウエイトダウンの値，ウエイトダウンする観測値が 3SS と MM では異なり，この相違は $\beta_j$ の推定値に現れている．

頑健回帰推定の 3SS と MM の相違は大きく，#11 の $t_i=2.50$ も際立って大きな値ではないから，統計的観点のみから言えば，(2.15) 式は全データのケースで良い．

### ▶例 4.3　例 3.14，肝臓手術後の生存時間

例 3.14，(3.74) 式で

平方残差率 $a_i^2$ が $100\times 3/n=5.56\%$ を超えるのは

#18, 7.32%,　#22, 12.74%,　#27, 12.76%,　#32, 14.29%

スチューデント化残差 $|t_i|>2$ は

#18, −2.10,　#22, 2.89%,　#27, 2.69,　#32, 3.35

である．

$h_{ii}$ が $3k/n=0.3333$ を超えるのは

#38, 0.6035,　#43, 0.5261

の 2 個で，いずれも 0.5 より大きい．

(3.74) 式の $LR$ プロットは図 3.21 に示されている．#32 の $h_{ii}=0.2570$ は $2k/n=0.2222$ も超え，$X$, $Y$ 両方向の外れ値でもある．

#22, 38 はすべての $\hat{\beta}_j$

#32 は $\hat{\beta}_4$ 以外のすべての $\hat{\beta}_j$

#18 は $\hat{\beta}_4$ と $\hat{\beta}_5$ を除くその他の $\hat{\beta}_j$

に対する影響点である（表 3.20）.

*DFFITS*, クックの *D*, *C* および *WL* はすべて, #18, 22, 28, 32, 38 を影響点として検出する. いずれも *X* あるいは *Y* 方向の外れ値である（表 3.21）.

$t$ 値の変化 $DFTSTAT_j(i)$ は

$$j=1 \text{ のとき } i=22$$
$$j=2,\ 6 \text{ のとき } i=32$$
$$j=3,\ 5 \text{ のとき } i=38$$

**表 4.5**　(3.73) 式の全データ, $i$ 観測値削除, 頑健回帰（Collins の $\psi$）推定結果

| 説明変数 | 全データ | #32 削除 | #38, 43 削除 | #32, 38, 43 削除 | 3SS | MM |
|---|---|---|---|---|---|---|
| log (*CLOT*) | 0.8256 | 0.7962 | 0.8566 | 0.8502 | 0.9478 | 0.9322 |
| $t$ 値 | 12.35 | 12.98 | 11.99 | 14.1 | 43.51 | 39.84 |
| log (*PROG*) | −0.3074 | −0.4034 | −0.4159 | −0.6899 | −0.6996 | −0.7124 |
| $t$ 値 | −3.07 | −4.23 | −2.90 | −5.08 | −13.39 | −12.50 |
| log (*ENZ*) | 0.7177 | 0.7938 | 0.7955 | 1.0060 | 0.9723 | 0.9914 |
| $t$ 値 | 9.94 | 11.43 | 7.44 | 9.86 | 24.27 | 22.84 |
| $LIV^2$ | −0.03373 | −0.03249 | −0.03263 | −0.02651 | −0.04710 | −0.04519 |
| $t$ 値 | −4.62 | −4.89 | −3.25 | −3.09 | −11.64 | −10.32 |
| *ENZ*・*LIV* | $0.3148\times10^{-2}$ | $0.2969\times10^{-2}$ | $0.2928\times10^{-2}$ | $0.2273\times10^{-2}$ | $0.3349\times10^{-2}$ | $0.3183\times10^{-2}$ |
| $t$ 値 | 6.30 | 6.50 | 4.54 | 4.03 | 13.73 | 12.22 |
| *PROG* log (*PROG*) | $0.5410\times10^{-2}$ | $0.5932\times10^{-2}$ | $0.5782\times10^{-2}$ | $0.6976\times10^{-2}$ | $0.6722\times10^{-2}$ | $0.6792\times10^{-2}$ |
| $t$ 値 | 10.44 | 11.96 | 9.24 | 11.77 | 30.43 | 28.78 |
| $\bar{R}^2$ | 0.9672 | 0.9724 | 0.9660 | 0.9750 | 0.9998 | 0.9998 |
| $s$ | 0.1143 | 0.1038 | 0.1147 | 0.0968 | 0.0315 | 0.0350 |
| BP | 11.60220 | 3.33912 | 12.18612 | 1.14993 | 5.99753 | 8.70290 |
| $p$ 値 | 0.071 | 0.765 | 0.058 | 0.979 | 0.423 | 0.191 |
| W | 33.69290 | 24.63090 | 34.51757 | 22.65801 | 44.62530 | 46.12450 |
| $p$ 値 | 0.175 | 0.595 | 0.152 | 0.703 | 0.018 | 0.012 |
| RESET (2) | 3.03423 | 7.72016 | 1.43438 | 0.26907 | 0.79044 | $0.41237\times10^{-2}$ |
| $p$ 値 | 0.088 | 0.008 | 0.237 | 0.607 | 0.378 | 0.949 |
| RESET (3) | 1.49285 | 6.61893 | 0.75490 | 1.68373 | 1.81277 | 1.41342 |
| $p$ 値 | 0.235 | 0.003 | 0.476 | 0.198 | 0.175 | 0.254 |
| SW | 0.93749 | 0.95548 | 0.91639 | 0.93038 | 0.97053 | 0.98186 |
| $p$ 値 | 0.007 | 0.047 | 0.001 | 0.005 | 0.203 | 0.583 |
| JB | 8.77634 | 6.26811 | 16.69360 | 14.18946 | 0.03684 | $0.33525\times10^{-2}$ |
| $p$ 値 | 0.012 | 0.044 | 0.000 | 0.001 | 0.982 | 0.998 |
| $\eta_2$ | 0.826 | 0.796 | 0.857 | 0.850 | 0.948 | 0.932 |
| $\eta_3$ | 1.467 | 1.543 | 1.481 | 1.599 | 1.506 | 1.516 |
| $\eta_4$ | 1.411 | 1.448 | 1.441 | 1.507 | 1.711 | 1.693 |
| $\eta_5$ | 0.115 | 0.0966 | 0.0851 | 0.0457 | −0.0705 | −0.0743 |

$$j=4 \text{ のとき } i=43$$

において，絶対値で最大の変化をする（表 3.22）.

$\bar{R}^2(i)$ は，#32 を除いたとき最大の値 0.9724 となる（図 3.22）.

**表 4.5** は（3.73）式の全データ，#32 削除，高い作用点のみ #38, 43 削除，#32, 38, 43 削除のケースと，Collins の $\psi$ 関数による 3 段階 S 推定（3SS）および MM 推定（MM）である.

#32 を除くと，$\bar{R}^2$，すべての $\hat{\beta}_j$ の $t$ 値が，少しであるが大きくなる．しかし，定式化ミスになる.

逆に，高い作用点 #38, 43 を除くと，全データとくらべて，$\bar{R}^2$，すべての $\hat{\beta}_j$ の $t$ 値は若干小さくなるが，定式化ミスは生じない.

#32, 38, 43 を除くと，$\bar{R}^2$ は高くなり，$\hat{\beta}_j$，$\hat{\beta}_j$ の $t$ 値もかなり変化する．したがって弾力性も $\hat{\beta}_j$，$j=2, 3, 4$ も大きく，$\eta_5$ は 0.0457 へと変化する.

頑健回帰推定においては，**表 4.6** に示したように，外れ値と判断されて，ウエイトが 0 あるいはほとんど 0 近くまでダウンする観測値は多く，3SS，MM とも

#9，17，22，23，27，28，30，32，38，39，43

の 11 個にもなる．高い作用点でもなく，$Y$ 方向の外れ値として検出されなかっ

**表 4.6**（2.15）式の頑健回帰推定ウエイト

| $i$ | 3SS | MM | $i$ | 3SS | MM | $i$ | 3SS | MM |
|---|---|---|---|---|---|---|---|---|
| 1 | 1 | 1 | 19 | 1 | 1 | 37 | 1 | 1 |
| 2 | 1 | 1 | 20 | 1 | 1 | 38 | 0 | 0 |
| 3 | 1 | 1 | 21 | 1 | 1 | 39 | 0 | 0.011667 |
| 4 | 1 | 1 | 22 | 0 | 0 | 40 | 1 | 1 |
| 5 | 0.82291 | 1 | 23 | 0 | 0 | 41 | 1 | 1 |
| 6 | 0.96404 | 0.85577 | 24 | 1 | 1 | 42 | 1 | 1 |
| 7 | 1 | 1 | 25 | 1 | 1 | 43 | 0 | 0 |
| 8 | 1 | 1 | 26 | 1 | 1 | 44 | 1 | 1 |
| 9 | 0 | 0 | 27 | 0 | 0 | 45 | 0.25427 | 0.55697 |
| 10 | 1 | 1 | 28 | 0 | 0 | 46 | 0.42642 | 0.64310 |
| 11 | 1 | 1 | 29 | 1 | 1 | 47 | 1 | 1 |
| 12 | 1 | 1 | 30 | 0 | 0.0010502 | 48 | 1 | 1 |
| 13 | 0.50480 | 0.97566 | 31 | 0.36737 | 0.93068 | 49 | 1 | 1 |
| 14 | 1 | 1 | 32 | 0 | 0 | 50 | 1 | 1 |
| 15 | 1 | 1 | 33 | 1 | 1 | 51 | 1 | 1 |
| 16 | 1 | 1 | 34 | 1 | 1 | 52 | 1 | 1 |
| 17 | 0 | 0 | 35 | 1 | 1 | 53 | 1 | 1 |
| 18 | 1 | 1 | 36 | 1 | 1 | 54 | 1 | 1 |

た観測点も含まれている.

この 3SS, MM とも採用できないのは, $\eta_5$ が負になり, 肝臓機能テストの評点が高くなると, 生存時間を短くする弾力性ということはあり得ないからである. さらに $\eta_5$ は $\eta_{5i}$ の標本平均であり, $n=54$ と大標本であるから, 期待値 $E(\eta_5)$, 標準偏差 $SD_5/\sqrt{n}$ ($SD_5$ は $\eta_{5i}$ の標本標準偏差) の正規分布近似を用いると, 3SS, MM の $E(\eta_5)$ の 95% 信頼区間はそれぞれ次のようになる.

$$\text{3SS}\quad \eta_5 \pm 1.96\frac{SD_5}{\sqrt{n}} = -0.0715 \pm 1.96\frac{0.34822}{\sqrt{54}}$$

すなわち (−0.1634, 0.0224)

$$\text{MM}\quad -0.0743 \pm 1.96\frac{0.33584}{\sqrt{54}}$$

すなわち (−0.1639, 0.0153)

したがって, $H_0 : E(\eta_5)=0$ は棄却されず, 0 と有意に異ならない.

例 3.14 に関しては (3.73) 式以外に別の定式化が多く存在する (たとえば蓑谷 (2016) 例 4.6). (3.73) 式の定式化のときは表 4.6 の #32, 38, 43 削除のケースを採用した方がよいかも知れない. #32 は平方残差率 $a_i^2$, スチューデント化残差 $t_i$ が一番大きく, #38, 43 は $h_{ii}$ が 0.5 を超え, Huber の基準では "避けた方がよい" 観測値である.

肝臓機能テストの評点の生存時間への寄与は小さいので, この変数を除いた定式化のひとつの例を次に示す.

### ▶例 4.4　肝臓手術後の生存時間 ── 別のモデル

(3.73) 式とは異なる定式化を行う. 次のモデルである.

$$\begin{aligned}\log(TIME)_i &= \gamma_1 \log(CLOT)_i + \gamma_2 \log(ENZ)_i \\ &\quad + \gamma_3\left[PROG\cdot\log(PROG)\right]_i \\ &\quad + \gamma_4\left[ENZ\cdot\log(ENZ)\right]_i + \varepsilon_i \end{aligned} \tag{4.4}$$

上式の推定結果は**表 4.7** の全データの列である. $\bar{R}^2=0.9774$ は (3.74) 式の 0.9672 より高い. 均一分散, 定式化ミスなしは成立しているが, $\varepsilon$ はやはり非正規である.

全データによる推定の $LR$ プロットは**図 4.4** である. 平方残差率 $a_i^2$ が, 100×

**表 4.7** (4.4) 式の全データ，$i$ 観測値削除，頑健回帰（Collins の $\psi$）推定結果

| 説明変数 | 全データ | #22 削除 | #38 削除 | #22, 38 削除 | 3SS | MM |
|---|---|---|---|---|---|---|
| $\log(CLOT)$ | 0.9274 | 0.9839 | 0.9281 | 0.9825 | 0.9942 | 0.9925 |
| $t$ 値 | 20.47 | 25.32 | 20.87 | 25.59 | 109.99 | 118.83 |
| $\log(ENZ)$ | 0.2721 | 0.2397 | 0.2688 | 0.2385 | 0.2060 | 0.2078 |
| $t$ 値 | 9.13 | 9.47 | 9.17 | 9.54 | 35.02 | 38.08 |
| $PROG\log(PROG)$ | $0.4433\times10^{-2}$ | $0.4309\times10^{-2}$ | $0.4545\times10^{-2}$ | $0.4395\times10^{-2}$ | $0.4444\times10^{-2}$ | $0.4433\times10^{-2}$ |
| $t$ 値 | 28.77 | 33.43 | 27.54 | 31.43 | 139.94 | 145.46 |
| $ENZ\log(ENZ)$ | $0.3383\times10^{-2}$ | 0.3582 | $0.3323\times10^{-2}$ | $0.3531\times10^{-2}$ | $0.3826\times10^{-2}$ | $0.3823\times10^{-2}$ |
| $t$ 値 | 19.06 | 23.72 | 18.69 | 23.09 | 106.04 | 114.52 |
| $\bar{R}^2$ | 0.9774 | 0.9851 | 0.9786 | 0.9856 | 0.9999 | 0.9999 |
| $s$ | 0.0947 | 0.0778 | 0.0930 | 0.0768 | 0.0159 | 0.0146 |
| BP | 4.51469 | 1.95712 | 5.15340 | 1.78838 | 3.22336 | 4.63360 |
| $p$ 値 | 0.341 | 0.744 | 0.272 | 0.775 | 0.521 | 0.327 |
| W | 22.13171 | 7.61133 | 21.84460 | 7.26431 | 41.61640 | 40.07650 |
| $p$ 値 | 0.076 | 0.909 | 0.082 | 0.924 | 0.000 | 0.000 |
| RESET (2) | 1.09600 | 2.15546 | 0.21606 | 0.93981 | 11.59440 | 21.00960 |
| $p$ 値 | 0.300 | 0.149 | 0.644 | 0.337 | 0.010 | 0.000 |
| RESET (3) | 0.64510 | 1.10907 | 0.12452 | 0.46934 | 5.86481 | 17.34780 |
| $p$ 値 | 0.529 | 0.338 | 0.883 | 0.628 | 0.000 | 0.000 |
| SW | 0.80041 | 0.80139 | 0.81087 | 0.78059 | 0.95578 | 0.95454 |
| $p$ 値 | 0.000 | 0.000 | 0.000 | 0.000 | 0.045 | 0.039 |
| JB | 70.58313 | 52.39942 | 66.25615 | 63.44761 | 3.02839 | 2.50428 |
| $p$ 値 | 0.000 | 0.000 | 0.000 | 0.000 | 0.220 | 0.286 |
| $\eta_2$ | 0.927 | 0.984 | 0.928 | 0.983 | 0.994 | 0.993 |
| $\eta_3$ | 1.454 | 1.406 | 1.483 | 1.437 | 1.458 | 1.454 |
| $\eta_4$ | 1.677 | 1.730 | 1.651 | 1.704 | 1.795 | 1.796 |

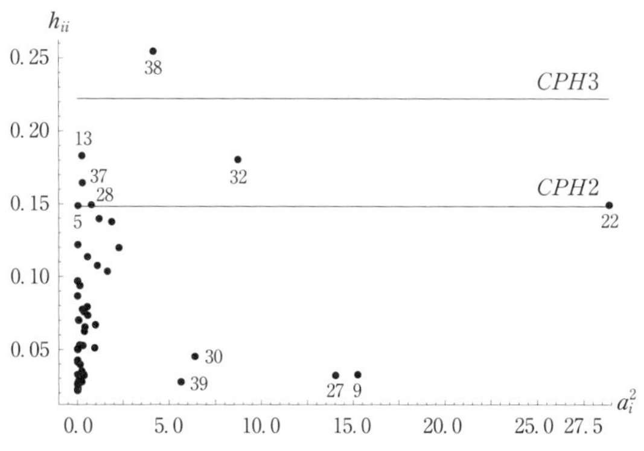


**図 4.4** $LR$ プロット（(4.4) 式全データ）

$3/n=5.56\%$ を超えるのは，大きい順に

#22, 28.88%,　#9, 15.24%,　#27, 14.03%

#32, 8.72%,　#30, 6.39%,　#39, 5.65%

の6個である．

スチューデント化残差 $|t_i|\geq 2$ は，大きい順に

#22, 5.02,　#9, −3.03,　#27, 2.88,　#32, 2.42

の4個である．

$h_{ii}$ が $3k/n=0.2222$ を超えるのは，#38 の 0.2547 のみである．

$2k/n=0.1481<h_{ii}<\dfrac{3k}{n}=0.2222$ は，大きい順に

#13, 0.1830,　#32, 0.1805,　#37, 0.1645

#28, 0.1493,　#22, 0.1491,　#5, 0.1487

である．

$Y$ 方向の外れ値として #22，高い作用点は #38 であり，#38 の $h_{ii}=0.2547$ は，Huber の基準からは“危険”になる．

(1)　*DFBETAS*

*DFBETAS* の切断点 0.27217 を絶対値で超える影響点は

| | | | | |
|---|---|---|---|---|
| $\hat{\gamma}_1$ に対して， | #22, | −1.51790, | #32, | 0.74844 |
| $\hat{\gamma}_2$ に対して， | #18, | −0.38206, | #22, | 1.32081 |
| $\hat{\gamma}_3$ に対して， | #22, | 0.98090, | #27, | −0.28562 |
| | #32, | −0.31933, | #38, | −0.74466 |
| $\hat{\gamma}_4$ に対して， | #9, | −0.33701, | #18, | 0.38650 |
| | #22, | −1.35981, | #32, | −0.34224 |

である．

$Y$ 方向の外れ値 #22 はすべての $\hat{\gamma}_j$ に対して影響点であり，#22 を除くと，$\hat{\gamma}_1$, $\hat{\gamma}_4$ は大きく，$\hat{\gamma}_2$, $\hat{\gamma}_3$ は小さくなる．

#32 の，それほど大きな外れ値ではないが，$X$, $Y$ 両方向の外れ値も，$\hat{\gamma}_1$, $\hat{\gamma}_3$, $\hat{\gamma}_4$ への影響点である．

(4.4) 式の log(*TIME*) を 1，説明変数を順に 2, 3, 4, 5 とし

$$Rijkl=\text{変数 } i \text{ の } j, k, l \text{ への線形回帰の残差}$$

とすると

$$R1234 = b_4 R5234$$

の係数 $b_4$ は $\hat{\gamma}_4$ に等しい．**図 4.5** はこの偏回帰作用点プロットであり，直線の勾配は $b_4 = \hat{\gamma}_4 = 0.3383 \times 10^{-2}$ である．$R1234_i$ の直線からの乖離は，全データによる推定式の OLS 残差に等しい．

(2)　*DFFITS*，クックの *D* 他

切断点と影響点の判断基準は次のとおりである．

$|DFFITS| > 0.5657$,　クックの $D > 0.07614$（(3.44) 式の $F_\alpha = F_{0.05} = 4.03839$ のとき，$F_{0.01} = 7.18214$ のとき切断点は 0.12784 であるが，この例では 0.07614 を使用）

$C > 2.0$,　$WL > 4.2798$,　$1 - AP < 0.8056$

この 5 個の検定統計量はすべて #22, 32, 38 を影響点として検出する．統計量の値は**表 4.8** に示した．**図 4.6** は $DFFITS_i(i)$ のグラフである．

(3)　*COVRATIO*, *FVARATIO*

$COVRATIO < 0.7778$ あるいは $COVRATIO > 1.2222$ が，*COVRATIO* の影響

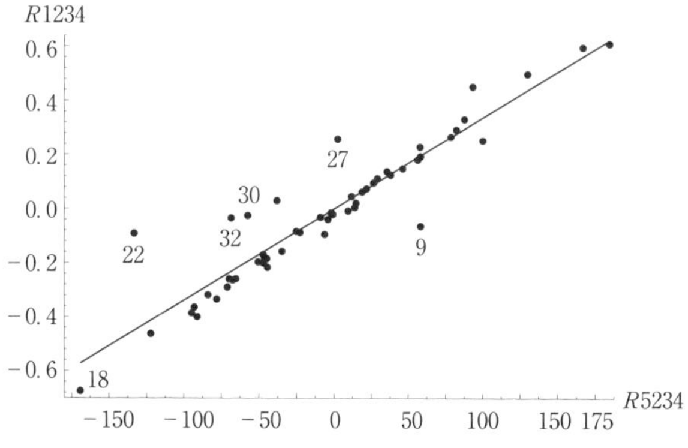


**図 4.5**　偏回帰作用点プロット（(4.4) 式，$\hat{\gamma}_4$）

**表 4.8**　(4.4) 式，全データ推定結果の影響点

| 検定統計量 | #22 | #32 | #38 |
|---|---|---|---|
| *DFFITS* | 2.1001 | 1.1338 | 0.9954 |
| クックの *D* | 0.7432 | 0.2930 | 0.2386 |
| *C* | 7.4250 | 4.0085 | 3.5193 |
| *WL* | 16.5742 | 9.1176 | 8.3939 |
| $1 - AP$ | 0.5621 | 0.7323 | 0.7037 |

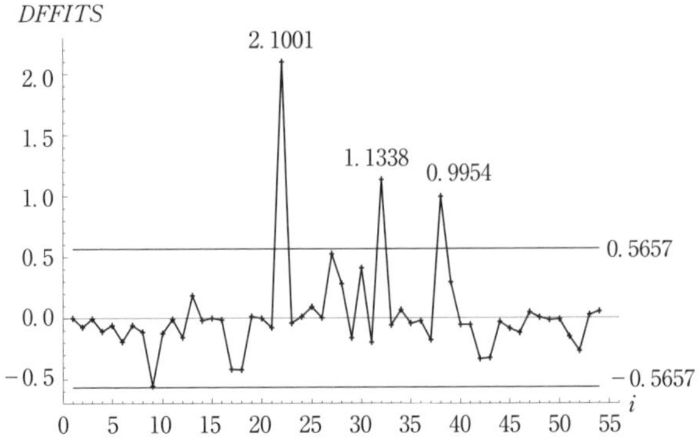


**図 4.6** (4.4) 式全データの *DFFITS*

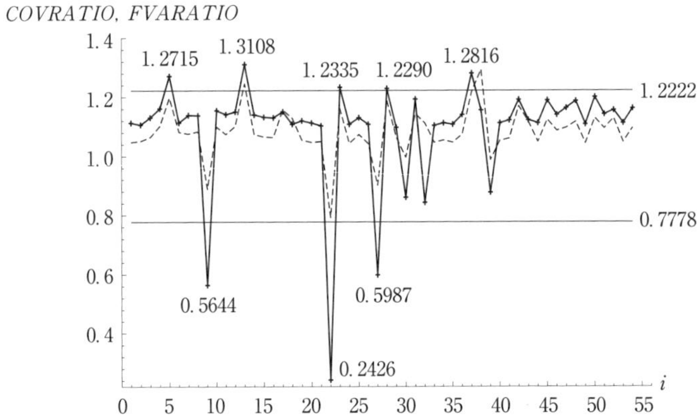


**図 4.7** (4.4) 式全データの *COVRATIO*（実線），*FVARATIO*（破線）

点であり，**図 4.7** に影響点の値も示した．#9，22，27 の $Y$ 方向の外れ値のとき 0.7778 より小さくなる．$s^2(i)/s^2$ は #9，22，27 の順に 0.8596，0.6741，0.8725 となる．*FVARATIO* も，それぞれ 0.8885，0.6741，0.9013 と 1 より小さくなる．

(4)　$t$ 値の変化，*DFTSTAT*

(4.4) 式の全データによる推定結果の $\hat{\gamma}_j$ の $t$ 値も，観測値 $i$ を削除することによって変化する．$t_j(i)$ および

$$DFTSTAT_j(i) = t_j - t_j(i)$$

$$j = 1, \cdots, 4, \quad i = 1, \cdots, 54$$

の，それぞれが最小，最大となる観測値番号 $i$ とその値を**表 4.9** に示した．次の

**表 4.9** (4.4) 式の全データ推定式で観測値削除による $t$ 値の変化

| | 最小値 | | 最大値 | | | 最小値 | | 最大値 | |
|---|---|---|---|---|---|---|---|---|---|
| $t_1(i)$ | #37, | 18.68 | #22, | 25.32 | $t_3(i)$ | #13, | 27.01 | #32, | 33.43 |
| $DFTSTAT_1(i)$ | #17, | −0.046 | #22, | −4.85 | $DFTSTAT_3(i)$ | #18, | 0.122 | #22, | −4.66 |
| $t_2(i)$ | #43, | 8.55 | #32, | 9.70 | $t_4(i)$ | #5, | 17.72 | #22, | 23.72 |
| $DFTSTAT_2(i)$ | #17, | −0.0035 | #43, | 0.58 | $DFTSTAT_4(i)$ | #42, | 0.071 | #22, | −4.66 |

全データを用いたときの $t_1=20.47$, $t_2=9.13$, $t_3=28.77$, $t_4=19.06$

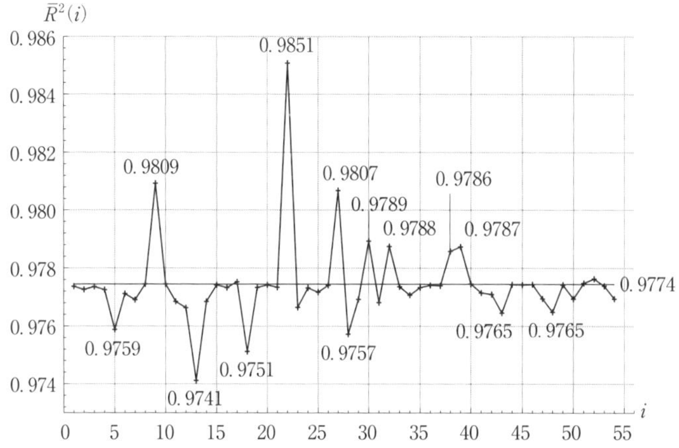


**図 4.8** 観測値 $i$ を除いて (4.4) 式を推定したときの自由度修正済み決定係数

2点に注目したい.

(i) $j=1, 3, 4$ のとき, $t_j(i)$ および $DFTSTAT_j(i)$ が最大となるのは, $Y$ 方向の一番大きな外れ値 #22 を除いたときであり, $|DFTSTAT_j(22)|$, $j=1, 3, 4$ の値も大きい.

(ii) $t_j(i)$ が最小となる $i$ は $j$ によって異なるが, 有意性を失うほど小さくはならない.

(5) 決定係数の変化

$\bar{R}^2(i)$ のグラフは**図 4.8** である. 全データの $\bar{R}^2=0.9774$ より大きくなる, あるいは小さくなる $\bar{R}^2(i)$ の主な値も図に示した. $\bar{R}^2(i)$ が一番高くなるのは, $Y$ 方向の外れ値 #22 を除いたときの 0.9851, 一番低くなるのは #13 を除いたときの 0.9741 である. #13 は $h_{ii}=0.1830>2k/n=0.1481$ の比較的高い作用点である. $|t_i|>2$ の #9, 22, 27, 32 のとき, すべて $\bar{R}^2(i)$ は 0.9774 より高くなる.

### (6) 外れ値削除のケースと頑健回帰推定

表 4.7 に，$Y$ 方向の一番大きな外れ値 #22，高い作用点 #38，#22 と 38 を削除したケース，および Collins の $\psi$ 関数による 3 段階 S 推定（3SS）と MM 推定が示されている．

(i) #22，#22 と 38 を削除したケースは，$\bar{R}^2$ も $\hat{\gamma}_j$ のすべての $t$ 値も全データのケースより大きくなる．#38 のみ除いたケースは，$\bar{R}^2$，$t_1$，$t_2$ は若干大きくなり，$t_3$，$t_4$ は，わずかであるが小さくなる．

(ii) 観測値削除の 3 ケースは，どのケースも，全データの場合と同じように，正規性は成立せず，均一分散，定式化ミスなしは成立している．

(iii) $\gamma_j$ の推定値が異なるから，$X_j$ の $Y$ に対する弾力性も異なり，全データ，観測値削除 3 ケースの比較で #22 削除のとき $\eta_2$，$\eta_4$ が大きく，$\eta_3$ は小さい．

$$X_2 = CLOT,\quad X_3 = PROG,\quad X_4 = ENZ$$

であり，例 3.14 と同じである．この例は $\eta_4$ が一番大きい．

(iv) 頑健推定の最後の段階のウエイトが**表 4.10** である．3SS，MM ともウエイトが 0 になるのは，#5，9，22，27，30，32，39，43 と 8 個あり，#38 は MM のウエイト 0，3SS のウエイトも 0.03512 とほとんど 0 に近い．

**表 4.10**　(4.4) 式の頑健回帰推定のウエイト

| $i$ | 3SS | MM | $i$ | 3SS | MM | $i$ | 3SS | MM |
|---|---|---|---|---|---|---|---|---|
| 1 | 1 | 1 | 19 | 1 | 1 | 37 | 1 | 1 |
| 2 | 1 | 1 | 20 | 1 | 1 | 38 | 0.03512 | 0 |
| 3 | 1 | 1 | 21 | 1 | 1 | 39 | 0 | 0 |
| 4 | 1 | 1 | 22 | 0 | 0 | 40 | 1 | 1 |
| 5 | 0 | 0 | 23 | 1 | 1 | 41 | 1 | 1 |
| 6 | 0.78850 | 0.67526 | 24 | 1 | 1 | 42 | 0.33394 | 0 |
| 7 | 1 | 1 | 25 | 1 | 1 | 43 | 0 | 0 |
| 8 | 1 | 1 | 26 | 1 | 1 | 44 | 1 | 1 |
| 9 | 0 | 0 | 27 | 0 | 0 | 45 | 1 | 1 |
| 10 | 1 | 1 | 28 | 1 | 1 | 46 | 0.64905 | 0.61008 |
| 11 | 1 | 1 | 29 | 1 | 1 | 47 | 1 | 1 |
| 12 | 1 | 1 | 30 | 0 | 0 | 48 | 1 | 1 |
| 13 | 1 | 1 | 31 | 1 | 1 | 49 | 1 | 1 |
| 14 | 1 | 1 | 32 | 0 | 0 | 50 | 1 | 1 |
| 15 | 1 | 1 | 33 | 1 | 1 | 51 | 1 | 1 |
| 16 | 1 | 1 | 34 | 1 | 1 | 52 | 1 | 1 |
| 17 | 1 | 0.87005 | 35 | 1 | 1 | 53 | 1 | 1 |
| 18 | 1 | 1 | 36 | 1 | 1 | 54 | 1 | 1 |

ウエイトが0になる8個のうち，#5と43以外の6個は，平方残差率 $a_i^2$ が $100 \times 3/n = 5.56\%$ を超える $Y$ 方向の外れ値である．#5は比較的高い作用点で $t_4(i)$ は $i=5$ のとき最小となる（表4.9）．#43は $DFTSTAT_2(i)$ を最大にする $i$ である（表4.9）．#38はもっとも高い作用点である．

頑健回帰は被説明変数，説明変数とも，表4.10のウエイトによる加重変数であるから，表4.7の他の4ケースと均一分散や定式化ミスの検定は変数の型が異なっている．この加重変数からはWテストで不均一分散，RESETテストで定式化ミスが検出される．JBテストからは正規性は棄却されない．

3SS，MMで $\hat{\gamma}_2$ は約2.1，$\hat{\gamma}_4$ は約0.38が観測値削除のケースと異なっており，$\eta_4$ も約1.8になる．

この（4.4）式のモデルは，$a_i^2 = 28.88\%$，スチューデント化残差 $t_i = 5.02$ という $Y$ 方向の外れ値#22と，Huber基準で“危険”であり，$3k/n = 0.2222$ を超える $h_{ii} = 0.2547$ の#38の両者を削除したケースを，統計学的観点からであるが，採用した方がよい．

$Y$ 方向の外れ値を削除すると，$\bar{R}^2$ や係数の $t$ 値は大きくなる例をみてきた．次の例は，有意でない説明変数が，$a_i^2$ の大きい値，あるいは $|t_i| \geq 2.0$ の $Y$ 方向の外れ値を削除することによって有意になるという例である．

### ▶例4.5　骨髄腫患者の生存期間

**表4.11**のデータは，骨髄腫患者の生存期間（月）と，生存期間を説明できるのではないかと思われる要因である．Lawless（2003）Table 6.8には，打ち切りデータの17人を含む65人の患者のデータが載っているが，表4.11のデータは非打ち切りデータのみの48人である．

表の変数は以下の意味である．

$Y$ = 骨髄腫患者の生存期間（月）

$X_2 = \log$（尿素窒素）

$X_3$ = ヘモグロビン

$X_4$ = 年齢

**表 4.11**　骨髄腫患者の生存期間（月）と説明要因

| 患者 | $Y$ | $X_2$ | $X_3$ | $X_4$ | $X_5$ | $X_6$ | 患者 | $Y$ | $X_2$ | $X_3$ | $X_4$ | $X_5$ | $X_6$ |
|---|---|---|---|---|---|---|---|---|---|---|---|---|---|
| 1 | 1 | 2.218 | 9.4 | 67 | 0 | 10 | 25 | 16 | 1.342 | 9.0 | 48 | 0 | 10 |
| 2 | 1 | 1.940 | 12.0 | 38 | 0 | 18 | 26 | 16 | 1.322 | 8.8 | 62 | 1 | 10 |
| 3 | 2 | 1.519 | 9.8 | 81 | 0 | 15 | 27 | 17 | 1.230 | 10.0 | 53 | 0 | 9 |
| 4 | 2 | 1.748 | 11.3 | 75 | 0 | 12 | 28 | 17 | 1.591 | 11.2 | 68 | 0 | 10 |
| 5 | 2 | 1.301 | 5.1 | 57 | 0 | 9 | 29 | 18 | 1.447 | 7.5 | 65 | 1 | 8 |
| 6 | 3 | 1.544 | 6.7 | 46 | 1 | 10 | 30 | 19 | 1.079 | 14.4 | 51 | 0 | 15 |
| 7 | 5 | 2.236 | 10.1 | 50 | 1 | 9 | 31 | 19 | 1.255 | 7.5 | 60 | 1 | 9 |
| 8 | 5 | 1.681 | 6.5 | 74 | 0 | 9 | 32 | 24 | 1.301 | 14.6 | 56 | 1 | 9 |
| 9 | 6 | 1.362 | 9.0 | 77 | 0 | 8 | 33 | 25 | 1.000 | 12.4 | 67 | 0 | 10 |
| 10 | 6 | 2.114 | 10.2 | 70 | 1 | 8 | 34 | 26 | 1.230 | 11.2 | 49 | 1 | 11 |
| 11 | 6 | 1.114 | 9.7 | 60 | 0 | 10 | 35 | 32 | 1.322 | 10.6 | 46 | 0 | 9 |
| 12 | 6 | 1.415 | 10.4 | 67 | 1 | 8 | 36 | 35 | 1.114 | 7.0 | 48 | 0 | 10 |
| 13 | 7 | 1.978 | 9.5 | 48 | 0 | 10 | 37 | 37 | 1.602 | 11.0 | 63 | 0 | 9 |
| 14 | 7 | 1.041 | 5.1 | 61 | 1 | 10 | 38 | 41 | 1.000 | 10.2 | 69 | 0 | 10 |
| 15 | 7 | 1.176 | 11.4 | 53 | 1 | 13 | 39 | 42 | 1.146 | 5.0 | 70 | 1 | 9 |
| 16 | 9 | 1.724 | 8.2 | 55 | 0 | 12 | 40 | 51 | 1.568 | 7.7 | 74 | 0 | 13 |
| 17 | 11 | 1.114 | 14.0 | 61 | 0 | 10 | 41 | 52 | 1.000 | 10.1 | 60 | 1 | 10 |
| 18 | 11 | 1.230 | 12.0 | 43 | 0 | 9 | 42 | 54 | 1.255 | 9.0 | 49 | 0 | 10 |
| 19 | 11 | 1.301 | 13.2 | 65 | 0 | 10 | 43 | 58 | 1.204 | 12.1 | 42 | 1 | 10 |
| 20 | 11 | 1.508 | 7.5 | 70 | 0 | 12 | 44 | 66 | 1.447 | 6.6 | 59 | 0 | 9 |
| 21 | 11 | 1.079 | 9.6 | 51 | 1 | 9 | 45 | 67 | 1.322 | 12.8 | 52 | 0 | 10 |
| 22 | 13 | 0.778 | 5.5 | 60 | 1 | 10 | 46 | 88 | 1.176 | 10.6 | 47 | 1 | 9 |
| 23 | 14 | 1.398 | 14.6 | 66 | 0 | 10 | 47 | 89 | 1.322 | 14.0 | 63 | 0 | 9 |
| 24 | 15 | 1.602 | 10.6 | 70 | 0 | 11 | 48 | 92 | 1.431 | 11.0 | 58 | 1 | 11 |

出所：Lawless (2003) p. 334, Table 6.8

$$X_5=\begin{cases}0, & \text{男}\\ 1, & \text{女}\end{cases}$$

$$X_6=\text{血清カルシウム}$$

さまざまな定式化が可能であるが，次の定式化を考察する．

$$\log(Y)_i=\beta_1+\beta_2X_{2i}+\beta_3X_{3i}+\beta_4X_{6i}+u_i \quad (4.5)$$

$$i=1, \cdots, 48$$

上式の推定結果は**表 4.12** の全データの列に示されている．$\bar{R}^2=0.2917$ と低く，$X_3$ の係数推定値 $\hat{\beta}_3$ の $t$ 値は小さく，$\beta_3$ は 0 と有意に異ならない．しかし，均一分散，定式化ミスなし，正規性は成立している．回帰診断を行う，

(1)　平方残差率，スチューデント化残差，$h_{ii}$

平方残差率 $a_i^2$ が $100\times 3/n=6.25\%$ を超えるのは，大きい順に

#40, 11.97%,　#48, 9.19%,　#5, 8.17%,　#44, 7.27%

**表 4.12** (4.5) 式の全データ，$i$ 観測値削除，頑健回帰（Collins の $\psi$）推定結果

| 説明変数 | 全データ | #40 削除 | #40, 48 削除 | 3SS | MM |
|---|---|---|---|---|---|
| 定数項 | 5.6937 | 5.9362 | 6.0510 | 5.7744 | 5.7140 |
| $t$ 値 | 5.56 | 6.13 | 6.55 | 6.04 | 5.61 |
| $X_2$ | −1.6591 | −1.7168 | −1.7289 | −1.7265 | −1.6639 |
| $t$ 値 | −3.71 | −4.07 | −4.31 | −4.16 | −3.74 |
| $X_3$ | 0.09466 | 0.1188 | 0.1131 | 0.1255 | 0.09669 |
| $t$ 値 | 1.67 | 2.19 | 2.19 | 2.32 | 1.72 |
| $X_6$ | −0.16380 | −0.20810 | −0.21650 | −0.19630 | −0.16750 |
| $t$ 値 | −2.16 | −2.83 | −3.09 | −2.73 | −2.21 |
| $\bar{R}^2$ | 0.2917 | 0.3677 | 0.4043 | 0.3552 | 0.2947 |
| $s$ | 0.9761 | 0.9197 | 0.8750 | 0.9030 | 0.9707 |
| BP | 2.26470 | 1.89418 | 4.45077 | 8.31857 | 14.84771 |
| $p$ 値 | 0.519 | 0.596 | 0.217 | 0.081 | 0.005 |
| W | 7.10199 | 6.34237 | 9.14529 | 15.67055 | 17.70666 |
| $p$ 値 | 0.627 | 0.705 | 0.424 | 0.334 | 0.089 |
| RESET(2) | 2.75106 | 2.61880 | 1.46710 | 1.61746 | 3.03458 |
| $p$ 値 | 0.104 | 0.113 | 0.233 | 0.210 | 0.089 |
| RESET(3) | 1.35571 | 1.89233 | 1.24199 | 1.14119 | 1.48300 |
| $p$ 値 | 0.269 | 0.164 | 0.300 | 0.329 | 0.239 |
| SW | 0.97558 | 0.97737 | 0.97517 | 0.97430 | 0.97513 |
| $p$ 値 | 0.410 | 0.489 | 0.424 | 0.369 | 0.396 |
| JB | 1.15405 | 1.10922 | 1.51681 | 1.74850 | 1.18111 |
| $p$ 値 | 0.562 | 0.574 | 0.468 | 0.417 | 0.554 |

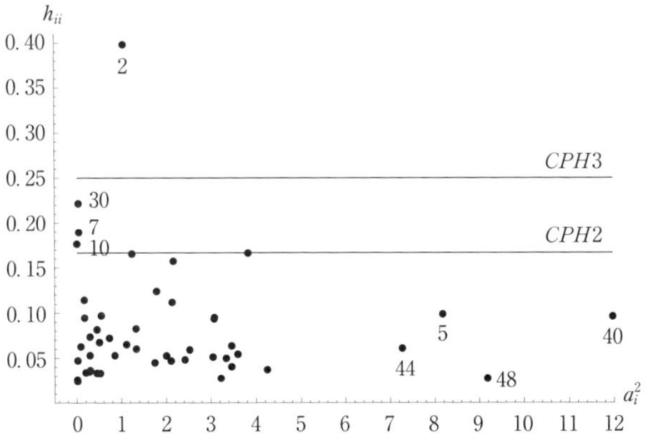


**図 4.9** $LR$ プロット（(4.5) 式全データ）

の4個である.

スチューデント化残差 $|t_i|>2$ は，大きい順に

#40, 2.56,　#48, 2.10,　#5, 2.07

であり，3を超える大きな $|t_i|$ はない.

$h_{ii}>\dfrac{3k}{n}=0.25$ は，#2, 0.3982

$\dfrac{2k}{n}=0.1667<h_{ii}<0.25$ は，#30, 0.2216,　#7, 0.1895,　#10, 0.1764

である. **図4.9** は $LR$ プロットである. 図の $CPH2=0.1667$, $CPH3=0.25$ を示す.

(2)　$DFBETA$, $DFBETAS$

切断点は $|DFBETAS_j(i)|>0.2887$ である. $\hat{\beta}_j$ への影響点である観測値番号 $i$ と $DFBETA_j(i)$, $DFBETAS_j(i)$ を**表4.13** に示した. $t$ 値の小さい $\hat{\beta}_3$ への影響点は6個もある.

$$DFBETA_j(i)=\hat{\beta}_j-\hat{\beta}_j(i)$$

であり，$\hat{\beta}_3>0$ であるから，$DFBETA_3(i)<0$ は，観測値 $i$ を除くと $\hat{\beta}_3(i)>\hat{\beta}_3$ になる. **図4.10** は $DFBETAS_3(i)$ のグラフであり，6個の影響点の値と切断点を記した. $\hat{\beta}_3$ への一番大きな影響点は，平方残差率，スチューデント化残差とも最大の #40 である.

詳細は省略するが，$t_j(i)$ が最大になるのは，すべての $j=1, \cdots, 4$ が $i=40$ のときである. また，$COVRATIO$ が下方切断点 0.75 より小さくなるのは，#40 の 0.6873 のみである.

**表4.13**　(4.5) 式の $DFBETAS_j(i)$ の影響点と $DFBETA_j(i)$

| $i$ | $DFBETA_1$ | $DFBETAS_1$ | $i$ | $DFBETA_2$ | $DFBETAS_2$ |
|---|---|---|---|---|---|
| 2 | 0.5884 | 0.5734 | 1 | −0.2644 | −0.5983 |
| 5 | −0.4563 | −0.4622 | | | |

| $i$ | $DFBETA_3$ | $DFBETAS_3$ | $i$ | $DFBETA_4$ | $DFBETAS_4$ |
|---|---|---|---|---|---|
| 5 | 0.0311 | 0.5697 | 2 | −0.0471 | −0.6183 |
| 17 | −0.0173 | −0.3073 | 3 | −0.0321 | −0.4228 |
| 39 | −0.0166 | −0.2930 | 40 | 0.0443 | 0.6198 |
| 40 | −0.0242 | −0.4534 | | | |
| 44 | −0.0186 | −0.3391 | | | |
| 47 | 0.0186 | 0.3301 | | | |

$DFBETAS$ の切断点 $=0.2877$

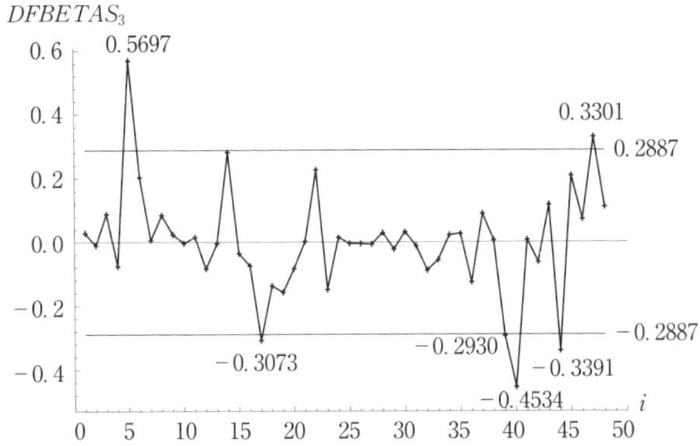


**図 4.10** $DFBETAS_3(i)$ ((4.5) 式全データ)

**表 4.14** (4.5) 式，全データ推定結果の影響点

| 検定統計量 | #1 | #2 | #5 | #30 | #40 |
|---|---|---|---|---|---|
| *DFFITS* | −0.6419 | −0.7104 | −0.6850 | | 0.8350 |
| クックの *D* | 0.1006 | 0.1269 | 0.1091 | | 0.1548 |
| *C* | 2.1288 | 2.3562 | 2.2717 | | 2.7695 |
| *WL* | 4.8192 | 6.2781 | 4.9461 | | 6.0212 |
| $1-AP$ | | 0.5913 | | 0.7780 | |

(3) *DFFITS*，クックの *D* 他

切断点は

$$|DFFITS|>0.6030,\quad クックの\ D>0.0864,$$
$$C>2.0,\quad WL>4.3179,\quad 1-AP<0.7819$$

である．**表 4.14** に示したように，*DFFITS*，クックの *D*，*C*，*WL* からは #1，2，5，40 が影響点，$1-AP$ は #2 と 30 である．

#5，40 は *Y* 方向の外れ値，#2，30 は高い作用点である．

(4) $t$ 値の変化

$\hat{\beta}_3$ の $t$ 値 1.67 と $t_3(i)$ のグラフのみ**図 4.11** に示した．観測値 $i$ 削除による $t_3(i)$ の変化は大きく，1.67 より大きくなる上位 2 点は，#40 の 2.19，#44 の 2.03，逆に 1.67 よりさらに小さくなり，有意でないのは #5 の 1.12，#47 の 1.31 が下位 2 点である．#5 は *Y* 方向の外れ値であるが $t$ 値を一番小さくする．

(5) 決定係数の変化

**図 4.12** は $\bar{R}^2(i)$ のグラフである．$\bar{R}^2(i)$ が $\bar{R}^2=0.2917$ より大きくなる上位 3

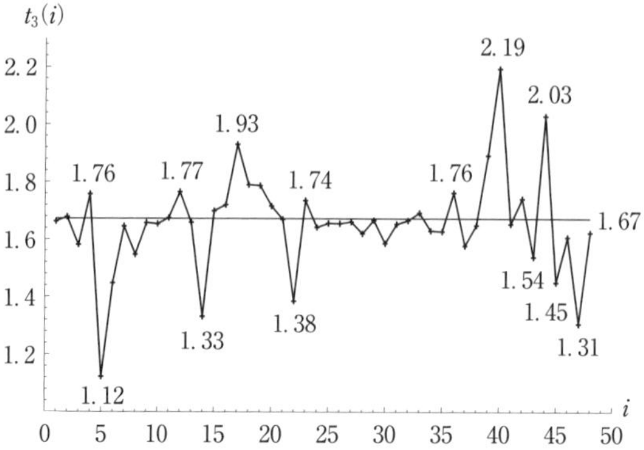


**図 4.11**　観測値 $i$ を除いて推定したときの $t_3(i)$（(4.5) 式）

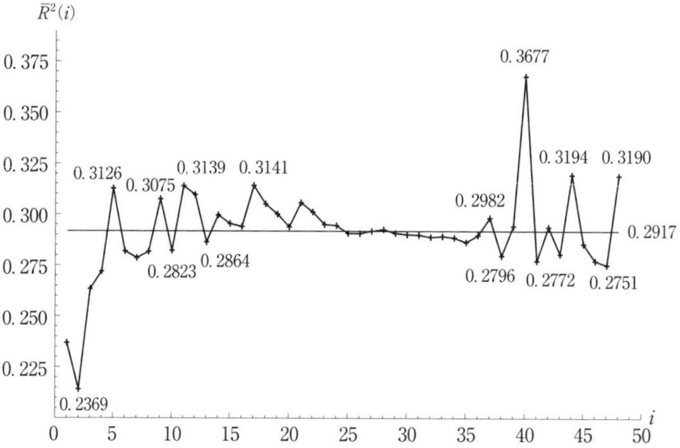


**図 4.12**　観測値 $i$ を除いて推定したときの自由度修正済み決定係数

点は，$i=40$ の 0.3677，$i=44$ の 0.3194，$i=48$ の 0.3190，逆に小さくなる下位 3 点は #2 の 0.2369，#41 の 0.2772，#47 の 0.2751 である．#40，44，48 は平方残差率 $a_i^2$ が $100\times 3/n=6.25\%$ を超える $Y$ 方向の外れ値，#2 は高い作用点である．

(6)　観測値削除のケース

表 4.12 に，$Y$ 方向の外れ値 #40 のみ，#40 と 48 を削除したときの (4.5) 式の推定結果も示されている．

#40 のみの削除で $\hat{\beta}_3$ の $t$ 値は有意になり，他のすべての $t$ 値も高くなる．$\bar{R}^2$ も 0.3677 と少し高くなり，均一分散，定式化ミスなし，正規性も崩れない．

さらに #48 を削除すると，$\bar{R}^2$ や $t$ 値も絶対値で高くなるが，$\hat{\beta}_3$ の $t$ 値は #40 削除のケースと同じ 2.19 で変わらない．

(7) 頑健回帰推定

表 4.12 には，Collins の $\psi$ 関数による (4.5) 式の頑健回帰推定，3 段階 S 推定 (3SS) と MM 推定 (MM) も示されている．

**表 4.15** は最終段階の 3SS と MM のウエイトである．3SS，MM ともウエイトが 0 になる観測値はなく，MM は #40 のみがウエイトが 0.90797 と少し下がっているにすぎない．3SS も #40 のみウエイトが 0.30981 まで小さくなっているが，#40 以外のウエイトダウンはすべて 0.67 より大きい．

したがって，MM の $\hat{\beta}_3$ の $t$ 値も 1.72 と低い．(4.5) 式は #40 削除のケースか，あるいは 3SS を採用すべきであろう．

外れ値を削除して推定し，あるいは頑健推定をすればパラメータ推定値は変化し，$X_j$ の $Y$ への限界効果 $\partial Y/\partial X_j$，あるいは弾力性が異なってくる．

さらに，パラメータ推定値が変化すれば，$Y$ の予測区間や，生存分析においては生存確率の推定値が異なってくる．以下は，外れ値への対処の仕方で予測区間あるいは生存確率が変わってくる例を挙げる．

**表 4.15** (4.5) 式の頑健回帰推定のウエイト

| $i$ | 3SS | MM | $i$ | 3SS | MM | $i$ | 3SS | MM |
|---|---|---|---|---|---|---|---|---|
| 1 | 1 | 1 | 17 | 0.67226 | 1 | 33 | 1 | 1 |
| 2 | 1 | 1 | 18 | 0.93085 | 1 | 34 | 1 | 1 |
| 3 | 1 | 1 | 19 | 0.98313 | 1 | 35 | 1 | 1 |
| 4 | 1 | 1 | 20 | 1 | 1 | 36 | 1 | 1 |
| 5 | 1 | 1 | 21 | 1 | 1 | 37 | 1 | 1 |
| 6 | 1 | 1 | 22 | 1 | 1 | 38 | 1 | 1 |
| 7 | 1 | 1 | 23 | 0.95583 | 1 | 39 | 0.91271 | 1 |
| 8 | 1 | 1 | 24 | 1 | 1 | 40 | 0.30981 | 0.90797 |
| 9 | 1 | 1 | 25 | 1 | 1 | 41 | 1 | 1 |
| 10 | 1 | 1 | 26 | 1 | 1 | 42 | 1 | 1 |
| 11 | 1 | 1 | 27 | 1 | 1 | 43 | 1 | 1 |
| 12 | 0.88239 | 1 | 28 | 1 | 1 | 44 | 0.67945 | 1 |
| 13 | 1 | 1 | 29 | 1 | 1 | 45 | 1 | 1 |
| 14 | 1 | 1 | 30 | 1 | 1 | 46 | 1 | 1 |
| 15 | 1 | 1 | 31 | 1 | 1 | 47 | 1 | 1 |
| 16 | 1 | 1 | 32 | 0.96281 | 1 | 48 | 0.89880 | 1 |

## 4.3 外れ値削除と予測区間

### 4.3.1 $E(Y_0)$ の予測区間

単純回帰モデル

$$Y_i = \alpha + \beta X_i + u_i \tag{4.6}$$
$$u_i \sim \mathrm{NID}(0, \sigma^2)$$
$$X_i \text{ は所与}$$
$$i = 1, \cdots, n$$

で予測区間を説明する.

$X_0$ が与えられたとき, $Y_0$ の値は

$$Y_0 = \alpha + \beta X_0 + u_0 \tag{4.7}$$
$$u_0 \sim \mathrm{NID}(0, \sigma^2)$$

によって発生すると仮定する. $u_0$ は $u_1, \cdots, u_n$ と同じ期待値 0, 分散 $\sigma^2$ の正規分布に従い, 独立という仮定である.

所与の $X_0$ に対して, $Y_0$ の平均は

$$E(Y_0) = \alpha + \beta X_0 \tag{4.8}$$

であり, $E(Y_0)$ の予測値は

$$\hat{Y}_0 = \hat{\alpha} + \hat{\beta} X_0 \tag{4.9}$$

によって与えられる. $\hat{Y}_0$ は正規分布する. すなわち

$$\hat{Y}_0 \sim N\left(E(Y_0),\ \mathrm{var}(\hat{Y}_0)\right) \tag{4.10}$$

である. ここで, $\mathrm{var}(\hat{Y}_0) = E[\hat{Y}_0 - E(\hat{Y}_0)]^2 = E[\hat{Y}_0 - E(Y_0)]^2$

$$E(Y_0) = (4.8) \text{ 式}$$
$$\mathrm{var}(\hat{Y}_0) = \sigma^2 \left[ \frac{1}{n} + \frac{(X_0 - \bar{X})^2}{\sum_{i=1}^{n} x_i^2} \right]$$
$$\sum_{i=1}^{n} x_i^2 = \sum_{i=1}^{n} (X_i - \bar{X})^2 \quad \left(\sum x^2 \text{ と記す}\right)$$

である.

$E(Y_0)$ の $(1-\lambda) \times 100\%$ 予測区間は次式で与えられる.

$$P\left(\hat{Y}_0 - t_{\lambda/2} s\left[\frac{1}{n} + \frac{(X_0 - \bar{X})^2}{\sum x^2}\right]^{\frac{1}{2}} \leq E(Y_0)\right.$$
$$\left. \leq \hat{Y}_0 + t_{\lambda/2} s\left[\frac{1}{n} + \frac{(X_0 - \bar{X})^2}{\sum x^2}\right]^{\frac{1}{2}}\right) = 1 - \lambda \tag{4.11}$$

ここで

$t_{\lambda/2}$ = 自由度 $n-2$ の $t$ 分布の上側 $\lambda/2$ の確率を与える分位点

$$s = \left(\frac{\sum_{i=1}^{n} e_i^2}{n-2}\right)^{\frac{1}{2}}$$

$$e_i = Y_i - (\hat{\alpha} + \hat{\beta} X_i), \quad i = 1, \cdots, n$$

である．

予測区間の幅は，$\lambda$ を固定すれば

(i)　$s$ が大きい

(ii)　$n$ が小さい

(iii)　$X_1, \cdots, X_n$ の散らばり $\sum x^2$ が小さい

(iv)　$X_0$ が $\bar{X}$ から遠く離れている

とき，広くなり，$E(Y_0)$ に対する予測精度は悪くなる．

### 4.3.2　点予測値 $Y_0$ の予測区間

$X_0$ が与えられたとき，$Y_0$ の平均 $E(Y_0)$ ではなく，$Y_0$ の点予測値を求めたい．誤差項 $u_0$ の何らかの事前情報があれば，その情報を $Y_0$ の予測に用いればよい．しかし，そのような事前情報がなければ，$u_0$ には期待値 0 を仮定せざるを得ない．このとき $Y_0$ の点予測値は (4.9) 式になる．

予測誤差を

$$\varepsilon_0 = Y_0 - \hat{Y}_0$$

とすると

$$\mathrm{var}(\varepsilon_0) = \sigma^2\left[1 + \frac{1}{n} + \frac{(X_0 - \bar{X})^2}{\sum x^2}\right] \tag{4.12}$$

となる．

(4.10) 式の $\mathrm{var}(\hat{Y}_0)$ より $u_0$ の分散 $\sigma^2$ が加わる分だけ $\mathrm{var}(\varepsilon_0)$ は大きくなる．

$Y_0$ の $(1-\lambda) \times 100\%$ 予測区間は次式で与えられる．

$$P\left(\hat{Y}_0 - t_{\lambda/2}s\left[1+\frac{1}{n}+\frac{(X_0-\bar{X})^2}{\sum x^2}\right]^{\frac{1}{2}} \le Y_0 \le \hat{Y}_0 + t_{\lambda/2}s\left[1+\frac{1}{n}+\frac{(X_0-\bar{X})^2}{\sum x^2}\right]^{\frac{1}{2}}\right) = 1-\lambda \quad (4.13)$$

**▶例 4.6　例 3.3 log (*TBK*) の予測区間**

例 3.3 の（3.9）式の推定結果は（3.10）式であり，均一分散，定式化ミスなし，正規性いずれも満たされている．

$$Y=\log(TBK),\quad X=\log(TBW)$$

とし，$TBW_0=40$，$X_0=\log(TBW_0)=3.688879$ を与えたときの $\log(TBK)$ の予測値と 95% 予測区間を求めよう．計算過程で用いる統計量は小数点以下 6 桁まで示す．

$n=27$，$s=0.131649$，$\bar{X}=2.976268$，$\sum x^2=3.469104$，$t_{0.025}(25)=2.059539$ を用いる．

$i=1,\cdots,27$ までは $X_0=\log(TBW)$ の観測値を用い，$i=28$ のとき $X_0=\log(40)$，$Y_0=\log(TBK)$ とする．

$$X_0=\log(40)=3.688879 \text{ のとき，} \hat{Y}_0=8.052$$

$E(Y_0)$ および $Y_0$ の 95% 予測区間は次のようになる．

$$P\left(7.9362 \le E(Y_0) \le 8.1684\right)=0.95$$

$$P\left(7.7574 \le Y_0 \le 8.3473\right)=0.95$$

区間幅は $E(Y_0)$ が 0.2322，$Y_0$ が 0.5899 となる．

**表 4.16** に $\log(TBW)_i$，$\log(TBK)_i$，$\log(TBK)_i$ の予測値，$E[\log(TBK)_i]$ の 95% 予測区間の下限，上限，区間幅，$\log(TBK)_i$ の 95% 予測区間の下限，上限，区間幅を示した．$i=1$ から 27 まで $\log(TBW)_i$ および $\log(TBK)_i$ は観測値，$\log(TBK)_i$ の予測値＝(3.10) 式からの推定値，$i=28$ のとき $\log(TBW)_{28}=\log(40)$，$\log(TBK)_{28}=\log(TBK)_{28}$ の予測値である．表の PI は予測区間 prediction interval を表す．

$i=28$ を除くと，$E(Y_0)$ の区間幅は約 0.11 から 0.22，$Y_0$ の区間幅は 0.55 から 0.59 である．

**図 4.13** に $E[\log(TBK)]$ と $\log(TBK)$ の 95% の予測区間を示した．$i=28$

**表 4.16** 全身カリウム（$TBK$）の対数の予測値，平均予測値と 95% 予測区間

| $i$ | log ($TBW$) | log ($TBK$) | log ($TBK$) 予測値 | $E$[log ($TBK$)] の 95% PI | | | log ($TBK$) の 95% PI | | |
|---|---|---|---|---|---|---|---|---|---|
| | | | | 下限 | 上限 | 区間幅 | 下限 | 上限 | 区間幅 |
| 1 | 2.5650 | 6.6783 | 6.9503 | 6.8709 | 7.0298 | 0.1589 | 6.6678 | 7.2329 | 0.5651 |
| 2 | 2.7726 | 7.3715 | 7.1539 | 7.0939 | 7.2139 | 0.1200 | 6.8762 | 7.4316 | 0.5554 |
| 3 | 2.7081 | 7.1309 | 7.0906 | 7.0255 | 7.1558 | 0.1303 | 6.8118 | 7.3695 | 0.5577 |
| 4 | 3.0445 | 7.4266 | 7.4205 | 7.3674 | 7.4737 | 0.1062 | 7.1443 | 7.6968 | 0.5526 |
| 5 | 2.3026 | 6.6846 | 6.6931 | 6.5820 | 6.8042 | 0.2222 | 6.4001 | 6.9861 | 0.5860 |
| 6 | 3.2581 | 7.6497 | 7.6299 | 7.5636 | 7.6963 | 0.1328 | 7.3508 | 7.9091 | 0.5583 |
| 7 | 2.7081 | 7.4384 | 7.0906 | 7.0255 | 7.1558 | 0.1303 | 6.8118 | 7.3695 | 0.5577 |
| 8 | 2.7726 | 7.1389 | 7.1539 | 7.0939 | 7.2139 | 0.1200 | 6.8762 | 7.4316 | 0.5554 |
| 9 | 2.8904 | 7.2226 | 7.2694 | 7.2157 | 7.3231 | 0.1073 | 6.9930 | 7.5458 | 0.5528 |
| 10 | 2.3979 | 6.9078 | 6.7865 | 6.6875 | 6.8856 | 0.1981 | 6.4979 | 7.0752 | 0.5773 |
| 11 | 2.6391 | 7.0031 | 7.0230 | 6.9513 | 7.0946 | 0.1433 | 6.7425 | 7.3034 | 0.5609 |
| 12 | 2.9957 | 7.3132 | 7.3727 | 7.3204 | 7.4250 | 0.1045 | 7.0966 | 7.6488 | 0.5523 |
| 13 | 2.9444 | 7.2793 | 7.3224 | 7.2700 | 7.3748 | 0.1048 | 7.0463 | 7.5986 | 0.5523 |
| 14 | 2.6391 | 7.0031 | 7.0230 | 6.9513 | 7.0946 | 0.1433 | 6.7425 | 7.3034 | 0.5609 |
| 15 | 2.4849 | 6.8565 | 6.8718 | 6.7833 | 6.9604 | 0.1771 | 6.5866 | 7.1571 | 0.5705 |
| 16 | 3.2581 | 7.7832 | 7.6299 | 7.5636 | 7.6963 | 0.1328 | 7.3508 | 7.9091 | 0.5583 |
| 17 | 3.1781 | 7.3778 | 7.5515 | 7.4916 | 7.6113 | 0.1198 | 7.2738 | 7.8291 | 0.5553 |
| 18 | 3.4012 | 7.7832 | 7.7703 | 7.6893 | 7.8512 | 0.1619 | 7.4873 | 8.0532 | 0.5659 |
| 19 | 3.2581 | 7.4354 | 7.6299 | 7.5636 | 7.6963 | 0.1328 | 7.3508 | 7.9091 | 0.5583 |
| 20 | 3.0445 | 7.3199 | 7.4205 | 7.3674 | 7.4737 | 0.1062 | 7.1443 | 7.6968 | 0.5526 |
| 21 | 3.2958 | 7.6009 | 7.6670 | 7.5970 | 7.7369 | 0.1398 | 7.3869 | 7.9470 | 0.5600 |
| 22 | 3.4965 | 8.0709 | 7.8637 | 7.7717 | 7.9557 | 0.1839 | 7.5774 | 8.1500 | 0.5726 |
| 23 | 2.6391 | 6.9566 | 7.0230 | 6.9513 | 7.0946 | 0.1433 | 6.7425 | 7.3034 | 0.5609 |
| 24 | 3.4340 | 7.8633 | 7.8024 | 7.7178 | 7.8870 | 0.1693 | 7.5184 | 8.0864 | 0.5681 |
| 25 | 3.6109 | 8.0064 | 7.9759 | 7.8698 | 8.0820 | 0.2122 | 7.6847 | 8.2670 | 0.5823 |
| 26 | 3.2189 | 7.5496 | 7.5915 | 7.5285 | 7.6545 | 0.1260 | 7.3131 | 7.8699 | 0.5567 |
| 27 | 3.4012 | 7.6962 | 7.7703 | 7.6893 | 7.8512 | 0.1619 | 7.4873 | 8.0532 | 0.5659 |
| 28 | 3.6889 | 8.0523 | 8.0523 | 7.9362 | 8.1684 | 0.2322 | 7.7574 | 8.3473 | 0.5899 |

を含む（$\log(TBW)_i$, $\log(TBK)_i$）の散布図に，真中の太い直線は $\log(TBK)_i$ の予測値，外側の下の実線は $\log(TBK)_i$ の 95% 予測区間の下限，上の実線は上限を示す．$\log(TBK)_i$ の予測値を示す太い実線の上，下の破線は，下が $E[\log(TBK)_i]$ の 95% 予測区間の下限，上が上限を示す．

$\log(TBK)$ の 95% 予測区間の外に出るのは #7（上限の外）のみ，$E[\log(TBK)]$ の 95% 予測区間の下限の外に出るのは #1, 12, 17, 19, 20 の 5 個，上限の外に出るのは #2, 7, 10, 16, 22 の 5 個である．

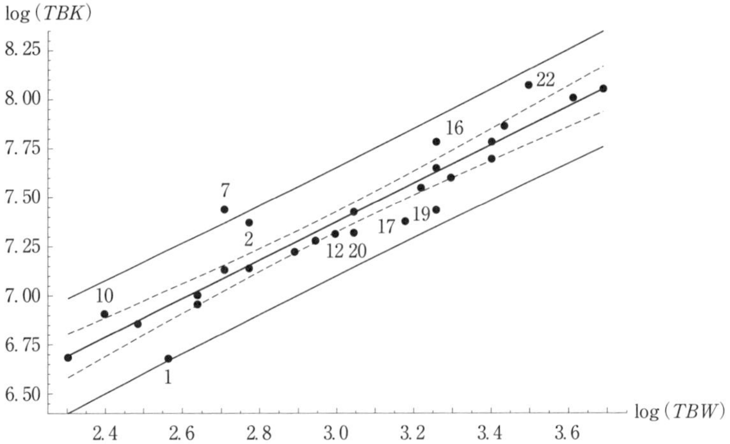


**図 4.13**　$E[\log(TBK)]$ と $\log(TBK)$ の 95% 予測区間（全データ）

### ▶例 4.7　外れ値削除による log (*TBK*) の予測区間

(1)　#7 削除のケース

例 3.3 (3.9) 式の全データによる推定結果は (3.10) 式であるが，**表 4.17** にも示した．(3.10) 式の $h_{ii}$，平方残差率 $a_i^2$，スチューデント化残差 $t_i$ は表 3.4 にある．$a_i^2$ が $100\times3/n=11.11\%$ を超えるのは，#7 の 27.91%，#1 の 17.07% である．この 2 個で残差平方和の約 45% を占める．$t_i$ は #7 が 3.18，#1 が −2.35 である．

この $Y$ 方向の外れ値 #7 を除いて (3.9) 式を推定した結果は，表 4.17 の #7 削除の列である．全データのケースより $\bar{R}^2$，$\hat{\beta}_j$ の $t$ 値いずれも高くなり，均一分散，定式化ミスなし，正規性も崩れていない．

#7 削除のパラメータ推定値にもとづいて log (*TBK*) の予測値と 95% 予測区間を求めよう．$X_0=\log(TBW)$ の値は例 4.6 と同じであり，#7 を除く $i=1$ から 26 までは log (*TBW*) は観測値，$i=27$ のとき $\log(TBW)=\log(40)=3.688879$ である．$Y_0=\log(TBK)$ とする．

$$n=26,\quad s=0.112720,\quad \bar{X}=2.986584,$$
$$\sum x^2=3.394396,\quad t_{0.025}(24)=2.063899$$

を用いる．

$$X_0=\log(40)=3.688879 \text{ のとき，} \hat{Y}_0=8.0590$$

$E(Y_0)$ および $Y_0$ の 95% 予測区間は次のとおりである．

$$P\left(7.9593 \leq E(Y_0) \leq 8.1587\right) = 0.95$$

$$P\left(7.8059 \leq Y_0 \leq 8.3121\right) = 0.95$$

区間幅は $E(Y_0)$ が 0.1994，$Y_0$ が 0.5062 である．全データのとき，それぞれ 0.2322，0.5899 であったから，区間幅は $E(Y_0)$ が 0.0328，$Y_0$ が 0.0837 狭くなり，#7 削除によって $E(Y_0)$，$Y_0$ とも予測精度は高くなる．

**表 4.18** に，#7 削除のパラメータ推定値から #7 も予測し，$i=1$ から 28 までの $\log(TBK)_i$ の観測値，予測値，$E[\log(TBK)_i]$，$\log(TBK)_i$ の 95% 予測区間の下限，上限，区間幅が示されている．表 4.18 の $i=28$ は，$\log(TBW)_{28}=\log(40)$ のときの $\log(TBK)_{28}=\log(TBK)_{28}$ の予測値である．

$i=7$，28 を除いた $E(Y_0)$ の予測の区間幅は，約 0.09 から 0.20（#5 の区間幅 0.1954 を除くと約 0.18 まで），$Y_0$ の予測の区間幅は，約 0.47 から 0.50 であり，

**表 4.17**　(3.9) 式の全データ，観測値 #7 および #1, 7 削除による推定結果

| 説明変数 | 全データ | #7 削除 | #1, 7 削除 |
|---|---|---|---|
| 定数項 | 4.4354 | 4.3368 | 4.4448 |
| $t$ 値 | 20.93 | 23.56 | 25.89 |
| $\log(TBW)$ | 0.9805 | 1.009 | 0.9753 |
| $t$ 値 | 13.87 | 16.49 | 17.17 |
| $\bar{R}^2$ | 0.8804 | 0.9155 | 0.9245 |
| $s$ | 0.1316 | 0.1127 | 0.1017 |
| BP | 0.35385 | 0.01128 | 1.05402 |
| $p$ 値 | 0.552 | 0.915 | 0.586 |
| W | 0.52071 | 0.02254 | 1.06849 |
| $p$ 値 | 0.771 | 0.989 | 0.586 |
| RESET (2) | 0.56938 | 1.54561 | 2.29022 |
| $p$ 値 | 0.458 | 0.226 | 0.144 |
| RESET (3) | 0.79391 | 0.92097 | 1.80419 |
| $p$ 値 | 0.464 | 0.413 | 0.189 |
| SW | 0.94305 | 0.95287 | 0.93941 |
| $p$ 値 | 0.145 | 0.270 | 0.143 |
| JB | 2.53232 | 0.15449 | 1.80419 |
| $p$ 値 | 0.282 | 0.926 | 0.189 |
| $\beta_1$ の 95% 信頼区間 | (3.9990, 4.8718) | (3.9570, 4.7167) | (4.0925, 4.8032) |
| $\beta_2$ の 95% 信頼区間 | (0.8349, 1.1261) | (0.8828, 1.1353) | (0.8579, 1.0928) |

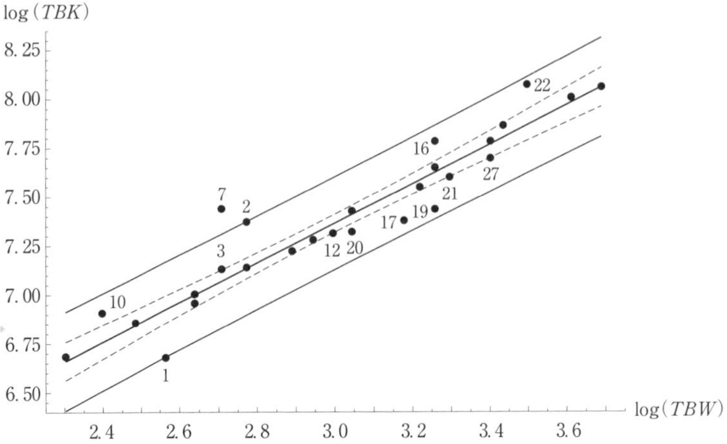


**図 4.14**　$E[\log(TBK)]$ と $\log(TBK)$ の 95% 予測区間（#7 削除）

全データのそれぞれ約 0.11 から 0.22，0.55 から 0.59 より小さくなる．

**図 4.14** は，#7 削除のときの $E[\log(TBK)]$ と $\log(TBK)$ の 95% 予測区間である．図の実線や破線の意味は図 4.13 と同じである．図 4.14 の散布図は #7 を含む．

全データのケースと比較して，新たに区間外となる観測値は，#1 が $Y_0$ の下限の外へ，#21, 27 が $E(Y_0)$ の下限の外へ，#3 が $E(Y_0)$ の上限の外へ出る．全データの $E(Y_0)$，$Y_0$ の区間外の観測値はすべて，図 4.14 においても区間外である．

(2)　#1，7 削除のケース

さらにもう 1 個の $Y$ 方向の外れ値 #1 も除く，#1，7 削除のケースを考察する．#1，7 を除いて (3.9) 式を推定した結果は，表 4.17 の #1，7 削除の列である．$\bar{R}^2$ も $\hat{\beta}_j$ の $t$ 値も #7 削除のケースより高くなる．表 4.17 の 3 ケースとも $\hat{\beta}_2 \fallingdotseq 1.0$ であるから，$TBW$（体内総水分量）1% の増加は，$TBK$（全身カリウム）を同じ 1% 増加させる．#1，7 を削除しても均一分散，定式化ミスなし，正規性の仮定は崩れない．

#1，7 削除のパラメータ推定値による $\log(TBK)$ の予測値と予測区間を求めよう．#1 と #7 を除く 24 個の $\log(TBW)$ には観測値を与える．$\log(TBW) = \log(40) = 3.688879$ のとき $Y_0 = \log(TBK)$ とする．

**表 4.18** 全身カリウム（$TBK$）の対数の予測値，平均予測値と 95% 予測区間（#7 削除）

| $i$ | log（$TBK$） | log（$TBK$）予測値 | $E$[log（$TBK$）] の 95% PI | | | log（$TBK$） の 95% PI | | |
|---|---|---|---|---|---|---|---|---|
| | | | 下限 | 上限 | 区間幅 | 下限 | 上限 | 区間幅 |
| 1 | 6.6783 | 6.9249 | 6.8548 | 6.9950 | 0.1402 | 6.6819 | 7.1679 | 0.4860 |
| 2 | 7.3715 | 7.1344 | 7.0814 | 7.1875 | 0.1061 | 6.8958 | 7.3730 | 0.4772 |
| 3 | 7.1309 | 7.0693 | 7.0117 | 7.1269 | 0.1152 | 6.8296 | 7.3090 | 0.4793 |
| 4 | 7.4266 | 7.4088 | 7.3626 | 7.4550 | 0.0924 | 7.1716 | 7.6460 | 0.4744 |
| 5 | 6.6846 | 6.6602 | 6.5625 | 6.7579 | 0.1954 | 6.4079 | 6.9125 | 0.5046 |
| 6 | 7.6497 | 7.6243 | 7.5672 | 7.6814 | 0.1141 | 7.3848 | 7.8639 | 0.4791 |
| 7 | 7.4384 | 7.0693 | 7.0117 | 7.1269 | 0.1152 | 6.8296 | 7.3090 | 0.4793 |
| 8 | 7.1389 | 7.1344 | 7.0814 | 7.1875 | 0.1061 | 6.8958 | 7.3730 | 0.4772 |
| 9 | 7.2226 | 7.2533 | 7.2061 | 7.3005 | 0.0944 | 7.0159 | 7.4907 | 0.4748 |
| 10 | 6.9078 | 6.7564 | 6.6691 | 6.8436 | 0.1744 | 6.5079 | 7.0048 | 0.4969 |
| 11 | 7.0031 | 6.9997 | 6.9364 | 7.0630 | 0.1266 | 6.7586 | 7.2408 | 0.4822 |
| 12 | 7.3132 | 7.3596 | 7.3140 | 7.4052 | 0.0913 | 7.1225 | 7.5967 | 0.4742 |
| 13 | 7.2793 | 7.3078 | 7.2619 | 7.3538 | 0.0919 | 7.0707 | 7.5450 | 0.4743 |
| 14 | 7.0031 | 6.9997 | 6.9364 | 7.0630 | 0.1266 | 6.7586 | 7.2408 | 0.4822 |
| 15 | 6.8565 | 6.8442 | 6.7661 | 6.9222 | 0.1561 | 6.5988 | 7.0896 | 0.4908 |
| 16 | 7.7832 | 7.6243 | 7.5672 | 7.6814 | 0.1141 | 7.3848 | 7.8639 | 0.4791 |
| 17 | 7.3778 | 7.5436 | 7.4919 | 7.5952 | 0.1033 | 7.3053 | 7.7819 | 0.4766 |
| 18 | 7.7832 | 7.7687 | 7.6993 | 7.8382 | 0.1389 | 7.5259 | 8.0115 | 0.4856 |
| 19 | 7.4354 | 7.6243 | 7.5672 | 7.6814 | 0.1141 | 7.3848 | 7.8639 | 0.4791 |
| 20 | 7.3199 | 7.4088 | 7.3626 | 7.4550 | 0.0924 | 7.1716 | 7.6460 | 0.4744 |
| 21 | 7.6009 | 7.6624 | 7.6023 | 7.7225 | 0.1201 | 7.4221 | 7.9027 | 0.4805 |
| 22 | 8.0709 | 7.8649 | 7.7860 | 7.9438 | 0.1578 | 7.6192 | 8.1105 | 0.4913 |
| 23 | 6.9566 | 6.9997 | 6.9364 | 7.0630 | 0.1266 | 6.7586 | 7.2408 | 0.4822 |
| 24 | 7.8633 | 7.8018 | 7.7292 | 7.8744 | 0.1452 | 7.5581 | 8.0455 | 0.4874 |
| 25 | 8.0064 | 7.9803 | 7.8892 | 8.0714 | 0.1822 | 7.7305 | 8.2302 | 0.4997 |
| 26 | 7.5496 | 7.5847 | 7.5305 | 7.6390 | 0.1085 | 7.3459 | 7.8236 | 0.4778 |
| 27 | 7.6962 | 7.7687 | 7.6993 | 7.8382 | 0.1389 | 7.5259 | 8.0115 | 0.4856 |
| 28 | 8.0590 | 8.0590 | 7.9593 | 8.1587 | 0.1995 | 7.8059 | 8.3121 | 0.5062 |

$n=25$，$s=0.101739$，$\bar{X}=3.003450$，$\sum x^2=3.209509$，$t_{0.025}(23)=2.068658$ を用いる．

$\log(TBW)=3.688879$ のとき，$\hat{Y}_0=8.0458$ となる．$E(Y_0)$ および $Y_0$ の 95% 予測区間は次のようになる．

$$P\left(7.9549 \leq E(Y_0) \leq 8.1366\right)=0.95$$

$$P\left(7.8165 \leq Y_0 \leq 8.2750\right)=0.95$$

区間幅は $E(Y_0)$ が 0.1817，$Y_0$ が 0.4585 となり，#7 削除のケースより，さらに，区間幅が狭くなる．とくに，$Y_0$ の区間幅は，全データ 0.5899，#7 削除 0.5062 であったから，#1, 7 削除のケースの $Y_0$ の予測精度は大きく改善された．

**表 4.19** 全身カリウム（*TBK*）の対数の予測値，平均予測値と 95% 予測区間（#1, 7 削除）

| $i$ | log (*TBK*) | log (*TBK*) 予測値 | *E*[log (*TBK*)] の 95% PI | | | log (*TBK*) の 95% PI | | |
|---|---|---|---|---|---|---|---|---|
| | | | 下限 | 上限 | 区間幅 | 下限 | 上限 | 区間幅 |
| 1 | 6.6783 | 6.9496 | 6.8830 | 7.0161 | 0.1331 | 6.7288 | 7.1703 | 0.4415 |
| 2 | 7.3715 | 7.1521 | 7.1020 | 7.2021 | 0.1002 | 6.9357 | 7.3684 | 0.4327 |
| 3 | 7.1309 | 7.0891 | 7.0346 | 7.1437 | 0.1091 | 6.8717 | 7.3065 | 0.4348 |
| 4 | 7.4266 | 7.4173 | 7.3749 | 7.4597 | 0.0847 | 7.2026 | 7.6320 | 0.4294 |
| 5 | 6.6846 | 6.6937 | 6.6012 | 6.7861 | 0.1849 | 6.4638 | 6.9235 | 0.4598 |
| 6 | 7.6497 | 7.6256 | 7.5740 | 7.6772 | 0.1033 | 7.4089 | 7.8423 | 0.4334 |
| 7 | 7.4384 | 7.0891 | 7.0346 | 7.1437 | 0.1091 | 6.8717 | 7.3065 | 0.4348 |
| 8 | 7.1389 | 7.1521 | 7.1020 | 7.2021 | 0.1002 | 6.9357 | 7.3684 | 0.4327 |
| 9 | 7.2226 | 7.2670 | 7.2228 | 7.3111 | 0.0883 | 7.0519 | 7.4820 | 0.4301 |
| 10 | 6.9078 | 6.7866 | 6.7040 | 6.8693 | 0.1653 | 6.5605 | 7.0127 | 0.4522 |
| 11 | 7.0031 | 7.0218 | 6.9618 | 7.0819 | 0.1201 | 6.8030 | 7.2407 | 0.4377 |
| 12 | 7.3132 | 7.3697 | 7.3276 | 7.4118 | 0.0842 | 7.1551 | 7.5843 | 0.4293 |
| 13 | 7.2793 | 7.3197 | 7.2770 | 7.3623 | 0.0853 | 7.1049 | 7.5344 | 0.4295 |
| 14 | 7.0031 | 7.0218 | 6.9618 | 7.0819 | 0.1201 | 6.8030 | 7.2407 | 0.4377 |
| 15 | 6.8565 | 6.8715 | 6.7974 | 6.9455 | 0.1481 | 6.6484 | 7.0946 | 0.4462 |
| 16 | 7.7832 | 7.6256 | 7.5740 | 7.6772 | 0.1033 | 7.4089 | 7.8423 | 0.4334 |
| 17 | 7.3778 | 7.5475 | 7.5007 | 7.5944 | 0.0936 | 7.3319 | 7.7631 | 0.4312 |
| 18 | 7.7832 | 7.7652 | 7.7023 | 7.8281 | 0.1258 | 7.5455 | 7.9848 | 0.4393 |
| 19 | 7.4354 | 7.6256 | 7.5740 | 7.6772 | 0.1033 | 7.4089 | 7.8423 | 0.4334 |
| 20 | 7.3199 | 7.4173 | 7.3749 | 7.4597 | 0.0847 | 7.2026 | 7.6320 | 0.4294 |
| 21 | 7.6009 | 7.6624 | 7.6081 | 7.7167 | 0.1087 | 7.4451 | 7.8798 | 0.4347 |
| 22 | 8.0709 | 7.8581 | 7.7865 | 7.9297 | 0.1432 | 7.6358 | 8.0804 | 0.4446 |
| 23 | 6.9566 | 7.0218 | 6.9618 | 7.0819 | 0.1201 | 6.8030 | 7.2407 | 0.4377 |
| 24 | 7.8633 | 7.7972 | 7.7314 | 7.8630 | 0.1316 | 7.5766 | 8.0177 | 0.4410 |
| 25 | 8.0064 | 7.9697 | 7.8869 | 8.0526 | 0.1657 | 7.7435 | 8.1959 | 0.4524 |
| 26 | 7.5496 | 7.5874 | 7.5382 | 7.6365 | 0.0982 | 7.3712 | 7.8035 | 0.4322 |
| 27 | 7.6962 | 7.7652 | 7.7023 | 7.8281 | 0.1258 | 7.5455 | 7.9848 | 0.4393 |
| 28 | 8.0458 | 8.0458 | 7.9549 | 8.1366 | 0.1817 | 7.8165 | 8.2750 | 0.4585 |

**表 4.19** は，#1, 7 削除のパラメータ推定値を用いて #1 と #7 の log (*TBK*) も予測し，log (*TBW*) = log (40) のときの log (*TBK*) は $i=28$ として表には示されている．

$i=1, 7, 28$ を除いた $E(Y_0)$ の予測の区間幅は，約 0.08 から 0.18（#5 の区間幅 0.1849 を除くと約 0.17 まで），$Y_0$ の予測の区間幅は，約 0.43 から 0.46（#5 の 0.4598 を除くと約 0.45 まで）と，さらに，予測精度は良くなる．

**図 4.15** は #1, 7 を含む散布図に，*E*[log (*TBK*)] と log (*TBK*) の予測値，95% 予測区間のグラフである．

全データのケースと比較して，#1 と 7 を除き，新たに $Y_0$ の 95% 予測区間外

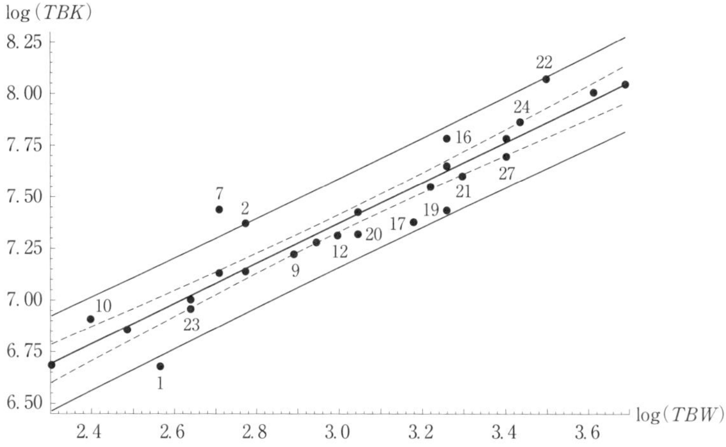


**図 4.15** $E[\log(TBK)]$ と $\log(TBK)$ の 95% 予測区間（#1, 7 削除）

へ落ちる観測値は，#2（上限の外），$E(Y_0)$ の 95% 予測区間外へ落ちる観測値は，#24（上限の外），#21，23，27（いずれも下限の外）である．全データで $Y_0$ あるは $E(Y_0)$ の予測区間外へ落ちる観測値はすべて，#1，7 削除のケースにおいても区間外である．

以上, #7 あるいは #1，7 を削除すると, スチューデント化残差 $t_i$ が #7 は 3.18, #1 は −2.35（表 3.4）と，絶対値で異常に大きな残差ではないにもかかわらず, 予測区間，とくに $Y_0$ の予測区間が全データのケースより狭くなり，予測精度が改善されることがわかった.

## 4.4 外れ値削除および頑健回帰推定と生存確率

### 4.4.1 肺がん患者のデータ

**表 4.20** のデータは，Kalbfleisch and Prentice（1980）の Appendix 1 に掲載されているアメリカ退役軍人管理局の調査による肺がん患者の生存時間と本節のモデルに使用したデータである．Appendix 1 には打ち切りデータ 9 人の患者を含む 137 人の生存時間と表 4.20 には載せなかった他の因子も掲載されている.

表 4.20 は非打ち切りデータの 128 人のみである．打ち切りデータを含む 137 人の生存時間の分析は，蓑谷（2013）例 10.3，例 10.5，例 10.6 にある.

**表 4.20**　肺がん患者の生存時間と予測因子（非打ち切りデータのみ）

| *i* | *SV* | *KPS* | *SQM* | *LARGE* | *i* | *SV* | *KPS* | *SQM* | *LARGE* | *i* | *SV* | *KPS* | *SQM* | *LARGE* |
|---|---|---|---|---|---|---|---|---|---|---|---|---|---|---|
| 1 | 72 | 60 | 1 | 0 | 46 | 132 | 80 | 0 | 0 | 91 | 99 | 70 | 0 | 0 |
| 2 | 411 | 70 | 1 | 0 | 47 | 12 | 50 | 0 | 0 | 92 | 8 | 80 | 0 | 0 |
| 3 | 228 | 60 | 1 | 0 | 48 | 162 | 80 | 0 | 0 | 93 | 99 | 85 | 0 | 0 |
| 4 | 126 | 60 | 1 | 0 | 49 | 3 | 30 | 0 | 0 | 94 | 61 | 70 | 0 | 0 |
| 5 | 118 | 70 | 1 | 0 | 50 | 95 | 80 | 0 | 0 | 95 | 25 | 70 | 0 | 0 |
| 6 | 10 | 20 | 1 | 0 | 51 | 177 | 50 | 0 | 1 | 96 | 95 | 70 | 0 | 0 |
| 7 | 82 | 40 | 1 | 0 | 52 | 162 | 80 | 0 | 1 | 97 | 80 | 50 | 0 | 0 |
| 8 | 110 | 80 | 1 | 0 | 53 | 216 | 50 | 0 | 1 | 98 | 51 | 30 | 0 | 0 |
| 9 | 314 | 50 | 1 | 0 | 54 | 553 | 70 | 0 | 1 | 99 | 29 | 40 | 0 | 0 |
| 10 | 42 | 60 | 1 | 0 | 55 | 278 | 60 | 0 | 1 | 100 | 24 | 40 | 0 | 0 |
| 11 | 8 | 40 | 1 | 0 | 56 | 12 | 40 | 0 | 1 | 101 | 18 | 40 | 0 | 0 |
| 12 | 44 | 30 | 1 | 0 | 57 | 260 | 80 | 0 | 1 | 102 | 31 | 80 | 0 | 0 |
| 13 | 11 | 70 | 1 | 0 | 58 | 200 | 80 | 0 | 1 | 103 | 51 | 60 | 0 | 0 |
| 14 | 30 | 60 | 0 | 0 | 59 | 156 | 70 | 0 | 1 | 104 | 90 | 60 | 0 | 0 |
| 15 | 384 | 60 | 0 | 0 | 60 | 143 | 90 | 0 | 1 | 105 | 52 | 60 | 0 | 0 |
| 16 | 4 | 40 | 0 | 0 | 61 | 105 | 80 | 0 | 1 | 106 | 73 | 60 | 0 | 0 |
| 17 | 54 | 80 | 0 | 0 | 62 | 103 | 80 | 0 | 1 | 107 | 8 | 50 | 0 | 0 |
| 18 | 13 | 60 | 0 | 0 | 63 | 250 | 70 | 0 | 1 | 108 | 36 | 70 | 0 | 0 |
| 19 | 153 | 60 | 0 | 0 | 64 | 100 | 60 | 0 | 1 | 109 | 48 | 10 | 0 | 0 |
| 20 | 59 | 30 | 0 | 0 | 65 | 999 | 90 | 1 | 0 | 110 | 7 | 40 | 0 | 0 |
| 21 | 117 | 80 | 0 | 0 | 66 | 112 | 80 | 1 | 0 | 111 | 140 | 70 | 0 | 0 |
| 22 | 16 | 30 | 0 | 0 | 67 | 242 | 50 | 1 | 0 | 112 | 186 | 90 | 0 | 0 |
| 23 | 151 | 50 | 0 | 0 | 68 | 991 | 70 | 1 | 0 | 113 | 84 | 80 | 0 | 0 |
| 24 | 22 | 60 | 0 | 0 | 69 | 111 | 70 | 1 | 0 | 114 | 19 | 50 | 0 | 0 |
| 25 | 56 | 80 | 0 | 0 | 70 | 1 | 20 | 1 | 0 | 115 | 45 | 40 | 0 | 0 |
| 26 | 21 | 40 | 0 | 0 | 71 | 587 | 60 | 1 | 0 | 116 | 80 | 40 | 0 | 0 |
| 27 | 18 | 20 | 0 | 0 | 72 | 389 | 90 | 1 | 0 | 117 | 52 | 60 | 0 | 1 |
| 28 | 139 | 80 | 0 | 0 | 73 | 33 | 30 | 1 | 0 | 118 | 164 | 70 | 0 | 1 |
| 29 | 20 | 30 | 0 | 0 | 74 | 25 | 20 | 1 | 0 | 119 | 19 | 30 | 0 | 1 |
| 30 | 31 | 75 | 0 | 0 | 75 | 357 | 70 | 1 | 0 | 120 | 53 | 60 | 0 | 1 |
| 31 | 52 | 70 | 0 | 0 | 76 | 467 | 90 | 1 | 0 | 121 | 15 | 30 | 0 | 1 |
| 32 | 287 | 60 | 0 | 0 | 77 | 201 | 80 | 1 | 0 | 122 | 43 | 60 | 0 | 1 |
| 33 | 18 | 30 | 0 | 0 | 78 | 1 | 50 | 1 | 0 | 123 | 340 | 80 | 0 | 1 |
| 34 | 51 | 60 | 0 | 0 | 79 | 30 | 70 | 1 | 0 | 124 | 133 | 75 | 0 | 1 |
| 35 | 122 | 80 | 0 | 0 | 80 | 44 | 60 | 1 | 0 | 125 | 111 | 60 | 0 | 1 |
| 36 | 27 | 60 | 0 | 0 | 81 | 283 | 90 | 1 | 0 | 126 | 231 | 70 | 0 | 1 |
| 37 | 54 | 70 | 0 | 0 | 82 | 15 | 50 | 1 | 0 | 127 | 378 | 80 | 0 | 1 |
| 38 | 7 | 50 | 0 | 0 | 83 | 25 | 30 | 0 | 0 | 128 | 49 | 30 | 0 | 1 |
| 39 | 63 | 50 | 0 | 0 | 84 | 21 | 20 | 0 | 0 | | | | | |
| 40 | 392 | 40 | 0 | 0 | 85 | 13 | 30 | 0 | 0 | | | | | |
| 41 | 10 | 40 | 0 | 0 | 86 | 87 | 60 | 0 | 0 | | | | | |
| 42 | 8 | 20 | 0 | 0 | 87 | 2 | 40 | 0 | 0 | | | | | |
| 43 | 92 | 70 | 0 | 0 | 88 | 20 | 30 | 0 | 0 | | | | | |
| 44 | 35 | 40 | 0 | 0 | 89 | 7 | 20 | 0 | 0 | | | | | |
| 45 | 117 | 80 | 0 | 0 | 90 | 24 | 60 | 0 | 0 | | | | | |

出所：Kalbfleisch and Prentice（1980）p. 223, Appendix 1 より作成

肺がん患者の生存時間に影響する重要な変数は，カルノフスキー評点と腫瘍の組織構造タイプである．

カルノフスキー評点 Karnofsky performance score（以下，*KPS* と略す）とは，

がん患者の日常行動遂行能力を測る尺度であり，次のような評点である．

100：　完全に健康，何らかの病気や疾病の徴候なし
90：　ほんのわずかな疾病の徴候があるが，正常の活動は可能
80：　若干の疾病の徴候があるが，努力して正常の活動可能
70：　自らケアできるが，通常の活動あるいは仕事はできない
60：　若干の支援は必要であるが，ほとんどの個人的必要事は処理することができる
50：　しばしば支援，医療の要あり
40：　障害があり，特別な支援，医療の要あり
30：　活動するには深刻な障害があり，入院した方がよいが死のリスクはない
20：　非常に症状は悪く，入院し，治療の要あり
10：　瀕死の状態であり，急速に死に到る症状である
0：　死

腫瘍の組織構造タイプは次の 4 つに分類される．

扁平上皮細胞　*SQM*
小細胞　*SMALL*
腺棘細胞　*ADENO*
大細胞　*LARGE*

表 4.20 の *SV*＝生存時間（単位，日），*KPS*＝カルノフスキー評点，腫瘍の組織構造タイプはそのタイプに該当すれば 1，該当しなければ 0 である．したがって，*SQM*＝*LARGE*＝0 ならばタイプは *SMALL* あるいは *ADENO* を示す．すべて非打ち切りデータである．

### 4.4.2　対数正規分布の pdf，生存関数，危険度関数

対数正規分布の仮定のもとで分析するので，対数正規分布の確率密度関数 pdf，生存関数 survival function，危険度関数 hazard function を以下に示す．

$$\log Y \sim N(\mu, \sigma^2)$$

とする．$Y$ は生存時間である．このとき

pdf

$$f(y) = \frac{1}{\sqrt{2\pi}\sigma y}\exp\left[-\frac{(\log y - \mu)^2}{2\sigma^2}\right] \tag{4.14}$$

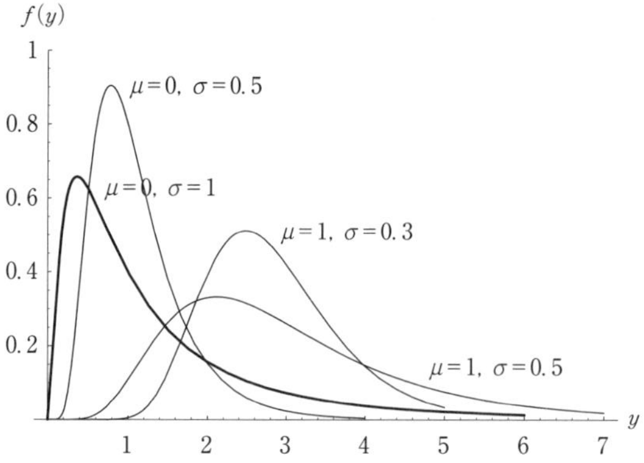


**図 4.16**　対数正規分布の確率密度関数

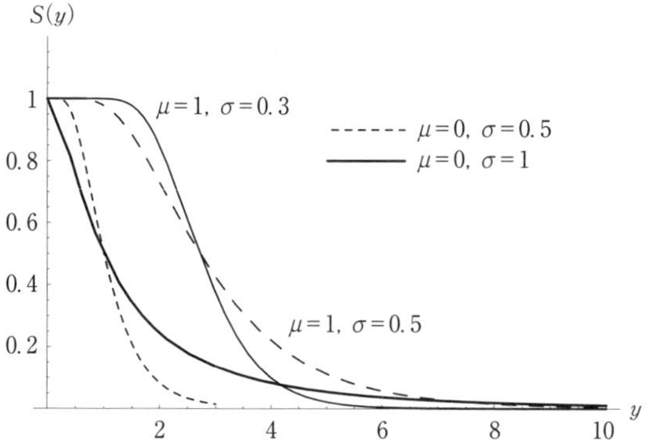


**図 4.17**　対数正規分布の生存関数

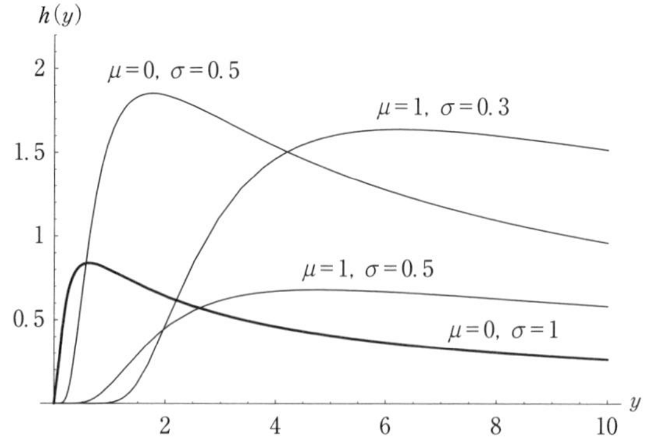


**図 4.18**　対数正規分布の危険度関数

生存関数

$$S(y)=P(Y>y)=1-\Phi\left(\frac{\log y-\mu}{\sigma}\right) \tag{4.15}$$

危険度関数

$$h(y)=\frac{f(y)}{S(y)}=\frac{\exp\left[-\frac{1}{2\sigma^2}(\log y-\mu)^2\right]}{\sqrt{2\pi}\sigma y\left[1-\Phi\left(\frac{\log y-\mu}{\sigma}\right)\right]} \tag{4.16}$$

ここで

$\Phi(\cdot)$ は標準正規分布の分布関数 cdf

である.

危険度関数は

$$h(y)=\lim_{\Delta y\to 0}\frac{P(y<Y\leq y+\Delta y\,|\,Y>y)}{\Delta y}$$

と定義される. 時点 $y$ まで生存した（$Y>y$）という条件が与えられた個体が, $Y\simeq y$ で死亡する確率である.

$(\mu,\sigma)=(0, 0.5)$, $(0, 1)$, $(1, 0.3)$, $(1, 0.5)$ のときの $f(y)$ が**図 4.16**, $S(y)$ が**図 4.17**, $h(y)$ が**図 4.18** である.

### 4.4.3　全データによる推定

表 4.20 のデータを用いて次の推定結果を得る.

$$\log(SV)=\underset{(5.55)}{1.6111}+\underset{(7.81)}{0.03752}KPS+\underset{(2.22)}{0.5087}SQM+\underset{(2.98)}{0.7354}LARGE$$

$$\bar{R}^2=0.3918,\quad s=1.0575$$

回帰係数推定値の符号はすべて正で有意であるから, *KPS*, *SQM*, *LARGE* は生存時間を長くする因子である. 本書では用いなかったが, *SMALL*, *ADENO* の組織構造のタイプは, 生存時間に負の効果をもつ危険因子である.

*KPS* が高いほど生存時間は長くなり, 危険度は小さくなる. しかし, *KPS* の評点からわかるように, 60 以上と 60 未満では断絶があり, 60 以上でもさらに 80 以上と 60～80 の評点では日常活動の程度に違いがある. それゆえ, 次のように *KPS*80, *KPS*60 のダミー変数を定義し, *KPS* を区別した.

**表 4.21**　(4.17) 式の全データ，$i$ 観測値削除，頑健回帰（Collins の $\psi$）推定結果

| 説明変数 | 全データ | #70, 78 削除 | #40, 70, 78 削除 | 3SS | MM |
|---|---|---|---|---|---|
| 定数項 | 2.9023 | 2.9919 | 2.9181 | 2.8961 | 2.9457 |
| $t$ 値 | 17.31 | 19.44 | 19.41 | 20.9 | 20.2 |
| $X_2$ | 1.6846 | 1.5205 | 1.5778 | 1.697 | 1.5904 |
| $t$ 値 | 6.56 | 6.43 | 6.90 | 8.02 | 7.14 |
| $X_3$ | 1.2483 | 1.0791 | 1.1365 | 1.2179 | 1.13490 |
| $t$ 値 | 5.64 | 5.28 | 5.74 | 6.66 | 5.90 |
| $X_4$ | 0.5529 | 0.8171 | 0.8513 | 0.7685 | 0.8465 |
| $t$ 値 | 2.35 | 3.71 | 4 | 3.87 | 4.08 |
| $X_5$ | 0.7527 | 0.7917 | 0.8213 | 0.7510 | 0.7906 |
| $t$ 値 | 2.97 | 3.42 | 3.68 | 3.68 | 3.65 |
| | | | | | |
| $\bar{R}^2$ | 0.3587 | 0.3875 | 0.4243 | 0.6036 | 0.5310 |
| $s$ | 1.0858 | 0.9904 | 0.9557 | 0.8667 | 0.9254 |
| $\hat{\sigma}$ | 1.06441 | 0.9706 | 0.9364 | 0.8896 | 1.015 |
| | | | | | |
| BP | 16.86997 | 8.90395 | 9.72577 | 12.17805 | 13.28300 |
| $p$ 値 | 0.002 | 0.064 | 0.045 | 0.032 | 0.021 |
| W | 20.66069 | 10.64370 | 12.35781 | 52.35859 | 51.47270 |
| $p$ 値 | 0.008 | 0.223 | 0.136 | 0.000 | 0.000 |
| | | | | | |
| RESET(2) | 1.46232 | 0.36005 | 0.14261 | 0.25526 | 2.41498 |
| $p$ 値 | 0.230 | 0.550 | 0.706 | 0.614 | 0.123 |
| RESET(3) | 0.85361 | 0.27535 | 0.21347 | 0.28666 | 1.20382 |
| $p$ 値 | 0.423 | 0.760 | 0.808 | 0.751 | 0.304 |
| | | | | | |
| SW | 0.97856 | 0.99199 | 0.99054 | 0.98172 | 0.98500 |
| $p$ 値 | 0.040 | 0.688 | 0.553 | 0.082 | 0.171 |
| JB | 8.15084 | 0.52248 | 0.12656 | 1.85047 | 0.82306 |
| $p$ 値 | 0.017 | 0.770 | 0.939 | 0.396 | 0.663 |

$$KPS80 = \begin{cases} 1, & KPS \geq 80 \text{ のとき} \\ 0, & KPS < 80 \text{ のとき} \end{cases}$$

$$KPS60 = \begin{cases} 1, & 60 \leq KPS < 80 \text{ のとき} \\ 0, & \text{その他} \end{cases}$$

したがって $KPS80 = KPS60 = 0$ のとき $KPS < 60$ になる．

$Y = SV$, $X_2 = KPS80$, $X_3 = KPS60$, $X_4 = SQM$, $X_5 = LARGE$ とおき，モデルを

$$\begin{aligned} \log Y_i &= \beta_1 + \beta_2 X_{2i} + \beta_3 X_{3i} + \beta_4 X_{4i} + \beta_5 X_{5i} + u_i \\ &= \boldsymbol{x}_i' \boldsymbol{\beta} + u_i \end{aligned} \tag{4.17}$$

とする．

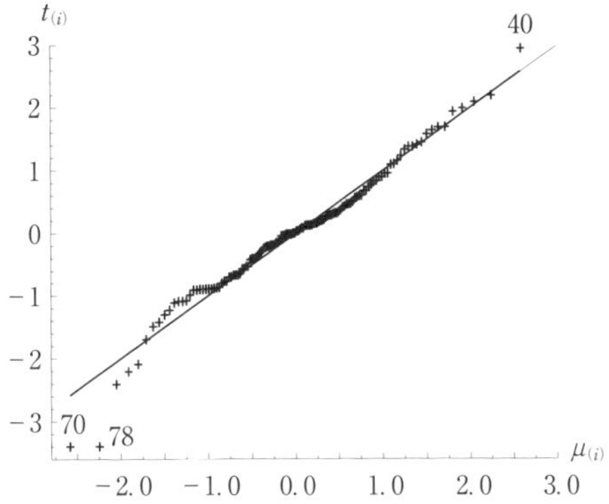


**図 4.19** 正規確率プロット（(4.17) 式全データ）

上式の OLS による推定結果は**表 4.21** の全データの列である．$\bar{R}^2=0.3587$ と説明力は高くない．定式化ミスはないが，不均一分散であり，上式 $u_i$ の正規性は成立していない．

順序化スチューデント化残差 $t_{(i)}$ による正規確率プロットは**図 4.19** である．図 4.19 から予想されるように，#70 と #78 がなければ正規性が成立しそうである．

標本歪度 = −0.24085，標本尖度 = 4.13852

であり，母歪度 = 0 の仮説は D'Agostino（1970）の検定で棄却されないが，母尖度 = 3 の仮説は Anscombe and Glynn（1983）検定で棄却され，母尖度 > 3 である．したがって，(4.17) 式の $u_i$ は正規分布（$Y_i$ は対数正規分布）の仮定ではなく，$u_i$ にはロジスティック分布（$Y_i$ は対数ロジスティック分布）を仮定する方が適切である．$u_i$ がロジスティック分布に従うとき，歪度 = 0，尖度 = 4.2 である．

(4.17) 式の $u_i$ にロジスティック分布，したがって $Y_i$ に対数ロジスティック分布を仮定して，最尤法で推定してみよう（詳細は蓑谷（2013）10 章参照）．

対数尤度関数は次式になる．

$$\log L(\boldsymbol{\beta}, \sigma) = \sum_{i=1}^{n}\left\{-\log\sigma + \frac{1}{\sigma}(\log Y_i - \boldsymbol{x}_i'\boldsymbol{\beta}) - 2\log\left(1+\exp\left[\frac{1}{\sigma}(\log Y_i - \boldsymbol{x}_i'\boldsymbol{\beta})\right]\right)\right\} \tag{4.18}$$

最尤法による上式の推定結果は次式になる．$\hat{\beta}_j$ の標準偏差の推定はニュートン法である．（ ）内は $z$ 値である．

$$
\begin{aligned}
\log Y = &\underset{(18.24)}{2.9026} + \underset{(7.33)}{1.6998}X_2 + \underset{(5.77)}{1.2133}X_3 \\
&+ \underset{(2.82)}{0.6513}X_3 + \underset{(3.23)}{0.7320}X_4 \qquad (4.19) \\
&R^2 = 0.3776,\quad \hat{\sigma} = 0.5784\ (13.44)
\end{aligned}
$$

$R^2$ は $\log Y_i$ と $\log Y_i$ の推定値の相関係数の 2 乗である．

$\hat{\beta}_4$ を除き，表 4.21 の全データによる $\beta_j$ の推定値と大きな差はない．

全データのケースで，$u_i$ の正規性は成立しないが，後に示すように，#70, 78 削除，#40, 70, 78 削除のケースにおいては，$u_i$ の正規性が成立するので，全データと外れ値削除のケースを比較するために，全データのケースの回帰診断を行う．

### 4.4.4 全データによる推定式の回帰診断

（1） $Y$ 方向の外れ値

**表 4.22** に，平方残差率 $a_i^2$ が $100 \times 3/n = 2.34\%$ を超える観測値と，最小 2 乗残差 $e$, $h_{ii}$, $\mathrm{MD}_i^2$, $a_i^2$, スチューデント化残差 $t_i$ が示されている．$a_i^2$ が大きく，$|t_i|$ が 3 を超えるのは #70, 78，次に $a_i^2$ と $|t_i|$ が大きいのは #40 である．

$2k/n = 0.078125$, $3k/n = 0.117188$ であるが，表 4.22 の $h_{ii}$ を含め，$2k/n$ を超える $h_{ii}$ は皆無である．すなわち，高い作用点はない．

（2） *DFBETA*, *DFBETAS*

*DFBETAS* の切断点は 0.1768 である．**表 4.23** にこの切断点を超える影響点を，$j=1$ から 5 までの $j$ ごとに観測値番号 $i$, $DFBETA_j(i)$, $DFBETAS_j(i)$ を示した．

**表 4.22** (4.17) 式（全データ推定式）の $Y$ 方向の外れ値

| $i$ | $e$ | $h_{ii}$ | $\mathrm{MD}_i^2$ | $a_i^2(\%)$ | $t_i$ |
|---|---|---|---|---|---|
| 9 | 2.2942 | 0.0464 | 4.9052 | 3.63 | 2.20 |
| 13 | −2.3056 | 0.0435 | 4.5369 | 3.67 | −2.20 |
| 23 | 2.1150 | 0.0238 | 2.0350 | 3.08 | 2.00 |
| 40 | 3.0690 | 0.0238 | 2.0350 | 6.49 | 2.95 |
| 67 | 2.0337 | 0.0464 | 4.9052 | 2.85 | 1.94 |
| 68 | 2.1952 | 0.0435 | 4.5369 | 3.32 | 2.10 |
| 70 | −3.4552 | 0.0464 | 4.9052 | 8.23 | −3.40 |
| 78 | −3.4552 | 0.0464 | 4.9052 | 8.23 | −3.40 |
| 87 | −2.2092 | 0.0238 | 2.0350 | 3.37 | −2.09 |
| 92 | −2.5075 | 0.0433 | 4.5121 | 4.34 | −2.41 |

**表 4.23** (4.17) 式全データ推定式の *DFBETAS* の影響点

| $j=1$ | | | $j=2$ | | | $j=3$ | | |
|---|---|---|---|---|---|---|---|---|
| *i* | *DFBETA* | *DFBETAS* | *i* | *DFBETA* | *DFBETAS* | *i* | *DFBETA* | *DFBETAS* |
| 16 | −0.03702 | 0.2217 | 9 | −0.05182 | 0.2049 | 9 | −0.05344 | 0.2452 |
| 23 | 0.05164 | 0.3118 | 40 | −0.05725 | 0.2298 | 13 | −0.04655 | 0.2137 |
| 39 | 0.03030 | 0.1810 | 53 | −0.04937 | 0.1936 | 15 | 0.04318 | 0.1966 |
| 40 | 0.07494 | 0.4608 | 65 | 0.06459 | 0.2534 | 23 | −0.03949 | 0.1806 |
| 49 | −0.04404 | 0.2647 | 67 | −0.04594 | 0.1809 | 40 | −0.05730 | 0.2670 |
| 70 | −0.04260 | 0.2647 | 70 | 0.07805 | 0.3167 | 51 | −0.04153 | 0.1886 |
| 78 | −0.04260 | 0.2647 | 78 | 0.07805 | 0.3167 | 53 | −0.04697 | 0.2137 |
| 87 | −0.05394 | 0.3261 | 92 | −0.09885 | 0.3924 | 67 | −0.04737 | 0.2165 |
| 97 | 0.03613 | 0.2163 | 102 | −0.04545 | 0.1771 | 68 | 0.04432 | 0.2031 |
| 116 | 0.03613 | 0.2163 | | | | 70 | 0.08048 | 0.3790 |
| | | | | | | 78 | 0.08048 | 0.3790 |
| | | | | | | 87 | 0.04125 | 0.1889 |

| $j=4$ | | | $j=5$ | | |
|---|---|---|---|---|---|
| *i* | *DFBETA* | *DFBETAS* | *i* | *DFBETA* | *DFBETAS* |
| 2 | 0.04220 | 0.1801 | 51 | 0.07210 | 0.2859 |
| 6 | −0.04192 | 0.1787 | 53 | 0.08154 | 0.3241 |
| 9 | 0.08344 | 0.3608 | 54 | 0.05514 | 0.2183 |
| 11 | −0.05004 | 0.2137 | 56 | −0.05546 | 0.2191 |
| 13 | −0.07400 | 0.3200 | 92 | 0.04882 | 0.1964 |
| 65 | 0.05889 | 0.2527 | 121 | −0.04489 | 0.1770 |
| 67 | 0.07397 | 0.3185 | | | |
| 68 | 0.07045 | 0.3041 | | | |
| 70 | −0.12567 | 0.5576 | | | |
| 71 | 0.05364 | 0.2299 | | | |
| 78 | −0.12567 | 0.5576 | | | |
| 79 | −0.04180 | 0.1784 | | | |

**表 4.24** (4.17) 式全データ推定式の影響点

| *i* | *DFFITS* | クックの *D* | *C* | *WL* | 1−*AP* |
|---|---|---|---|---|---|
| 9 | 0.4848 | 0.0456 | 2.4047 | 5.5952 | |
| 13 | −0.4704 | 0.0429 | 2.3333 | 5.4209 | |
| 40 | 0.4608 | 0.0400 | 2.2854 | 5.2558 | |
| 43 | 0.4103 | 0.0332 | 2.0352 | 4.7662 | |
| 65 | 0.4243 | 0.0355 | 2.1046 | 4.9304 | |
| 67 | 0.4280 | 0.0358 | 2.1227 | 4.9391 | |
| 68 | 0.4471 | 0.0389 | 2.2173 | 5.1515 | |
| 70 | −0.7493 | 0.1034 | 3.7162 | 8.6468 | 0.8712 |
| 78 | −0.7493 | 0.1034 | 3.7162 | 8.6468 | 0.8712 |
| 92 | −0.5122 | 0.0505 | 2.5406 | 5.9018 | |

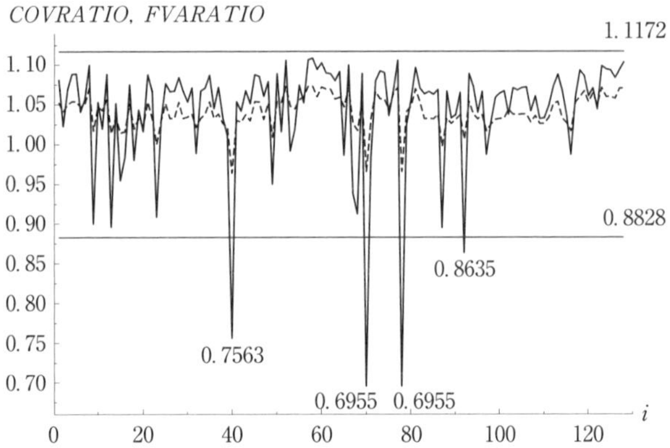


**図 4.20**　(4.17) 式全データの *COVRATIO, FVARATIO*

*Y* 方向の外れ値 #70, 78 は $\hat{\beta}_j$, $j=1, 2, 3, 4$, #40 は $\hat{\beta}_j$, $j=1, 2, 3$ に対して影響点である．*DFBETAS* の値から，#70, 78 は，とくに $\hat{\beta}_3$, $\hat{\beta}_4$ への影響が大きい．*DFBETA* の値から，#70, 78 は，とくに $\hat{\beta}_3$, $\hat{\beta}_4$ への影響が大きい．*DFBETA* の値から，#70, 78 を除いて推定すると $\hat{\beta}_4(i)$ は大きくなり，$\hat{\beta}_3(i)$ は小さくなることがわかる．

#53 は $\hat{\beta}_j$, $j=2, 3, 5$, #67 は $\hat{\beta}_j$, $j=2, 3, 4$ の影響点である．#53, 67 とも，次の *DFFITS* やクックの *D* から検出される影響点である．

(3)　*DFFITS*, クックの *D* 他

切断点は $|DFFITS|>0.4032$, クックの $D>0.0311$, $C>2.0$, $WL>4.6357$, $1-AP<0.8932$ である．

**表 4.24** はこの検定統計量によって検出された影響点である．*DFFITS*, クックの *D*, *C*, *WL* によって検出された影響点はすべて同じであり，$1-AP$ は #70, 78 のみを外れ値として検出している．どの検定統計量も #70, 78 の値が際立っている．

(4)　*COVRATIO, FVARATIO*

$COVRATIO<0.8828$, あるいは $COVRATIO>1.1172$ が *COVRATIO* の影響点である．**図 4.20** に示されているように，#40, 70, 78, 92 の 4 点がいずれも 0.8828 より小さい *COVRATIO*（実線）の影響点である．*FVARATIO*（破線）の値は #40 が 0.9641, #70, 78 が 0.9660 と 1 より小さく，#92 は 1.006 と 1 よ

**表 4.25** (4.17) 式全データ推定式の観測値削除による $t$ 値の変化

| | 最小値 | 最大値 | | 最小値 | 最大値 |
|---|---|---|---|---|---|
| $t_1(i)$ | #20, 16.95 | #70, 18.25 | $t_4(i)$ | #9, 2.00 | #70, 2.97 |
| $DFTSTAT_1(i)$ | #95, 0.00318 | #70, 0.94 | $DFTSTAT_4(i)$ | #35, 0.00060 | #70, 0.62 |
| $t_2(i)$ | #65, 6.29 | #92, 6.99 | $t_5(i)$ | #53, 2.62 | #40, 3.19 |
| $DFTSTAT_2(i)$ | #36, 0.00014 | #92, 0.43 | $DFTSTAT_5(i)$ | #3, 0.00041 | #53, 0.35 |
| $t_3(i)$ | #15, 5.45 | #40, 6.06 | | | |
| $DFTSTAT_3(i)$ | #76, 0.00257 | #40, 0.42 | | | |

全データを用いたときの $t_1=17.31$, $t_2=6.56$, $t_3=5.64$, $t_4=2.35$, $t_5=2.97$

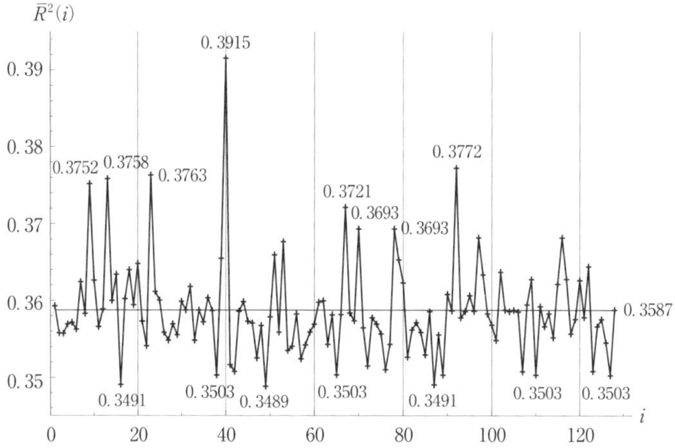


**図 4.21** 観測値 $i$ を除いて (4.17) 式を推定したときの自由度修正済み決定係数

りわずかであるが大きい.

(5) $t$ 値の変化, 決定係数の変化

観測値 $i$ を除いて推定したときの $t_j(i)$, および

$$DFTSTAT_j(i)=t_j-t_j(i)$$

の最小値, 最大値を与える観測値番号とともに, $j$ ごとに**表 4.25** に示した. $t_j(i)$, $j=1, 3, 4, 5, 6$, $DFTSTAT_j(i)$, $j=1, 3, 5$ の最大値は #40 あるいは #70 (#78 も #70 と同じ) の $Y$ 方向の外れ値のときである. $j=2$ のときは, $\hat{\beta}_2$ への影響点であり, $DFFITS$ やクックの $D$ からも影響点と検出され. $a_i^2=4.34\%$ ($>300/n=2.34\%$) の #92 を除いて推定したときである.

全データ推定式の $\bar{R}^2=0.3587$ は, 観測値 $i$ 削除によって $\bar{R}^2(i)$ になる. **図 4.21**

は $\bar{R}^2(i)$ のグラフである．$\bar{R}^2(i)$ が高くなる $i$ と $\bar{R}^2(i)$ の上位3点は #40 の 0.3915，#92 の 0.3772，#23 の 0.3763 である．#70，78 のときも 0.3693 と高くなる．逆に，0.3587 より低くなる下位3点は #49 の 0.3489，#16，87 の 0.3491 である．

## 4.5　Y 方向の外れ値削除のケース

### 4.5.1　#70, 78 削除のケース

#70，78 を削除して（4.17）式を推定した結果は，表 4.21 の #70，78 削除の列に示されている．

$\bar{R}^2$，$\hat{\beta}_1$，$\hat{\beta}_4$，$\hat{\beta}_5$ の $t$ 値は，全データのケースより高くなるが，$\hat{\beta}_2$，$\hat{\beta}_3$ の $t$ 値は少し低くなる．全データの不均一分散，非正規性は，#70，78 削除によって均一分散になり，正規性も成立する．

全データのケースと同様，$\hat{\beta}_2 > \hat{\beta}_3$ であるが，#70，78 削除のケースは，全データのケースと異なり，$\hat{\beta}_4 > \hat{\beta}_5$ である．#70，78 削除のケースで，まず

$$H_0 : \beta_2 = \beta_3, \quad H_1 : \beta_2 \neq \beta_3$$

を検定しよう．#70，78 を削除して推定したときの残差平方和を $SSRU$，$\sigma^2$ の不偏推定量を $s^2$，$H_0$ の制約のもとで推定したときの残差平方和を $SSRR$，$\beta_j$ に関する線形制約の数を $q$（いまの例では $q=1$）とすると，$H_0$ が正しいとき

$$F_0 = \frac{(SSRR - SSRU)/q}{s^2} \sim F(q, n-k) \tag{4.20}$$

である．

$$SSRR = 122.24585073, \quad SSRU = 118.69971657$$
$$s^2 = 0.98098939, \quad q = 1, \quad n-k = 121$$

となるから

$$F_0 = 3.6149 \ (0.05964)$$

が得られる．（　）内は $H_0$ のもとでの $p$ 値である．

有意水準 5% ならば $H_0$ は棄却されないが，有意水準 6% ならば $H_0$ 棄却という微妙な値である．

次に，やはり，#70，78 削除のケースで

$$H_0 : \beta_4 = \beta_5, \quad H_1 : \beta_4 \neq \beta_5$$

を検定する．$H_0$ のもとで推定された式の残差平方和を $SSRR$ とすると，$SSRR$

＝118.70851753 であるから，(4.20) 式を用いて

$$F_0 = 0.008972\ (0.9247)$$

が得られ，$H_0$ は棄却されない．腫瘍の組織構造タイプが $SQM$ か $LARGE$ かで生存時間への影響に差はない．

### 4.5.2　#40, 70, 78 削除のケース

#40，70，78 を除いた (4.17) 式の推定結果は，表 4.21 の #40，70，78 削除の列である．全データのケースとくらべ，$\bar{R}^2$，$\hat{\beta}_j$ の $t$ 値がすべて高くなる．

BP テストの $p$ 値が 0.05 より小さく，BP テストからは不均一分散の可能性がある．定式化ミスはなく，正規性も成立している．

前項と同様に，#40，70，78 削除のケースで

$$H_0: \beta_2 = \beta_3,\quad H_1: \beta_2 \neq \beta_3$$

の仮説検定を行う．

$$SSRR = 113.14779046,\quad SSRU = 109.60324707$$
$$s^2 = 0.91336039,\quad q = 1,\quad n - k = 120$$

を用いて

$$F_0 = 3.8808\ (0.05115)$$

が得られる．有意水準 6% ならば $H_0$ 棄却という，やはり，微妙な値である．

$$H_0: \beta_4 = \beta_5,\quad H_1: \beta_4 \neq \beta_5$$

の仮説検定は

$$F_0 = 0.01341\ (0.9080)$$

となり，$H_0$ は棄却されない．

### 4.5.3　頑健回帰推定

Collins の $\psi$ 関数 ((4.1) 式) を用いて，(4.17) 式に 3 段階 S 推定 (3SS) および MM 推定 (MM) の頑健回帰推定を適用した結果は，表 4.21 の 3SS と MM の列に示されている．

設定した調整定数は，3SS，MM とも第 2 段階は崩壊点 50% を与える $x_0 = 0.5005$，$x_1 = 1.044428$，$r = 1.5$，第 3 段階は漸近的有効性 95% を与える $x_0 = 1.8272$，$x_1 = 1.968243$，$r = 3.5$ である．

3SS あるいは MM でウエイトダウンした観測値番号とウエイトは**表 4.26** であ

**表 4.26**　(4.17) 式頑健回帰推定のウエイト

| $i$ | 3SS | MM | $i$ | 3SS | MM |
|---|---|---|---|---|---|
| 9 | 0.44916 | 0.93180 | 53 | 0.79054 | 1 |
| 13 | 0.44770 | 0.59845 | 65 | 0.94835 | 1 |
| 15 | 1 | 0.98911 | 67 | 0.61838 | 1 |
| 18 | 0.86375 | 1 | 68 | 0.70476 | 0.92260 |
| 23 | 0.61926 | 0.86065 | 70 | 0 | 0 |
| 40 | 0 | 0.31018 | 78 | 0 | 0 |
| 49 | 0.91900 | 1 | 87 | 0.64875 | 0.75445 |
| 51 | 0.92816 | 1 | 92 | 0.30271 | 0.63918 |

る．表 4.26 に記されていない観測値番号のウエイトはすべて 1 である．

ウエイトが 0 になるのは 3SS が #40，70，78，MM が #70，78 であり，MM の #40 のウエイトは 0.31018 まで小さくなるが 0 にはならない．3SS でウエイトが 0.5 より小さくなる #9，13，92 は，いずれも *DFFITS* やクックの $D$ で影響点として検出された観測値である（表 4.24）．

3SS，MM とも，被説明変数，説明変数（定数項も含めて）すべて加重変数であるから，表 4.21 の他のケースとは変数の型が異なる．加重変数の 3SS，MM においては不均一分散である．定式化ミスはなく，正規性も成立している．

## 4.6　外れ値への対処と生存確率，危険度

OLS はすべての残差にウエイト 1 を与える．外れ値を削除して推定することは，削除する観測値のウエイトを 0 にすることである．頑健回帰推定は 0 を含め，ウエイトダウンをすべき観測値を検出する．

このように，外れ値への対処の仕方によって回帰係数および $\sigma$ の推定値が異なってくる．生存分析においては，パラメータ推定値の違いは生存確率や危険度（死亡率）の相違をもたらす．4.4 節の肺がん患者の例 (4.17) 式で説明する．

### 4.6.1　生存確率と危険度

生存時間 $Y$ に対数正規分布を仮定しているので (4.17) 式を

$$\log Y_i = \mu_i + u_i \tag{4.21}$$

$$\mu_i = E(\log Y_i) = \boldsymbol{x}_i'\boldsymbol{\beta}$$

と表すと，生存関数，危険度関数はそれぞれ (4.15) 式，(4.16) 式より

$$S(y_i)=1-\Phi\left(\frac{\log y_i-\boldsymbol{x}_i'\boldsymbol{\beta}}{\sigma}\right) \tag{4.22}$$

$$h(y_i)=\frac{\exp\left[-\dfrac{1}{2\sigma^2}(\log y_i-\boldsymbol{x}_i'\boldsymbol{\beta})^2\right]}{\sqrt{2\pi}\sigma y\left[1-\Phi\left(\dfrac{\log y_i-\boldsymbol{x}_i'\boldsymbol{\beta}}{\sigma}\right)\right]} \tag{4.23}$$

となる．

$\boldsymbol{\beta}$, $\sigma$ に推定値を与え，$S(y_i)$，$h(y_i)$ の推定値を求める．表 4.21 の全データ，#70，78 削除，#40，70，78 削除のケースは $\boldsymbol{\beta}$，$\sigma$ には最尤推定値（表 4.21 の $\hat{\boldsymbol{\beta}}$ と $\hat{\sigma}$），3SS，MM には表 4.21 の $\hat{\boldsymbol{\beta}}$ と $\hat{\sigma}$（3SS，MM とも第 2 段階の $\sigma$ の推定値が表の $\hat{\sigma}$ である）を用いる．

### 4.6.2 128 人の分類

128 人の患者は，**表 4.27** に示されているように，9 ケースのいずれかに属する．一番多いのは *SV*0000 の 33 人である．この 33 人は *KPS* が 60 より小さく，腫瘍の組織構造タイプは *SMALL* あるいは *ADENO* の，いずれも生存時間の危険因子を有している．

ケース *SV*1001 には 8 人が属し，*KPS* は 80 以上，腫瘍の組織構造タイプは生存時間に正の効果を与える *LARGE* を有している．表 4.27 のケースの順序は，全データの生存確率が高い順である．

### 4.6.3 生存確率，危険度 ── 全データ

**図 4.22** は全データの生存関数の 9 ケースのグラフである．上方に位置してい

**表 4.27** 128 人の分類

| ケース | *KPS*80 | *KPS*60 | *SQM* | *LARGE* | 患者数 |
|---|---|---|---|---|---|
| *SV*1001 | 1 | 0 | 0 | 1 | 8 |
| *SV*1010 | 1 | 0 | 1 | 0 | 7 |
| *SV*0101 | 0 | 1 | 0 | 1 | 12 |
| *SV*0110 | 0 | 1 | 1 | 0 | 13 |
| *SV*1000 | 1 | 0 | 0 | 0 | 14 |
| *SV*0100 | 0 | 1 | 0 | 0 | 24 |
| *SV*0001 | 0 | 0 | 0 | 1 | 6 |
| *SV*0010 | 0 | 0 | 1 | 0 | 11 |
| *SV*0000 | 0 | 0 | 0 | 0 | 33 |
| | | | | 計 | 128 |

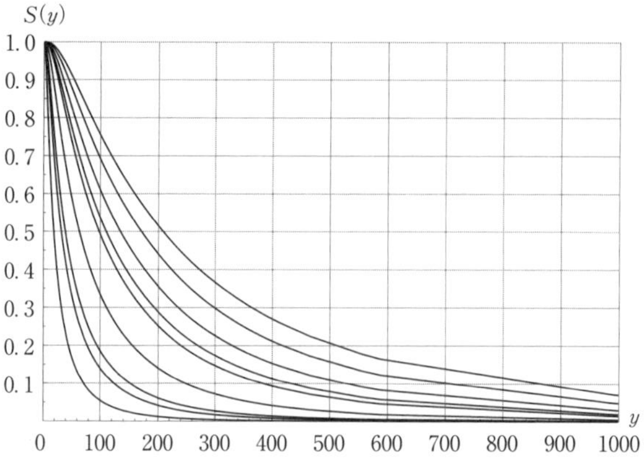


**図 4.22**　9 ケースの生存関数（(4.22) 式，全データ）

**表 4.28**　ケース別生存確率（全データ）

| $y$(日) | $SV$1001 | $SV$1010 | $SV$0101 | $SV$0110 | $SV$1000 | $SV$0100 | $SV$0001 | $SV$0010 | $SV$0000 |
|---|---|---|---|---|---|---|---|---|---|
| 30 | 0.9657 | 0.9488 | 0.9209 | 0.8894 | 0.8673 | 0.7593 | 0.5942 | 0.5203 | 0.3196 |
| 60 | 0.8790 | 0.8370 | 0.7764 | 0.7165 | 0.6782 | 0.5211 | 0.3399 | 0.2741 | 0.1314 |
| 90 | 0.7849 | 0.7262 | 0.6477 | 0.5759 | 0.5326 | 0.3714 | 0.2137 | 0.1632 | 0.0667 |
| 120 | 0.6980 | 0.6297 | 0.5433 | 0.4686 | 0.4253 | 0.2748 | 0.1437 | 0.1054 | 0.0383 |
| 150 | 0.6214 | 0.5483 | 0.4598 | 0.3865 | 0.3453 | 0.2095 | 0.1014 | 0.0720 | 0.0238 |
| 180 | 0.5548 | 0.4801 | 0.3928 | 0.3228 | 0.2845 | 0.1637 | 0.0742 | 0.0513 | 0.0157 |
| 210 | 0.4972 | 0.4228 | 0.3384 | 0.2727 | 0.2375 | 0.1305 | 0.0559 | 0.0378 | 0.0108 |
| 240 | 0.4473 | 0.3744 | 0.2938 | 0.2327 | 0.2005 | 0.1057 | 0.0432 | 0.0285 | 0.0077 |
| 270 | 0.4039 | 0.3333 | 0.2569 | 0.2003 | 0.1710 | 0.0869 | 0.0339 | 0.0220 | 0.0057 |
| 300 | 0.3661 | 0.2981 | 0.2260 | 0.1737 | 0.1470 | 0.0723 | 0.0271 | 0.0173 | 0.0042 |
| 330 | 0.3330 | 0.2678 | 0.2000 | 0.1517 | 0.1274 | 0.0607 | 0.0220 | 0.0138 | 0.0032 |
| 360 | 0.3038 | 0.2416 | 0.1779 | 0.1333 | 0.1111 | 0.0515 | 0.0180 | 0.0112 | 0.0025 |
| 420 | 0.2552 | 0.1988 | 0.1427 | 0.1046 | 0.0861 | 0.0379 | 0.0125 | 0.0076 | 0.0016 |
| 480 | 0.2166 | 0.1657 | 0.1163 | 0.0836 | 0.0680 | 0.0287 | 0.0090 | 0.0053 | 0.0011 |
| 540 | 0.1856 | 0.1396 | 0.0961 | 0.0679 | 0.0546 | 0.0221 | 0.0066 | 0.0039 | 0.0007 |
| 600 | 0.1603 | 0.1188 | 0.0803 | 0.0558 | 0.0445 | 0.0174 | 0.0050 | 0.0029 | 0.0005 |
| 660 | 0.1394 | 0.1019 | 0.0677 | 0.0464 | 0.0367 | 0.0139 | 0.0038 | 0.0022 | 0.0004 |
| 720 | 0.1221 | 0.0881 | 0.0577 | 0.0390 | 0.0306 | 0.0113 | 0.0030 | 0.0017 | 0.0003 |

るほど生存確率が高く，上から順に表 4.27 の順序と同じである．横軸 $y$ の単位は日数である．

**表 4.28** は $y$ を 30 日，60 日，…，720 日と指定して求めた全データのパラメータ推定値による生存確率である．たとえば，$SV$1001 のケースで

$$S(30)=P(Y>30)=0.9657$$

$$S(360) = P(Y > 360)\ (約 1 年) = 0.3038$$
$$S(720) = P(Y > 720)\ (約 2 年) = 0.1221$$

であるから，30 日以上の生存確率は 0.9657 と高いが，約 1 年以上は 0.3038 まで下がり，約 2 年以上は 0.1221 まで低くなる．

生存確率の一番低いケース $SV0000$ の上記の生存確率は 0.3196，0.0025，0.0003 ときわめて低くなる．

**図 4.23** は全データの 9 ケースの危険度関数のグラフである．横軸が $y$ のため，危険度がピークに達する $y$ の値がわかりにくい．横軸を $\log y$ にした $h(y)$ のグ

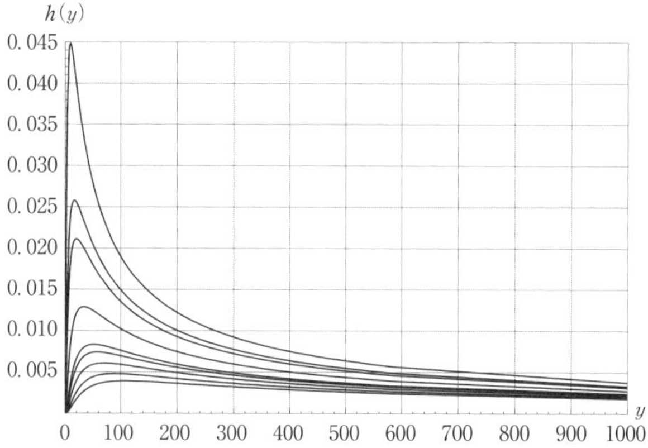


**図 4.23**　9 ケースの危険度関数（(4.23) 式，全データ）

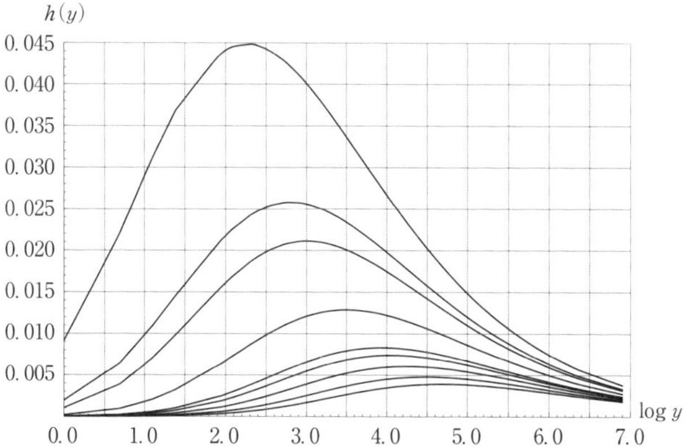


**図 4.24**　9 ケースの危険度関数（(4.23) 式，全データ，横軸 $\log y$）

**表 4.29**　最大危険度，そのときの $y$，$\log y$，$S(y)$，$H(y)$

| ケース | 最大危険度 | $y$ | $\log y$ | $S(y)$ | $H(y)$ |
|---|---|---|---|---|---|
| *SV*0000 | | | | | |
| 全データ | 0.04482 | 10 | 2.303 | 0.7134 | 0.3377 |
| #40, 70, 78 削除 | 0.04718 | 13 | 2.565 | 0.6470 | 0.4354 |
| 3SS | 0.05009 | 15 | 2.708 | 0.5837 | 0.5384 |
| MM | 0.04380 | 11 | 2.398 | 0.7054 | 0.3490 |
| *SV*0010 | | | | | |
| 全データ | 0.02579 | 16 | 2.773 | 0.7394 | 0.3020 |
| #40, 70, 78 削除 | 0.02014 | 31 | 3.434 | 0.6399 | 0.4464 |
| 3SS | 0.02323 | 31 | 3.434 | 0.6023 | 0.5071 |
| MM | 0.01879 | 27 | 3.296 | 0.6877 | 0.3745 |
| *SV*0001 | | | | | |
| 全データ | 0.02113 | 20 | 2.996 | 0.7322 | 0.3117 |
| #40, 70, 78 削除 | 0.02075 | 31 | 3.434 | 0.6279 | 0.4654 |
| 3SS | 0.02364 | 31 | 3.434 | 0.5947 | 0.5198 |
| MM | 0.01987 | 25 | 3.219 | 0.6950 | 0.3639 |
| *SV*0100 | | | | | |
| 全データ | 0.01287 | 33 | 3.497 | 0.7306 | 0.3139 |
| #40, 70, 78 削除 | 0.01514 | 42 | 3.738 | 0.6325 | 0.4581 |
| 3SS | 0.01482 | 49 | 3.892 | 0.5986 | 0.5132 |
| MM | 0.01408 | 35 | 3.555 | 0.6977 | 0.3600 |
| *SV*1000 | | | | | |
| 全データ | 0.00832 | 51 | 3.932 | 0.7309 | 0.3135 |
| #40, 70, 78 削除 | 0.00974 | 63 | 4.143 | 0.6469 | 0.4356 |
| 3SS | 0.00918 | 80 | 4.382 | 0.5937 | 0.5213 |
| MM | 0.00893 | 56 | 4.025 | 0.6927 | 0.3672 |
| *SV*0110 | | | | | |
| 全データ | 0.00740 | 59 | 4.078 | 0.7218 | 0.3260 |
| #40, 70, 78 削除 | 0.00647 | 99 | 4.595 | 0.6300 | 0.4620 |
| 3SS | 0.00687 | 105 | 4.654 | 0.6014 | 0.5085 |
| MM | 0.00604 | 82 | 4.407 | 0.6960 | 0.3624 |
| *SV*0101 | | | | | |
| 全データ | 0.00606 | 72 | 4.277 | 0.7220 | 0.3258 |
| #40, 70, 78 削除 | 0.00666 | 95 | 4.554 | 0.6346 | 0.4548 |
| 3SS | 0.00699 | 105 | 4.654 | 0.5938 | 0.5213 |
| MM | 0.00639 | 80 | 4.382 | 0.6851 | 0.3781 |
| *SV*1010 | | | | | |
| 全データ | 0.00479 | 90 | 4.500 | 0.7262 | 0.3200 |
| #40, 70, 78 削除 | 0.00416 | 153 | 5.030 | 0.6325 | 0.4581 |
| 3SS | 0.00426 | 177 | 5.176 | 0.5826 | 0.5403 |
| MM | 0.00383 | 132 | 4.883 | 0.6889 | 0.3727 |
| *SV*1001 | | | | | |
| 全データ | 0.00392 | 110 | 4.700 | 0.7259 | 0.3204 |
| #40, 70, 78 削除 | 0.00428 | 151 | 5.017 | 0.6257 | 0.4689 |
| 3SS | 0.00433 | 164 | 5.100 | 0.6081 | 0.4973 |
| MM | 0.00405 | 122 | 4.804 | 0.6968 | 0.3613 |

ラフが**図 4.24** である．図 4.23，図 4.24 とも，下方に位置しているほど危険度が低い．したがって図 4.23，図 4.24 とも，下から上への順は表 4.27 の上からの順序に等しい．

ケースによって危険度が最大になる $y$ の値は異なる．**表 4.29** に全データで危険度が大きいケース順に，危険度の最大値，最大値を与える $y$，$\log y$，この $y$ のときの生存確率 $S(y)$，この $y$ までの累積危険度

$$H(y) = \int_0^y h(t)\,dt = -\log\left[S(y)\right] \qquad (4.24)$$

の値が示されている．危険度 $h(t)$ は生存時間 $t$ 時点の死亡率であり，累積危険度 $H(y)$ は $y$ が大きくなるほど高まる．**図 4.25** は全データのケース別 $H(y)$ であり，上から順に表 4.27 の上からの順序と同じである．$H(y)$ は確率ではない．

表 4.29 で，たとえば，全データのとき，ケース $SV0000$ は $y=10$ ($\log y=2.303$) のとき $h(y)$ は最大値 0.04482 となる．$y=10$ までの $H(y)$ は 0.3377 であり，生存時間 10 日以上の生存確率は 0.7134 である．

他方，危険度がもっとも低いケース $SV1001$ においては，危険度 $h(y)$ が最大になるのは $y=110$ ($\log y=4.700$) のときであり，このとき $h(y)=0.003920$，$H(y)=0.3204$，110 日以上の生存確率 $S(y)=0.7259$ である．最大危険度の値も $SV0000$ のケースより小さく，$S(110)$ も $SV0000$ の $y=10$ のときよりも少し大きい．

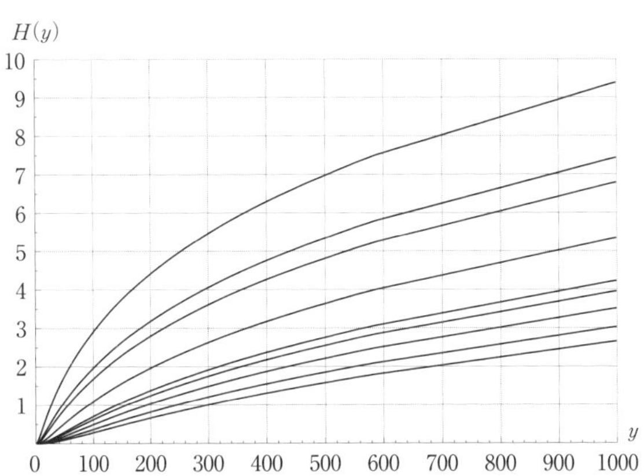


**図 4.25**　9 ケースの累積危険度（(4.24) 式，全データ）

### 4.6.4　生存確率，危険度——#40, 70, 78 削除

(4.17) 式で #40, 70, 78 を除いて推定した $\hat{\boldsymbol{\beta}}$ と $\hat{\sigma}$（表 4.21 の #40, 70, 78 削除の列）を用いて，(4.22) 式から，表 4.28 と同様に，生存確率を計算したのが**表 4.30** である．9 ケースの左からの順序は表 4.28 の全データに合せた．

表 4.28 の全データのケースと異なり，生存確率がもっとも高いのは $SV1010$ になり，$SV0101$ と $SV0110$，$SV0001$ と $SV0010$ は順序が交替している．

表 4.30 からわかるように，$SV1010$ と $SV1001$，$SV0101$ と $SV0110$，$SV0001$ と $SV0010$ の生存確率の相違は小さく，生存曲線はほとんど重なってしまうので，**図 4.26** では，$SV1001$，$SV0110$，$SV0001$ を除く，6 ケースの生存関数のグラフを示した．生存確率の高い上から順に，$SV1010$，$SV0101$，$SV1000$，$SV0100$，$SV0010$，$SV0000$ のケースである．**図 4.27** はこの 6 ケースの危険度関数のグラフ，**図 4.28** は，横軸 $\log y$ の危険度関数のグラフである．図 4.27，図 4.28 とも，下方ほど危険度が低いから，下からの順は，図 4.26 の上からの順に等しい．

危険度がもっとも高いのは，全データと同様 $SV0000$ のケースであり，$y=13$ ($\log y=2.5649$) のとき $h(y)=0.04718$ となる．13 日以上の生存確率は 0.6470，$y=13$ までの累積危険度は 0.4354 である．他方，もっとも危険度が低いのは

**表 4.30**　ケース別生存確率（#40, 70, 78 削除）

| $y$(日) | $SV1001$ | $SV1010$ | $SV0101$ | $SV0110$ | $SV1000$ | $SV0100$ | $SV0001$ | $SV0010$ | $SV0000$ |
|---|---|---|---|---|---|---|---|---|---|
| 30 | 0.9796 | 0.9812 | 0.9424 | 0.9460 | 0.8788 | 0.7574 | 0.6411 | 0.6529 | 0.3030 |
| 60 | 0.9042 | 0.9096 | 0.7981 | 0.8069 | 0.6660 | 0.4831 | 0.3524 | 0.3643 | 0.1045 |
| 90 | 0.8087 | 0.8173 | 0.6561 | 0.6677 | 0.4984 | 0.3173 | 0.2084 | 0.2177 | 0.0456 |
| 120 | 0.7143 | 0.7250 | 0.5377 | 0.5503 | 0.3778 | 0.2169 | 0.1315 | 0.1385 | 0.0229 |
| 150 | 0.6284 | 0.6404 | 0.4428 | 0.4555 | 0.2913 | 0.1536 | 0.0873 | 0.0925 | 0.0127 |
| 180 | 0.5529 | 0.5655 | 0.3675 | 0.3796 | 0.2284 | 0.1121 | 0.0603 | 0.0642 | 0.0076 |
| 210 | 0.4873 | 0.5001 | 0.3074 | 0.3188 | 0.1817 | 0.0838 | 0.0430 | 0.0460 | 0.0047 |
| 240 | 0.4308 | 0.4434 | 0.2592 | 0.2697 | 0.1465 | 0.0639 | 0.0315 | 0.0338 | 0.0031 |
| 270 | 0.3820 | 0.3943 | 0.2202 | 0.2298 | 0.1195 | 0.0496 | 0.0236 | 0.0254 | 0.0021 |
| 300 | 0.3399 | 0.3517 | 0.1883 | 0.1971 | 0.0986 | 0.0391 | 0.0180 | 0.0194 | 0.0015 |
| 330 | 0.3035 | 0.3147 | 0.1621 | 0.1701 | 0.0820 | 0.0312 | 0.0139 | 0.0151 | 0.0010 |
| 360 | 0.2718 | 0.2825 | 0.1404 | 0.1476 | 0.0688 | 0.0252 | 0.0109 | 0.0119 | 0.0008 |
| 420 | 0.2201 | 0.2296 | 0.1069 | 0.1129 | 0.0496 | 0.0170 | 0.0070 | 0.0077 | 0.0004 |
| 480 | 0.1802 | 0.1887 | 0.0829 | 0.0879 | 0.0366 | 0.0118 | 0.0047 | 0.0051 | 0.0003 |
| 540 | 0.1491 | 0.1566 | 0.0653 | 0.0695 | 0.0276 | 0.0085 | 0.0032 | 0.0035 | 0.0002 |
| 600 | 0.1245 | 0.1312 | 0.0522 | 0.0557 | 0.0212 | 0.0062 | 0.0023 | 0.0025 | 0.0001 |
| 660 | 0.1048 | 0.1107 | 0.0422 | 0.0451 | 0.0165 | 0.0046 | 0.0016 | 0.0018 | 0.0001 |
| 720 | 0.0889 | 0.0942 | 0.0345 | 0.0370 | 0.0131 | 0.0035 | 0.0012 | 0.0013 | 0.0000 |

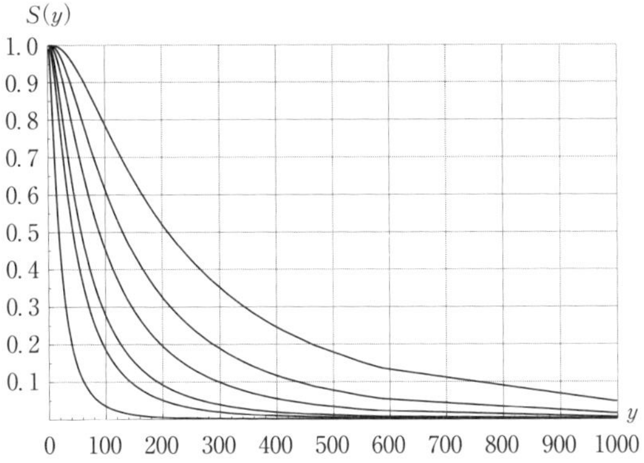


**図 4.26**　6 ケースの生存関数（(4.22) 式，#40, 70, 78 削除）

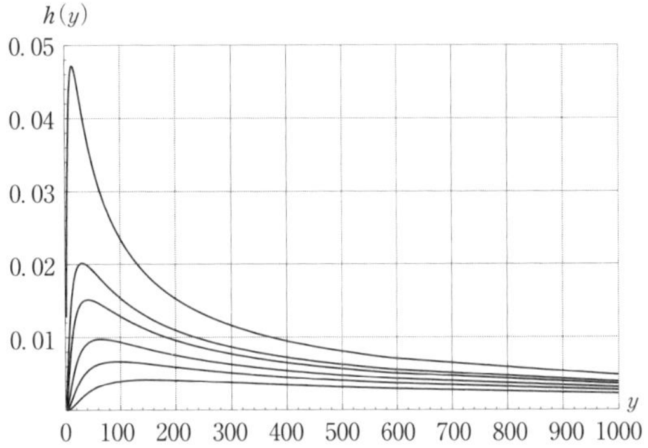


**図 4.27**　6 ケースの危険度関数（(4.24) 式，#40，70，78 削除）

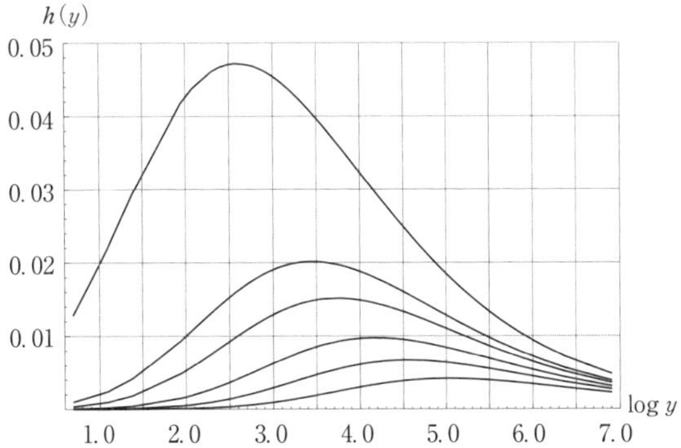


**図 4.28**　6 ケースの危険度関数（(4.24) 式，#40，70，78 削除，横軸 $\log y$）

$SV1010$ のケースで $y=153$（$\log y=5.030$）のときの 0.00416 である（以上，表 4.29）.

**表 4.31**　ケース別生存確率（3SS）

| $y$(日) | $SV1001$ | $SV1010$ | $SV0101$ | $SV0110$ | $SV1000$ | $SV0100$ | $SV0001$ | $SV0010$ | $SV0000$ |
|---|---|---|---|---|---|---|---|---|---|
| 30 | 0.9855 | 0.9862 | 0.9501 | 0.9521 | 0.9098 | 0.7885 | 0.6089 | 0.6164 | 0.2851 |
| 60 | 0.9200 | 0.9228 | 0.8068 | 0.8122 | 0.7124 | 0.5088 | 0.3076 | 0.3145 | 0.0890 |
| 90 | 0.8287 | 0.8336 | 0.6593 | 0.6665 | 0.5417 | 0.3323 | 0.1689 | 0.1739 | 0.0357 |
| 120 | 0.7342 | 0.7406 | 0.5347 | 0.5425 | 0.4135 | 0.2245 | 0.0999 | 0.1034 | 0.0167 |
| 150 | 0.6461 | 0.6534 | 0.4350 | 0.4427 | 0.3194 | 0.1567 | 0.0627 | 0.0651 | 0.0087 |
| 180 | 0.5674 | 0.5752 | 0.3562 | 0.3636 | 0.2500 | 0.1126 | 0.0411 | 0.0429 | 0.0049 |
| 210 | 0.4986 | 0.5065 | 0.2939 | 0.3008 | 0.1983 | 0.0829 | 0.0280 | 0.0293 | 0.0029 |
| 240 | 0.4390 | 0.4468 | 0.2445 | 0.2507 | 0.1592 | 0.0622 | 0.0196 | 0.0206 | 0.0018 |
| 270 | 0.3875 | 0.3950 | 0.2049 | 0.2105 | 0.1292 | 0.0476 | 0.0141 | 0.0149 | 0.0012 |
| 300 | 0.3430 | 0.3502 | 0.1729 | 0.1780 | 0.1059 | 0.0370 | 0.0104 | 0.0109 | 0.0008 |
| 330 | 0.3045 | 0.3114 | 0.1469 | 0.1514 | 0.0876 | 0.0291 | 0.0078 | 0.0082 | 0.0006 |
| 360 | 0.2712 | 0.2777 | 0.1255 | 0.1296 | 0.0730 | 0.0232 | 0.0059 | 0.0063 | 0.0004 |
| 420 | 0.2169 | 0.2228 | 0.0932 | 0.0966 | 0.0519 | 0.0152 | 0.0036 | 0.0038 | 0.0002 |
| 480 | 0.1755 | 0.1806 | 0.0706 | 0.0733 | 0.0378 | 0.0103 | 0.0023 | 0.0024 | 0.0001 |
| 540 | 0.1434 | 0.1479 | 0.0544 | 0.0566 | 0.0281 | 0.0072 | 0.0015 | 0.0016 | 0.0001 |
| 600 | 0.1183 | 0.1222 | 0.0425 | 0.0443 | 0.0213 | 0.0051 | 0.0010 | 0.0011 | 0.0000 |
| 660 | 0.0984 | 0.1019 | 0.0337 | 0.0352 | 0.0164 | 0.0038 | 0.0007 | 0.0007 | 0.0000 |
| 720 | 0.0825 | 0.0855 | 0.0270 | 0.0282 | 0.0128 | 0.0028 | 0.0005 | 0.0005 | 0.0000 |

**表 4.32**　ケース別生存確率（MM）

| $y$(日) | $SV1001$ | $SV1010$ | $SV0101$ | $SV0110$ | $SV1000$ | $SV0100$ | $SV0001$ | $SV0010$ | $SV0000$ |
|---|---|---|---|---|---|---|---|---|---|
| 30 | 0.9711 | 0.9746 | 0.9263 | 0.9337 | 0.8683 | 0.7485 | 0.6294 | 0.6500 | 0.3268 |
| 60 | 0.8877 | 0.8979 | 0.7781 | 0.7941 | 0.6684 | 0.4946 | 0.3621 | 0.3830 | 0.1288 |
| 90 | 0.7925 | 0.8079 | 0.6428 | 0.6632 | 0.5143 | 0.3398 | 0.2259 | 0.2428 | 0.0628 |
| 120 | 0.7025 | 0.7213 | 0.5329 | 0.5547 | 0.4022 | 0.2430 | 0.1501 | 0.1633 | 0.0348 |
| 150 | 0.6223 | 0.6431 | 0.4454 | 0.4672 | 0.3200 | 0.1797 | 0.1046 | 0.1149 | 0.0209 |
| 180 | 0.5525 | 0.5742 | 0.3756 | 0.3967 | 0.2587 | 0.1365 | 0.0756 | 0.0837 | 0.0134 |
| 210 | 0.4920 | 0.5140 | 0.3195 | 0.3395 | 0.2121 | 0.1060 | 0.0562 | 0.0627 | 0.0090 |
| 240 | 0.4397 | 0.4615 | 0.2741 | 0.2927 | 0.1760 | 0.0838 | 0.0428 | 0.0481 | 0.0062 |
| 270 | 0.3945 | 0.4158 | 0.2368 | 0.2541 | 0.1476 | 0.0673 | 0.0332 | 0.0375 | 0.0045 |
| 300 | 0.3551 | 0.3758 | 0.2060 | 0.2220 | 0.1249 | 0.0548 | 0.0262 | 0.0298 | 0.0033 |
| 330 | 0.3208 | 0.3408 | 0.1802 | 0.1951 | 0.1066 | 0.0452 | 0.0210 | 0.0240 | 0.0025 |
| 360 | 0.2907 | 0.3099 | 0.1586 | 0.1723 | 0.0917 | 0.0376 | 0.0171 | 0.0195 | 0.0019 |
| 420 | 0.2410 | 0.2585 | 0.1246 | 0.1363 | 0.0691 | 0.0267 | 0.0116 | 0.0134 | 0.0011 |
| 480 | 0.2019 | 0.2178 | 0.0996 | 0.1096 | 0.0533 | 0.0196 | 0.0081 | 0.0095 | 0.0007 |
| 540 | 0.1708 | 0.1852 | 0.0808 | 0.0894 | 0.0418 | 0.0147 | 0.0059 | 0.0069 | 0.0005 |
| 600 | 0.1458 | 0.1588 | 0.0663 | 0.0737 | 0.0333 | 0.0112 | 0.0044 | 0.0051 | 0.0003 |
| 660 | 0.1254 | 0.1371 | 0.0551 | 0.0615 | 0.0269 | 0.0087 | 0.0033 | 0.0039 | 0.0002 |
| 720 | 0.1085 | 0.1191 | 0.0462 | 0.0517 | 0.0220 | 0.0069 | 0.0025 | 0.0030 | 0.0002 |

### 4.6.5 生存確率，危険度 —— 頑健回帰推定

表 4.21 の 3SS，MM の列の推定値 $\hat{\boldsymbol{\beta}}$ と $\hat{\sigma}$ を用いて（4.22）式から生存確率を求めたのが**表 4.31**（3SS），**表 4.32**（MM）である．

生存確率の高い順のケースの交替，生存曲線の重なり方も #40，70，78 削除の場合と同じなので，**図 4.29** には 3SS の生存関数 6 ケースのみ示した．上から $SV1010$，$SV0101$，$SV1000$，$SV0100$，$SV0010$，$SV0000$ である．

3SS の危険度関数も横軸 $\log y$ の 6 ケースのみ示した．危険度の低い下から順に，上記 6 ケースである（**図 4.30**）．

MM も 3SS と同様，**図 4.31** が 6 ケースの生存関数，**図 4.32** が同じ 6 ケース，

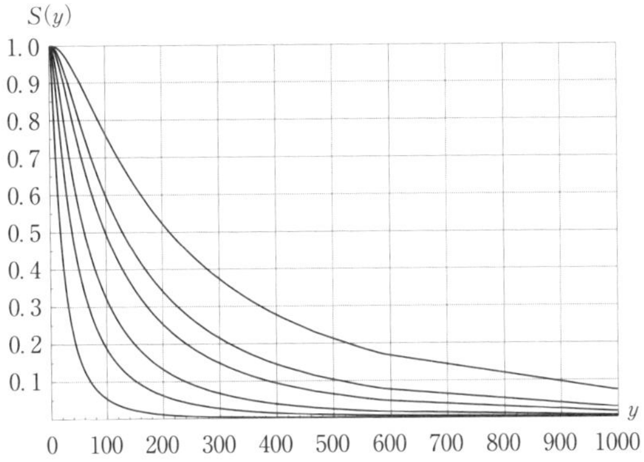


**図 4.29** 6 ケースの生存関数（(4.22) 式，3SS）

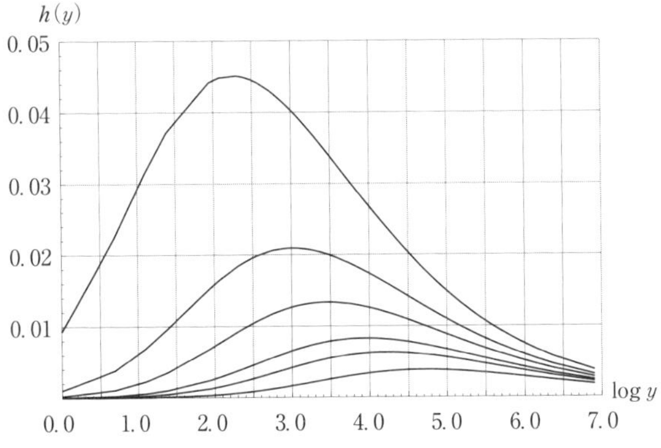


**図 4.30** 6 ケースの危険度関数（(4.23) 式，3SS，横軸 $\log y$）

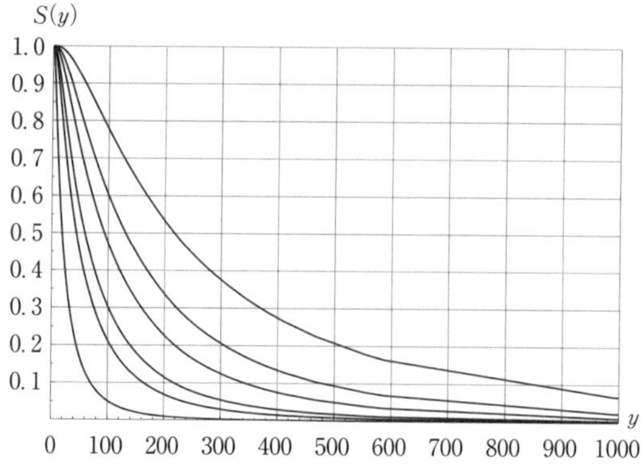


**図 4.31**　6 ケースの生存関数（(4.22) 式，MM）

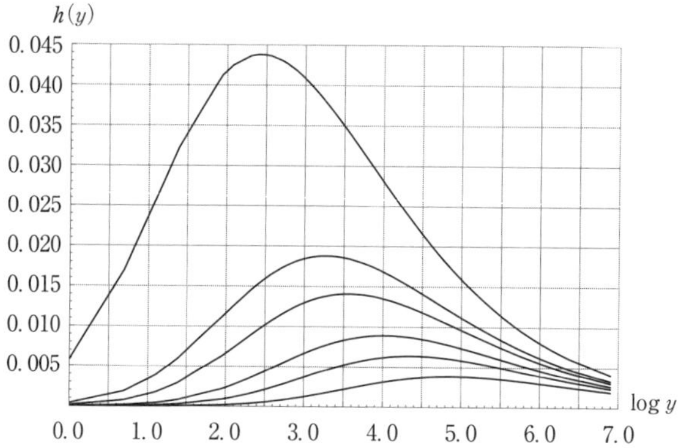


**図 4.32**　6 ケースの危険度関数（(4.23) 式，MM，横軸 $\log y$）

横軸 $\log y$ の危険度関数のグラフである．6 ケースおよび順序は 3SS と同じである．

最大の危険度の大きさ，そのときの $y$，$\log y$，$y$ 日以上の生存確率 $S(y)$，その $y$ までの累積危険度 $H(y)$ は表 4.29 に示されている．危険度の一番高い $SV0000$ のケースの全データ，#40，70，78 削除，3SS，MM の，横軸 $\log y$ の危険度関数のグラフが**図 4.33** である．$\log y$ が 2.0 を少し超えたところで，3SS，#40，70，78 削除，MM，全データの順で危険度が高い．

表 4.21，表 4.29 の 3SS，MM に関して主要な点のみ記す．

(1)　ケースによって日数 $y$ は異なるが，$y$ がある値を超えると，全データと

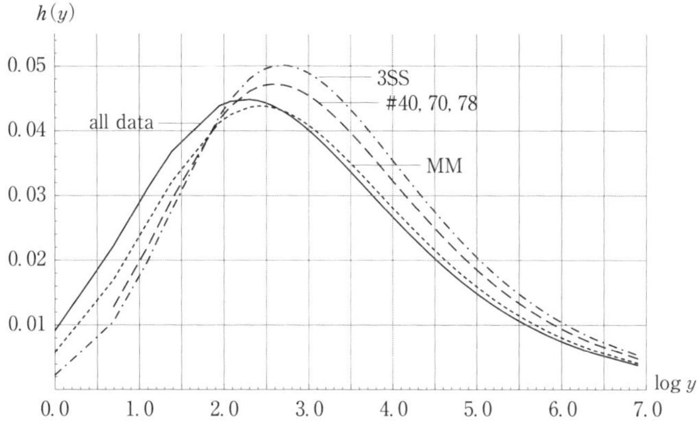


**図 4.33**　ケース $SV0000$ の危険度関数（(4.23) 式，全データ，#40，70，78 削除，3SS，MM，横軸 $\log y$）

比較して 3SS，MM の生存確率は低い．とくに 3SS の生存確率は低い．

(2)　危険度がもっとも高くなるケースは 3SS で，$SV0000$，$SV0001$，$SV0101$，$SV1001$，全データで $SV0010$，$SV0110$，$SV1010$，#40，70，78 削除で $SV0100$，$SV1000$ である．全データ，#40，70，78 削除，3SS と比較して MM の危険度がもっとも高くなるケースはない．

### 4.6.6　平均生存日数，中位生存日数の比較

生存確率表 4.28（全データ），表 4.30（#40，70，78 削除），表 4.31（3SS），表 4.32（MM）を，平均生存日数，中位生存日数 med $y$，すなわち

$$S(\mathrm{med}\ y) = P(Y > \mathrm{med}\ y) = 0.5$$

を与える med $y$，生存確率 0.8 を与える $y^*$，すなわち

$$S(y^*) = P(Y > y^*) = 0.8$$

を与える $y^*$ に情報を縮約して，ケース別に全データ，#40，70，78 削除，3SS，MM の特徴を検討しよう．

(4.17) 式の

$$\log Y_i \sim N(\mu_i,\ \sigma^2)$$

$$\mu_i = \boldsymbol{x}_i' \boldsymbol{\beta}$$

を仮定しているから，対数正規分布に従う $Y_i$ の期待値，すなわち平均生存日数は

$$E(Y_i)=\exp\left(\mu_i+\frac{1}{2}\sigma^2\right)=\exp\left(\boldsymbol{x}_i'\boldsymbol{\beta}+\frac{1}{2}\sigma^2\right) \tag{4.25}$$

によって与えられる．mean $y$ と表す．

次に，生存確率 $c$ を与える $y_c$ は

$$S(y_c)=P(Y>y_c)=1-\Phi\left(\frac{\log y_c-\mu_i}{\sigma}\right)=c \tag{4.26}$$

を $y_c$ について解き

$$y_c=\exp\left[\mu_i+\sigma\Phi^{-1}(1-c)\right] \tag{4.27}$$

が得られる．$c=0.5$ のとき $y_c=\text{med}\,y$ と表し，med $y$ を中位生存日数とよぶ．$c=0.8$ のとき $y_c=y^*$ と表す．

(4.17) 式の説明変数はすべて 0 か 1 のダミー変数であるから，ケースを指定すれば $\mu_i$ はパラメータ $\boldsymbol{\beta}$ のみの関数になり，$\mu_i$ は一定になり，したがって (4.25) 式の $E(Y_i)$ も一定，(4.27) 式から得られる med $y$，$y^*$ も一定になる．

**表 4.33**　外れ値への対処別，ケース別 mean $y$，med $y$，$y^*$

| ケース | 全データ | | | #40, 70, 78 削除 | | |
|---|---|---|---|---|---|---|
| | mean $y$ | med $y$ | $y^*$ | mean $y$ | med $y$ | $y^*$ |
| $SV$1001 | 367.3 | 208.4 | 85.1 | 316.0 | 203.9 | 92.7 |
| $SV$1010 | 300.8 | 170.7 | 69.7 | 325.6 | 210.0 | 95.5 |
| $SV$0101 | 237.4 | 134.7 | 55.0 | 203.2 | 131.1 | 59.6 |
| $SV$0110 | 194.4 | 110.3 | 45.0 | 209.4 | 135.1 | 61.4 |
| $SV$1000 | 173.0 | 98.2 | 40.1 | 139.0 | 89.8 | 40.8 |
| $SV$0100 | 111.8 | 63.5 | 25.9 | 89.4 | 57.7 | 26.2 |
| $SV$0001 | 68.1 | 38.7 | 15.8 | 65.2 | 42.1 | 19.1 |
| $SV$0010 | 55.8 | 31.7 | 12.9 | 67.2 | 43.4 | 19.7 |
| $SV$0000 | 32.1 | 18.2 | 7.4 | 28.7 | 18.5 | 8.4 |

| ケース | 3SS | | | MM | | |
|---|---|---|---|---|---|---|
| | mean $y$ | med $y$ | $y^*$ | mean $y$ | med $y$ | $y^*$ |
| $SV$1001 | 311.0 | 209.4 | 99.0 | 344.3 | 205.8 | 87.6 |
| $SV$1010 | 316.5 | 213.1 | 100.8 | 364.1 | 217.6 | 92.6 |
| $SV$0101 | 192.6 | 129.7 | 61.3 | 218.3 | 130.5 | 55.5 |
| $SV$0110 | 196.0 | 132.0 | 62.4 | 230.9 | 138.0 | 58.7 |
| $SV$1000 | 146.8 | 98.8 | 46.7 | 156.2 | 93.3 | 39.7 |
| $SV$0100 | 90.9 | 61.2 | 28.9 | 99.0 | 59.2 | 25.2 |
| $SV$0001 | 57.0 | 38.4 | 18.1 | 70.2 | 41.9 | 17.9 |
| $SV$0010 | 58.0 | 39.0 | 18.5 | 74.2 | 44.4 | 18.9 |
| $SV$0000 | 26.9 | 18.1 | 8.6 | 31.8 | 19.0 | 8.1 |

med $y=S(Y>\text{med}\,y)=0.5$，$y^*=S(Y>y^*)=0.8$

$\beta_j$, $\sigma$ には推定値 $\hat{\beta}_j$, $\hat{\sigma}$ を用いる．

**表 4.33** に，外れ値への対処別（全データ，#40，70，78 削除，3SS, MM）のそれぞれ 9 ケースの平均生存日数 mean $y$，中位生存日数 med $y$，生存確率 0.8 を与える生存日数 $y^*$ が示されている．

mean $y$, med $y$, $y^*$ のケース別相違が大きく，mean $y$ と med $y$ の乖離が大きいことも明らかであるが，目的は外れ値への対処の仕方で，生存確率がどのように変わるかということであるから，この点にのみ注目する．

(1)　MM の mean $y$ は 9 ケースすべてにおいて，#40，70，78 削除，3SS より高い．ケース *SV*1010, *SV*0110, *SV*0001, *SV*0010 のとき，MM の mean $y$ は全データよりも高い．

(2)　med $y$，$y^*$ に注目すると，全データのケース *SV*1010，*SV*0110，*SV*0010 の med $y$ および $y^*$ は，他の 3 方法と比較して小さい．*SV* のこの 3 ケースに共通しているのは腫瘍の組織構造タイプが *SQM* のときである．

(3)　逆に，4 通りの方法間で med $y$，$y^*$ の差が小さいのは，*SV*1001，*SV*0101，*SV*0000 のケースである．組織構造タイプが *LARGE* であるか，*SMALL* あるいは *ADENO* であるかのケースである．

以上，(4.17) 式の推定において，外れ値への対処の仕方で，生存確率および危険度がどのように変わるかを見てきた．#40，70，78 の $Y$ 方向の外れ値に何ら対処しない全データによる推定は，不均一分散，非正規性もあり，好ましくない．#40, 70, 78 を除いて推定するか, あるいは, #40, 70, 78 のウエイトを 0 にし，クックの $D$ などで影響点と検出され（表 4.24），$\hat{\beta}_2$ への影響点（#9，92），$\hat{\beta}_3$ への影響点（#9），$\hat{\beta}_4$ への影響点（#9，13），$\hat{\beta}_5$ への影響点（#92）でもある #9, 13，92 のウエイトを 0.5 より小さくダウンさせる 3SS（表 4.26）を（4.17）式のパラメータ推定の方法として採用すると良い．

外れ値への対処の仕方によって生存確率，危険度，生存確率 0.5，0.8 を与える生存日数も，ケース別の差とともに，かなり相違が生ずることに注意しなければならない．

# 5

# 微小影響分析

## 5.1 はじめに

3章，4章の影響分析は，$i$ 番目の観測値を除いて推定したならば，という“揺らぎ”を与えたとき，パラメータ推定値，$t$ 値，$\hat{Y}$，$\bar{R}^2$ などがどのように変化するかを精査する方法であった.

本章は，回帰モデルへの“揺らぎ”ではなく，$Y$，$X_j$ ともに連続変数のとき，$X_j$ あるいは $Y$ の微小変化に対する $\hat{\beta}_j$，$\hat{\beta}_j$ の $t$ 値，$\hat{Y}_i$，$R^2$ の変化を探ろうとする方法である．これを微小影響分析とよぶことにする．線形回帰モデルの微小影響分析を5.3節と5.4節，非線形回帰モデルの微小影響分析を5.5節であつかう.

5.3.1項は $Y_i$ の $\hat{\boldsymbol{\beta}}$ への影響（$\partial\hat{\boldsymbol{\beta}}/\partial Y_i$），5.3.2項は説明変数 $X_{ji}$ の $\hat{\boldsymbol{\beta}}$ への影響（$\partial\hat{\boldsymbol{\beta}}/\partial X_{ji}$），5.3.3項は $X_{ji}$ の $\hat{Y}_i$ への影響（$\partial\hat{Y}_i/\partial X_{ji}$）を示す式を導く.

5.3.4項は，$w_j$ のみ $0 \leq w_j \leq 1$，その他の $w_i=1$（$i \neq j$）の加重最小2乗推定量の $\boldsymbol{x}_i$ 削除あるいは参入の影響分析を説明する.

5.3.5項は $Y_i$ の $R^2$ への影響（$\partial R^2/\partial Y_i$），5.3.6項は $Y_i$ の $t$ 値のベクトル $\boldsymbol{t}$ への影響（$\partial\boldsymbol{t}/\partial Y_i$），5.3.7項は $X_{ji}$ のベクトル $\boldsymbol{t}$ への影響（$\partial\boldsymbol{t}/\partial X_{ji}$）を示す式を導く.

これまで微小影響分析の実証分析は，寡聞にして知らない．したがって切断点が議論されたこともない．5.4節で，本書で用いた切断点を説明している．たとえば，$\partial\hat{\beta}_m/\partial X_{ji}=DB_mDX_{ji}$ と表すと，$m$，$j$ を固定したとき，$DB_mDX_{ji}$ は $i=1, \cdots, n$ と $n$ 個ある．これをいま，簡単に，$Z_i$ と表し，$Z_i$，$i=1, \cdots, n$ の標本平均を $\bar{Z}$，標本標準偏差を $S_Z$ とすると，規準化 $Z_i$

$$\left|\frac{Z_i-\bar{Z}}{S_Z}\right| \geq 2$$

となる $Z_i$ を，微小影響分析における影響点とした．したがって，$Z_i$ の切断点は $\bar{Z}-2S_Z$ あるいは $\bar{Z}+2S_Z$ である．規準化された $DB_mDX_{ji}$ などのいくつかのカーネル密度関数を示した．この形状から，両すそが長い，0 のまわりの確率密度が高い等々の特徴が見られ，正規性からは乖離しているケースが多いが，一山分布であり，上記の影響点判断は十分信頼できるのではないかと考えている．

微小影響分析からの影響点は，3 章の $i$ 番目の観測値削除による“揺らぎ”で検出される影響点とは意味が異なる．

例 1.2 の丘陵レース，例 2.2 の配達時間，例 4.4 の肝臓手術後の生存時間の 3 つの例で微小影響分析を行っているので，3 章，4 章の回帰診断，影響分析との相違が明らかになる．3 章，4 章の影響分析と，本章の微小影響分析は代替的な方法ではなく，補完的な方法であることが具体例によって明らかになる．

5.5 節は非線形回帰モデルの微小影響分析の式のみ導出している．

## 5.2　微小影響分析

微小影響分析 infinitesimal influence analysis（略して $I$-influence）とは，モデル

$$Y_i=f(\boldsymbol{\beta}\,;\,\boldsymbol{x}_i)$$

において，$Y_i$ や $X_{ji}$ の微小な変化から $\hat{\boldsymbol{\beta}}$, $\hat{Y}_i$ などがどの程度の影響を受けるかを分析しようとする回帰診断である．線形モデルと非線形モデルに分けて考えよう．$Y_i$ や $X_{ji}$ は連続変数とする．

## 5.3　線形回帰モデルの微小影響分析

線形回帰モデルは（1.2）式である．（1.3）式の $\hat{\boldsymbol{\beta}}$ は

$$\hat{\boldsymbol{\beta}}=(\boldsymbol{X}'\boldsymbol{X})^{-1}\boldsymbol{X}'\boldsymbol{y}=\left(\sum_{i=1}^{n}\boldsymbol{x}_i\boldsymbol{x}_i'\right)^{-1}\sum_{i=1}^{n}(\boldsymbol{x}_iY_i) \tag{5.1}$$

と表すこともできる．ここで $1\times k$ の

$$\boldsymbol{x}_i'=(X_{1i},\,X_{2i},\,\cdots,\,X_{ki})$$

は説明変数の $i$ 番目の行ベクトルである．定数項があるとき $X_{1i}=1$ である．

### 5.3.1 $Y_i$ の $\hat{\boldsymbol{\beta}}$ への影響

(5.1) 式より

$$\frac{\partial\hat{\boldsymbol{\beta}}}{\partial Y_i}=(\boldsymbol{X}'\boldsymbol{X})^{-1}\boldsymbol{x}_i,\quad i=1,\cdots,n \tag{5.2}$$

が得られる．

$$\underset{k\times n}{\frac{\partial\hat{\boldsymbol{\beta}}}{\partial\boldsymbol{y}'}}=\left(\frac{\partial\hat{\boldsymbol{\beta}}}{\partial Y_1}\ \cdots\ \frac{\partial\hat{\boldsymbol{\beta}}}{\partial Y_n}\right)=(\boldsymbol{X}'\boldsymbol{X})^{-1}(\boldsymbol{x}_1\ \cdots\ \boldsymbol{x}_n)=(\boldsymbol{X}'\boldsymbol{X})^{-1}\boldsymbol{X}' \tag{5.3}$$

と表すこともできる．

(5.2) 式より，$Y_i$ の $\hat{\boldsymbol{\beta}}$ への大きな影響は

(1) $\boldsymbol{x}_i$ の外れ値

(2) 多重共線性

によって生じ，説明変数の観測値の動きに依存することがわかる．

### 5.3.2 説明変数の $\hat{\boldsymbol{\beta}}$ への影響

$$\begin{aligned}\frac{\partial\hat{\boldsymbol{\beta}}}{\partial X_{ji}}&=\frac{\partial}{\partial X_{ji}}\left(\sum_{i=1}^{n}\boldsymbol{x}_i\boldsymbol{x}_i'\right)^{-1}\left(\sum_{i=1}^{n}\boldsymbol{x}_iY_i\right)\\&=-(\boldsymbol{X}'\boldsymbol{X})^{-2}\left(\frac{\partial}{\partial X_{ji}}\sum_{i=1}^{n}\boldsymbol{x}_i\boldsymbol{x}_i'\right)\left(\sum_{i=1}^{n}\boldsymbol{x}_iY_i\right)+(\boldsymbol{X}'\boldsymbol{X})^{-1}\left(\frac{\partial}{\partial X_{ji}}\sum_{i=1}^{n}\boldsymbol{x}_iY_i\right)\\&=-(\boldsymbol{X}'\boldsymbol{X})^{-1}\left(\frac{\partial}{\partial X_{ji}}\sum_{i=1}^{n}\boldsymbol{x}_i\boldsymbol{x}_i'\right)\hat{\boldsymbol{\beta}}+(\boldsymbol{X}'\boldsymbol{X})^{-1}\left(\frac{\partial}{\partial X_{ji}}\sum_{i=1}^{n}\boldsymbol{x}_iY_i\right)\end{aligned}$$

$$\sum_{i=1}^{n}\boldsymbol{x}_i\boldsymbol{x}_i'=\begin{bmatrix}\sum_{i=1}^{n}X_{1i}^2 & \sum_{i=1}^{n}X_{1i}X_{2i} & \cdots & \sum_{i=1}^{n}X_{1i}X_{ki}\\ \vdots & \vdots & & \vdots\\ \sum_{i=1}^{n}X_{ki}X_{1i} & \sum_{i=1}^{n}X_{ki}X_{2i} & \cdots & \sum_{i=1}^{n}X_{ki}^2\end{bmatrix}$$

であるから

$$\frac{\partial \sum_{i=1}^{n} \boldsymbol{x}_i \boldsymbol{x}_i'}{\partial X_{ji}} = \begin{bmatrix} 0 & 0 & \cdots & \overset{j}{X_{1i}} & 0 & \cdots & 0 \\ 0 & 0 & \cdots & & & & \\ \vdots & \vdots & & \vdots & \vdots & & \vdots \\ 0 & 0 & \cdots & X_{ki} & 0 & \cdots & 0 \end{bmatrix} + \begin{bmatrix} 0 & 0 & \cdots & 0 \\ 0 & 0 & \cdots & 0 \\ \vdots & \vdots & & \vdots \\ X_{1i} & X_{2i} & \cdots & X_{ki} \\ 0 & 0 & \cdots & 0 \\ \vdots & \vdots & & \vdots \\ 0 & 0 & \cdots & 0 \end{bmatrix} j$$

$$= \boldsymbol{x}_i \boldsymbol{\delta}_j' + \boldsymbol{\delta}_j \boldsymbol{x}_i'$$

となる．ここで

$$\boldsymbol{\delta}_j' = (0\ 0\ \cdots\ 0\ \overset{j}{1}\ 0\ \cdots\ 0)$$

は $1 \times k$ のクロネッカーのデルタベクトルである．

$$\sum_{i=1}^{n} \boldsymbol{x}_i Y_i = \begin{bmatrix} \sum_{i=1}^{n} X_{1i} Y_i \\ \vdots \\ \sum_{i=1}^{n} X_{ki} Y_i \end{bmatrix}$$

であるから

$$\frac{\partial \sum_{i=1}^{n} \boldsymbol{x}_i Y_i}{\partial X_{ji}} = \begin{bmatrix} 0 \\ \vdots \\ 0 \\ Y_i \\ 0 \\ \vdots \\ 0 \end{bmatrix} j = \boldsymbol{\delta}_j Y_i$$

となる．したがって次の結果を得る．

$$\begin{aligned} \frac{\partial \hat{\boldsymbol{\beta}}}{\partial X_{ji}} &= -(\boldsymbol{X}'\boldsymbol{X})^{-1}(\boldsymbol{x}_i \boldsymbol{\delta}_j' + \boldsymbol{\delta}_j \boldsymbol{x}_i')\hat{\boldsymbol{\beta}} + (\boldsymbol{X}'\boldsymbol{X})^{-1}\boldsymbol{\delta}_j Y_i \\ &= (\boldsymbol{X}'\boldsymbol{X})^{-1}\left[\boldsymbol{\delta}_j (Y_i - \boldsymbol{x}_i'\hat{\boldsymbol{\beta}}) - \boldsymbol{x}_i \boldsymbol{\delta}_j' \hat{\boldsymbol{\beta}}\right] \\ &= (\boldsymbol{X}'\boldsymbol{X})^{-1}(\boldsymbol{\delta}_j e_i - \boldsymbol{x}_i \hat{\beta}_j) \end{aligned} \tag{5.4}$$

$e_i = Y_i - \boldsymbol{x}_i'\hat{\boldsymbol{\beta}}$ は最小 2 乗残差

$$\underset{k\times n}{\left[\frac{\partial\hat{\boldsymbol{\beta}}}{\partial X_{j1}} \cdots \frac{\partial\hat{\boldsymbol{\beta}}}{\partial X_{jn}}\right]} = (\boldsymbol{X}'\boldsymbol{X})^{-1}\boldsymbol{\delta}_j(e_1 \ \cdots \ e_n) - \hat{\beta}_j(\boldsymbol{x}_1 \ \cdots \ \boldsymbol{x}_n)$$

$$= (\boldsymbol{X}'\boldsymbol{X})^{-1}\boldsymbol{\delta}_j\boldsymbol{e}' - \hat{\beta}_j\boldsymbol{X}' \tag{5.5}$$

と表すこともできる.

(5.4) 式より，$X_{ji}$ の $\hat{\boldsymbol{\beta}}$ への影響は

(i) $(\boldsymbol{X}'\boldsymbol{X})^{-1}\boldsymbol{\delta}_j e_i$ により残差 $e_i$

(ii) $\hat{\beta}_j(\boldsymbol{X}'\boldsymbol{X})^{-1}\boldsymbol{x}_i = \hat{\beta}_j\dfrac{\partial\hat{\boldsymbol{\beta}}}{\partial Y_i}$ であるから，$\hat{\beta}_j \times \dfrac{\partial\hat{\boldsymbol{\beta}}}{\partial Y_i}$

を通じて現れ，他の説明変数からの影響も受けることがわかる.

### 5.3.3 説明変数の $\hat{Y}_i$ への影響

$X_{ji}$ の $\hat{Y}_i = \boldsymbol{x}_i'\hat{\boldsymbol{\beta}}$ への影響は次のようになる.

$$\frac{\partial\hat{Y}_i}{\partial X_{ji}} = \frac{\partial\boldsymbol{x}_i'}{\partial X_{ji}}\hat{\boldsymbol{\beta}} + \boldsymbol{x}_i'\frac{\partial\hat{\boldsymbol{\beta}}}{\partial X_{ji}}$$

$$= \underset{1\times k}{(0 \ \cdots \ 0 \ \overset{j}{1} \ 0 \ \cdots \ 0)}\begin{bmatrix}\hat{\beta}_1\\ \vdots \\ \hat{\beta}_k\end{bmatrix} + \boldsymbol{x}_i'\left[(\boldsymbol{X}'\boldsymbol{X})^{-1}(\boldsymbol{\delta}_j e_i - \boldsymbol{x}_i\hat{\beta}_j)\right]$$

$$= \hat{\beta}_j + \boldsymbol{x}_i'\left[(\boldsymbol{X}'\boldsymbol{X})^{-1}(\boldsymbol{\delta}_j e_i - \boldsymbol{x}_i\hat{\beta}_j)\right]$$

$$= \hat{\beta}_j\left(1 - \boldsymbol{x}_i'(\boldsymbol{X}'\boldsymbol{X})^{-1}\boldsymbol{x}_i\right) + \boldsymbol{x}_i'(\boldsymbol{X}'\boldsymbol{X})^{-1}\boldsymbol{\delta}_j e_i$$

$$= \hat{\beta}_j(1 - h_{ii}) + \boldsymbol{x}_i'(\boldsymbol{X}'\boldsymbol{X})^{-1}\boldsymbol{\delta}_j e_i \tag{5.6}$$

$h_{ii}$ は $\boldsymbol{H} = \boldsymbol{X}(\boldsymbol{X}'\boldsymbol{X})^{-1}\boldsymbol{X}'$ の $(i, i)$ 要素

$\dfrac{\partial\hat{Y}_i}{\partial X_{ji}} = \hat{\beta}_j$ にはならないことを (5.6) 式は示している. $h_{ii}$ が 1 に近い高い作用点であるほど $\partial\hat{Y}_i/\partial X_{ji}$ は $\hat{\beta}_j$ から離れた値になる.

### 5.3.4 観測値の削除あるいは参入による $\hat{\boldsymbol{\beta}}(w)$ への影響

$\boldsymbol{\beta}$ の加重最小 2 乗推定量 $\hat{\boldsymbol{\beta}}(w)$ は次式で与えられる.

$$\hat{\boldsymbol{\beta}}(w) = (\boldsymbol{X}'\boldsymbol{W}\boldsymbol{X})^{-1}\boldsymbol{X}'\boldsymbol{W}\boldsymbol{y} \tag{5.7}$$

$$\boldsymbol{W} = \mathrm{diag}\{w_i\}, \quad i = 1, \cdots, n$$

いま次のようなウエイトを考えよう.

$$w_j=\begin{cases} w_i, & j=i \\ 1, & j\neq i \end{cases}$$

このとき $n\times n$ 行列 $\boldsymbol{W}$ は $(i,\ i)$ 要素のみ $w_i$ でその他の対角要素は 1 の対角行列になる．

したがって

$$\begin{aligned}
\boldsymbol{X}'\boldsymbol{W}\boldsymbol{X} &= (\boldsymbol{x}_1\ \cdots\ \boldsymbol{x}_n)\begin{bmatrix} 1 & & & & \\ & \ddots & & \boldsymbol{0} & \\ & & w_i & & \\ & \boldsymbol{0} & & \ddots & \\ & & & & 1 \end{bmatrix}\begin{bmatrix} \boldsymbol{x}_1' \\ \vdots \\ \boldsymbol{x}_n' \end{bmatrix} \\
&= (\boldsymbol{x}_1\ \cdots\ w_i\boldsymbol{x}_i\ \cdots\ \boldsymbol{x}_n)\begin{bmatrix} \boldsymbol{x}_1' \\ \vdots \\ \boldsymbol{x}_n' \end{bmatrix} \\
&= \boldsymbol{x}_1\boldsymbol{x}_1' + \cdots + w_i\boldsymbol{x}_i\boldsymbol{x}_i' + \cdots + \boldsymbol{x}_n\boldsymbol{x}_n' \\
&= \sum_{i=1}^{n}\boldsymbol{x}_i\boldsymbol{x}_i' - (1-w_i)\boldsymbol{x}_i\boldsymbol{x}_i' \\
&= \boldsymbol{X}'\boldsymbol{X} - (1-w_i)\boldsymbol{x}_i\boldsymbol{x}_i'
\end{aligned}$$

となるから

$$\begin{aligned}
(\boldsymbol{X}'\boldsymbol{W}\boldsymbol{X})^{-1} &= \left[\boldsymbol{X}'\boldsymbol{X} - (1-w_i)\boldsymbol{x}_i\boldsymbol{x}_i'\right]^{-1} \\
&= (\boldsymbol{X}'\boldsymbol{X})^{-1} + \frac{(1-w_i)(\boldsymbol{X}'\boldsymbol{X})^{-1}\boldsymbol{x}_i\boldsymbol{x}_i'(\boldsymbol{X}'\boldsymbol{X})^{-1}}{1-(1-w_i)\boldsymbol{x}_i'(\boldsymbol{X}'\boldsymbol{X})^{-1}\boldsymbol{x}_i} \\
&= (\boldsymbol{X}'\boldsymbol{X})^{-1} + \frac{(1-w_i)(\boldsymbol{X}'\boldsymbol{X})^{-1}\boldsymbol{x}_i\boldsymbol{x}_i'(\boldsymbol{X}'\boldsymbol{X})^{-1}}{1-(1-w_i)h_{ii}}
\end{aligned}$$

$$\boldsymbol{X}'\boldsymbol{W}\boldsymbol{y} = \boldsymbol{X}'\boldsymbol{y} - (1-w_i)\boldsymbol{x}_iY_i$$

と表すことができる．

以上の結果を用いると，加重最小 2 乗推定量は

$$\begin{aligned}
\hat{\boldsymbol{\beta}}(w) &= \left[(\boldsymbol{X}'\boldsymbol{X})^{-1} + \frac{(1-w_i)(\boldsymbol{X}'\boldsymbol{X})^{-1}\boldsymbol{x}_i\boldsymbol{x}_i'(\boldsymbol{X}'\boldsymbol{X})^{-1}}{1-(1-w_i)h_{ii}}\right] \\
&\quad \times\left[\boldsymbol{X}'\boldsymbol{y} - (1-w_i)\boldsymbol{x}_iY_i\right] \\
&= \hat{\boldsymbol{\beta}} - \frac{(1-w_i)(\boldsymbol{X}'\boldsymbol{X})^{-1}\boldsymbol{x}_ie_i}{1-(1-w_i)h_{ii}} \qquad (5.8)
\end{aligned}$$

となる．

したがって

$$\frac{\partial \hat{\boldsymbol{\beta}}(w)}{\partial w_i}=\frac{[(\boldsymbol{X}'\boldsymbol{X})^{-1}\boldsymbol{x}_i e_i][1-(1-w_i)h_{ii}]+(1-w_i)(\boldsymbol{X}'\boldsymbol{X})^{-1}\boldsymbol{x}_i e_i h_{ii}}{[1-(1-w_i)h_{ii}]^2}$$

$$=\frac{(\boldsymbol{X}'\boldsymbol{X})^{-1}\boldsymbol{x}_i e_i}{[1-(1-w_i)h_{ii}]^2} \tag{5.9}$$

を得る．

この偏微分を $w_i=0$ で評価したときを $\boldsymbol{x}_i$ 削除の $I$-influence，$w_i=1$ で評価したときを $\boldsymbol{x}_i$ 参入の $I$-influence とよぶ．(5.8) 式で $w_i=0$ のとき (5.8) 式は (3.4) 式に等しい．

$$\left.\frac{\partial \hat{\boldsymbol{\beta}}(w)}{\partial w_i}\right|_{w_i=0}=\frac{e_i}{(1-h_{ii})^2}(\boldsymbol{X}'\boldsymbol{X})^{-1}\boldsymbol{x}_i \tag{5.10}$$

$$\left.\frac{\partial \hat{\boldsymbol{\beta}}(w)}{\partial w_i}\right|_{w_i=1}=e_i(\boldsymbol{X}'\boldsymbol{X})^{-1}\boldsymbol{x}_i \tag{5.11}$$

となる．

$(\boldsymbol{x}_i'\ Y_i)$ を除いたときの $\boldsymbol{\beta}$ の最小2乗推定量を $\hat{\boldsymbol{\beta}}(i)$ とすると，(3.4) 式で示したように

$$\hat{\boldsymbol{\beta}}-\hat{\boldsymbol{\beta}}(i)=\frac{e_i}{1-h_{ii}}(\boldsymbol{X}'\boldsymbol{X})^{-1}\boldsymbol{x}_i \tag{5.12}$$

となるから，(5.10)，(5.11)，(5.12) 式は，$e_i(\boldsymbol{X}'\boldsymbol{X})^{-1}\boldsymbol{x}_i$ を共通に有し，類似している．$e_i$ が大きいほど，多重共線性が強いほど，$\boldsymbol{x}_i$ が説明変数の集団から離れていればいるほど (5.10)～(5.12) 式いずれも左辺の値は大きくなり，$h_{ii}$ が1に近い高い作用点ではさらに (5.12) 式，さらに (5.10) 式の左辺の値は (5.11) 式より大きくなる．

### 5.3.5 $Y_i$ の $R^2$ への影響

$$R^2=1-\frac{\sum_{i=1}^{n} e_i^2}{\sum_{i=1}^{n} y_i^2}$$

であるから（(1.30) 式）

$$\frac{\partial R^2}{\partial Y_i} = \frac{2}{\sum_{i=1}^{n} y_i^2}\left[(1-R^2)\,y_i - e_i\right] \tag{5.13}$$

となる．$y_i = Y_i - \bar{Y}$ である．

### 5.3.6　$Y_i$ の $t$ 値ベクトル $t$ への影響

$\hat{\beta}_j$ の $t$ 値 $t_j$，$j=1, \cdots, k$ を要素とする $k\times 1$ ベクトルを

$$\boldsymbol{t} = (t_1\ \ t_2\ \ \cdots\ \ t_k)'$$

とする．

$$(\boldsymbol{X}'\boldsymbol{X})^{-1} = \{q^{ij}\},\quad i,\ j=1, \cdots, k$$

$$\boldsymbol{D} = \mathrm{diag}\{(\boldsymbol{X}'\boldsymbol{X})^{-1}\} = \begin{bmatrix} q^{11} & & \mathbf{0} \\ & \ddots & \\ \mathbf{0} & & q^{kk} \end{bmatrix}$$

とおくと，(1.39) 式は

$$t_j = s^{-1}(q^{jj})^{-\frac{1}{2}}\hat{\beta}_j \tag{5.14}$$

である．したがって

$$\boldsymbol{t} = s^{-1}\boldsymbol{D}^{-\frac{1}{2}}\hat{\boldsymbol{\beta}} \tag{5.15}$$

と表すことができる．

ここで

$$\hat{\boldsymbol{\beta}} = (\hat{\beta}_1\ \ \hat{\beta}_2\ \ \cdots\ \ \hat{\beta}_k)'$$

である．

$$\frac{\partial \boldsymbol{t}}{\partial Y_i} = \boldsymbol{D}^{-\frac{1}{2}}\hat{\boldsymbol{\beta}}\frac{\partial}{\partial Y_i}(s^{-1}) + s^{-1}\boldsymbol{D}^{-\frac{1}{2}}\frac{\partial \hat{\boldsymbol{\beta}}}{\partial Y_i}$$

$$s = \left(\frac{\sum e_i^2}{n-k}\right)^{\frac{1}{2}},\quad s^{-1} = (n-k)^{\frac{1}{2}}\left(\sum e_i^2\right)^{-\frac{1}{2}}$$

であるから

$$\begin{aligned} \frac{\partial s^{-1}}{\partial Y_i} &= (n-k)^{\frac{1}{2}}\left[\frac{\partial\left(\sum e_i^2\right)^{-\frac{1}{2}}}{\partial e_i}\frac{\partial e_i}{\partial Y_i}\right] \\ &= -(n-k)^{\frac{1}{2}}\left(\sum e_i^2\right)^{-\frac{3}{2}} e_i \end{aligned}$$

$$= -(n-k)^{\frac{1}{2}}\left(\sum e_i^2\right)^{-\frac{1}{2}}\frac{e_i}{\sum e_i^2}$$

$$= -s^{-1}\frac{e_i}{\sum e_i^2}$$

が得られ

$$\boldsymbol{D}^{-\frac{1}{2}}\hat{\boldsymbol{\beta}}\frac{\partial s^{-1}}{\partial Y_i} = -\frac{e_i}{\sum e_i^2}s^{-1}\boldsymbol{D}^{-\frac{1}{2}}\hat{\boldsymbol{\beta}} = -\frac{e_i}{\sum e_i^2}\boldsymbol{t}$$

となる.

$\partial\hat{\boldsymbol{\beta}}/\partial Y_i$ に (5.2) 式を代入し，次式を得る.

$$\frac{\partial \boldsymbol{t}}{\partial Y_i} = s^{-1}\boldsymbol{D}^{-\frac{1}{2}}(\boldsymbol{X}'\boldsymbol{X})^{-1}\boldsymbol{x}_i - \frac{e_i}{\sum e_i^2}\boldsymbol{t} \tag{5.16}$$

### 5.3.7　$X_{ji}$ の $t$ 値ベクトル $\boldsymbol{t}$ への影響

$$\frac{\partial \boldsymbol{t}}{\partial X_{ji}} = \frac{\partial \boldsymbol{t}}{\partial Y_i}\frac{\partial Y_i}{\partial X_{ji}} = \frac{\partial \boldsymbol{t}}{\partial Y_i}\frac{\partial Y_i}{\partial \hat{Y}_i}\frac{\partial \hat{Y}_i}{\partial X_{ji}} = \frac{\partial \boldsymbol{t}}{\partial Y_i}\frac{\partial \hat{Y}_i}{\partial X_{ji}}$$

であるから

$\dfrac{\partial \boldsymbol{t}}{\partial Y_i}$ に (5.16) 式

$\dfrac{\partial \hat{Y}_i}{\partial X_{ji}}$ に (5.6) 式

を代入し

$$\frac{\partial \boldsymbol{t}}{\partial X_{ji}} = \left[\frac{1}{s}\boldsymbol{D}^{-\frac{1}{2}}(\boldsymbol{X}'\boldsymbol{X})^{-1}\boldsymbol{x}_i - \frac{e_i}{\sum e_i^2}\boldsymbol{t}\right] \times\left[\hat{\beta}_j(1-h_{ii}) + \boldsymbol{x}_i'(\boldsymbol{X}'\boldsymbol{X})^{-1}\boldsymbol{\delta}_j e_i\right] \tag{5.17}$$

$$j=1, \cdots, k, \quad i=1, \cdots, n$$

が得られる.

## 5.4　切　断　点

微小影響分析の実証分析は，寡聞にして知らない．切断点もない．本章では次のような方法を用いて切断点とした.

まず，記号を定める.

(5.2) 式の $\hat{\beta}_j$ に対して

$$DB_jDY_i=\frac{\partial\hat{\beta}_j}{\partial Y_i},\quad j=1,\cdots,k,\quad i=1,\cdots,n \tag{5.18}$$

(5.4) 式の $\hat{\beta}_m$ に対して

$$DB_mDX_{ji}=\frac{\partial\hat{\beta}_m}{\partial X_{ji}},\quad m,\ j=1,\cdots,k,\quad i=1,\cdots,n \tag{5.19}$$

とする．

(5.6) 式を

$$DYHAT_iDX_{ji}=\frac{\partial\hat{Y}_i}{\partial X_{ji}},\quad j=1,\cdots,k,\quad i=1,\cdots,n \tag{5.20}$$

と表す．

(5.13) 式を

$$DRSQDY_i=\frac{\partial R^2}{\partial Y_i},\quad i=1,\cdots,n \tag{5.21}$$

とする．

(5.17) 式の $t_m$ に対して

$$DT_mDX_{ji}=\frac{\partial t_m}{\partial X_{ji}},\quad m,\ j=1,\cdots,k,\quad i=1,\cdots,n \tag{5.22}$$

と表す．

$j$ を固定したとき，(5.18) 式の $DB_jDY_i$ は，$i=1$ から $n$ まで $n$ 個ある．$j$ を固定したとき $DB_jDY_i=Z_i$ とおき，$n$ 個の $Z_i$ の平均を $\bar{Z}$，標準偏差を $S_{Z_i}$ とすると規準化 $Z_i$ は

$$SZ_i=\frac{Z_i-\bar{Z}}{S_Z}$$

である．$|SZ_i|\geq 2$ を，微小影響分析における影響点とした．

一般に，確率変数 $Z$ が期待値 $\mu$，標準偏差 $\sigma$ をもつとき，$Z$ の確率分布が何であろうと，チェビシェフの不等式

$$P(\mu-2\sigma\leq Z\leq\mu+2\sigma)>\frac{3}{4}$$

が成立する．すなわち，$Z$ の確率分布が何であろうと，$\mu\pm 2\sigma$ 内に，$Z$ の少なくとも 3/4 は含まれる．

$Z\sim N(\mu,\sigma^2)$ ならば

$$P(\mu-2\sigma \leq Z \leq \mu+2\sigma)=0.9544$$

であり，$Z$がパラメータ$\mu$，$\phi$のロジスティック分布に従うならば，$\mu$は$E(Z)$，$\sigma=\pi\phi/\sqrt{3}$であり

$$P(\mu-2\pi\phi/\sqrt{3} \leq Z \leq \mu+2\pi\phi/\sqrt{3})=0.9482$$

と，3/4よりは，かなり大きい．

いいかえれば，$Z \sim N(\mu, \sigma^2)$ のとき，$Z$が$\mu \pm 2\sigma$の外に落ちる確率は0.0456，ロジスティック分布のとき0.0518である．

$\mu$，$\sigma$の推定量は，それぞれ

$$\bar{Z}=\frac{1}{n}\sum_{i=1}^{n} Z_i$$

$$s=\left[\frac{1}{n-1}\sum_{i=1}^{n}(Z_i-\bar{Z})^2\right]^{\frac{1}{2}}$$

である．

(5.19) 式から (5.22) 式も$j$あるいは$m$，$j$を固定して，$i=1, \cdots, n$について平均と標準偏差を求め，$DB_jDY_i$と同様にして切断点とした．

### ▶例 5.1　丘陵レース

例 1.2, 丘陵レースの回帰モデル(1.23)式の推定結果は(1.24)式である．(1.24)式の回帰診断の主要な結果は次のとおりであった．

$h_{ii}$が$3k/n=0.257$を超える高い作用点は，#7 の 0.501，#11 の 0.367 である（表 2.1）.

平方残差率$a_i^2$が大きい観測値は #18 の 66.03%，#19 の 11.47% である（表 1.2）．$LR$プロットは図 2.2 に示されている．

高い作用点 #11 はすべての$\hat{\beta}_j$，$j=1, 2, 3$に対して，$Y$方向の大きな外れ値 #18 は$\hat{\beta}_1$，$\hat{\beta}_2$に対する影響点である（表 3.1）．#18 はスチューデント化残差$t_i$が 8.77 と異常に高く，これと #19 の$t_i=-2.05$の 2 個が 2 を超える$|t_i|$である（表 3.6）．この #18 を除くとすべての$t$値は最大の変化を示す（表 3.12）.

$DFFITS$，クックの$D$，$C$，$WL$，$1-AP$すべてが #11 と #18 を，$1-AP$はさらに #7 を影響点として検出する（表 3.8）.

(1)　$DB_jDY_i$

微小影響分析も回帰診断であるが，前章までの回帰診断とは，統計量の意味が

異なる．$DB_jDY_i$ は $Y_i$ が 1 単位変化したときの $\hat{\beta}_j$ の変化であり，また，$DB_mDX_{ji}$ は，$j$ を固定したとき $X_{ji}$ の 1 単位変化に対する $\hat{\beta}_m$ の変化である．変化の方向（正か負か）と変化の大きさが問題となる．

**表 5.1** は（1.23）式の規準化された $DB_jDY_i$ と $DB_mDX_{ji}$ が絶対値で 2 を超える影響点である．表の上方は $DB_jDY_i$，下方は $DB_mDX_{ji}$，$m=1, 2, 3$，$j=2, 3$ である．

$Y_i$ の $\hat{\beta}_j$ への影響点は $j$ によって異なり，高い作用点 #7 や $Y$ 方向の外れ値 #18 は現れない．

**図 5.1** は規準化した $DB_3DY_i$ の柱状図とカーネル密度関数および標準正規分布の pdf のグラフである．規準化した #1, 3, 6 の値は，それぞれ −2.566, 2.487, 2.176 であり，2.176，2.487 近辺で右すそが少し高くなっているが，規準化 $DB_3DY_i$ の正規分布からのズレは余り大きくない．

（2）　$DB_mDX_{ji}$

表 5.1 の下方に，規準化 $DB_mDX_{ji}$，$m=1, 2, 3$，$j=2, 3$ が絶対値で 2 を超える値が示されている．$Y$ 方向の外れ値 #18 はすべての $m=1, 2, 3$，$j=2, 3$ において影響点であり，高い作用点 #7 は $DB_3DX_2$ の，#24 は $DB_1DX_2$ の影響点である．

**図 5.2** は規準化 $DB_2DX_2$ の柱状図とカーネル密度関数および標準正規分布の pdf である．モードが正規分布より少し左にズレており，右すそが #18 の 3.697 の近辺で盛り上っているが，対称性は崩れていない．

**表 5.1**　例 1.2，丘陵レースの規準化 $DB_jDY_i$，規準化 $DB_mDX_{ji}$

| | $\hat{\beta}_1$ | | $\hat{\beta}_2$ | | $\hat{\beta}_3$ | |
|---|---|---|---|---|---|---|
| 規準化 $DB_jDY_i$ | | | | | | |
| $Y$ | #1, | 2.128 | #14, | −2.139 | #1, | −2.566 |
| | #31, | −3.573 | #35, | 3.091 | #3, | 2.487 |
| | #32, | 2.530 | | | #6, | 2.176 |
| 規準化 $DB_mDX_{ji}$ | | | | | | |
| $X_2$ | #11, | 2.147 | #11, | −2.174 | #7, | −3.189 |
| | #18, | −3.782 | #18, | 3.697 | #18, | −2.324 |
| | #24, | −2.051 | | | | |
| $X_3$ | #11, | 2.983 | #11, | −2.691 | #18, | 4.149 |
| | #18, | 2.283 | #18, | −3.147 | | |

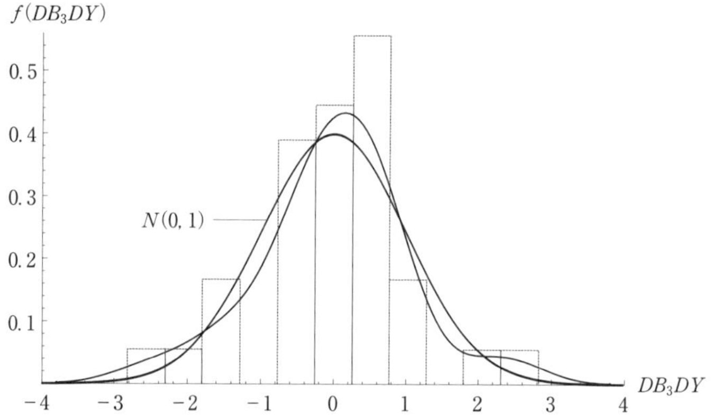


**図 5.1** 例 5.1，規準化 $DB_3DY_i$ の柱状図，カーネル密度関数および標準正規分布

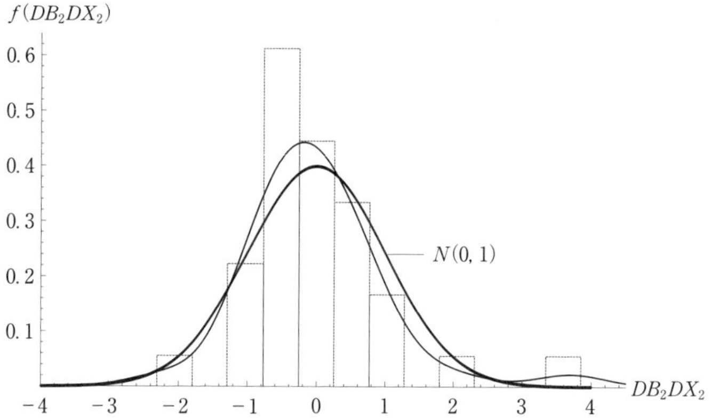


**図 5.2** 例 5.1，規準化 $DB_2DX_2$ の柱状図，カーネル密度関数および標準正規分布

(3) $DYHAT_iDX_{ji}$

規準化 $DYHAT_iDX_{ji}$ が絶対値で 2 を超えるのは

$j=1$（$X_1$）のとき #11 の 2.978

$j=2$（$X_2$）のとき #11 の 4.622

$j=3$（$X_3$）のとき #7 の −5.197

である．高い作用点 #7 の $X_3$ の $\hat{Y}_7$ への影響は大きい．#11 も高い作用点である．

(4) $DRSQDY_i$

**図 5.3** は $DRSQDY_i$ のグラフである．図で −0.06144 は標本平均 −2× 標本標

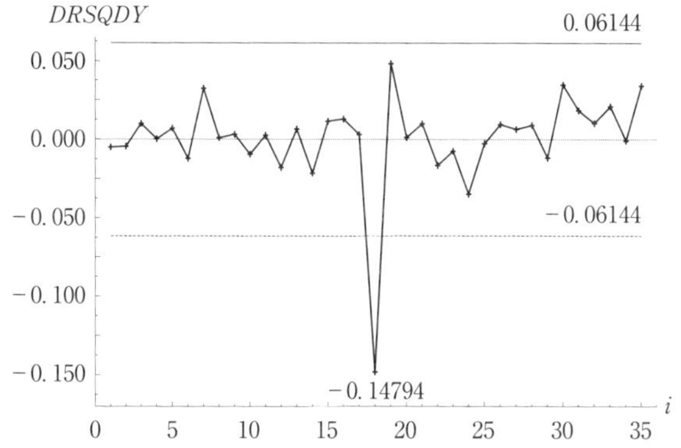


**図 5.3**　例 5.1，*DRSQDY*

準偏差，0.06144 は標本平均+2×標本標準偏差である．$Y$ 方向の外れ値 #18 において $DRSQDY_i = -0.14794$，規準化 $DRSQDY_i$ は $-4.816$ となり，$Y_{18}$ は $R^2$ への大きな影響点である．実際，(1.23) 式の全データの $R^2 = 0.838391$ は，#18 を除くと 0.952648 まで高くなる．

(5)　$DT_jDY_i$

**表 5.2** の上方に，規準化 $DT_jDY_i$ が絶対値で 2 を超える影響点が示されている．高い作用点 #11 と $Y$ 方向の外れ値 #18 がすべての $t_j$，$j=1, 2, 3$ の影響点である．

(6)　$DT_mDX_{ji}$

表 5.2 の下方が，規準化 $DT_mDX_{ji}$ が絶対値で 2 を超える影響点である．#7，11 の高い作用点，#18 の $Y$ 方向の外れ値のみが，この統計量にも現れる．

**図 5.4** は規準化 $DT_2DX_{3i}$ の柱状図とカーネル密度関数および標準正規分布の pdf である．0 のまわりの確率密度が正規分布より大きく，#18 の $-4.362$ の近辺で左すそが盛り上っているが，対称性からのズレは小さい．

**▶例 5.2　配達時間**

例 2.2，配達時間の回帰モデル (2.15) 式の推定結果は (2.16) 式である．均一分散，定式化ミスなし，正規性の仮定も成立している．

$$h_{ii} \text{ が } \frac{3k}{n} = 0.36 \text{ を超えるのは，\#9，0.831，\#22，0.515}$$

**表 5.2** 例 1.2，丘陵レースの規準化 $DT_jDY_i$，規準化 $DT_mDX_{ji}$

| | $T_1$ | | $T_2$ | | $T_3$ | |
|---|---|---|---|---|---|---|
| 規準化 $DT_jDY_i$ | | | | | | |
| $Y$ | #11, | −2.331 | #11, | 2.522 | #11, | −2.837 |
| | #18, | −3.829 | #18, | −3.805 | #18, | −2.470 |
| 規準化 $DT_mDX_{ji}$ | | | | | | |
| $X_2$ | #11, | −3.254 | #11, | 2.522 | #7, | 2.317 |
| | #18, | −3.028 | #18, | −3.805 | #11, | −3.644 |
| $X_3$ | #11, | −2.213 | #18, | −4.362 | #11, | −2.837 |
| | #18, | −3.789 | | | #18, | −2.470 |

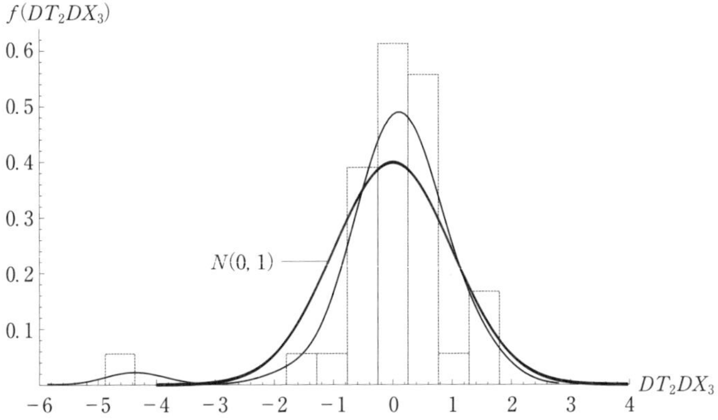


**図 5.4** 例 5.1，規準化 $DT_2DX_3$ の柱状図，カーネル密度関数および標準正規分布

平方残差率 $a_i^2$ が $100 \times \dfrac{3}{n} = 12\%$ を超えるのは，#11，20.30%

スチューデント化残差 $|t_i| \geq 2$ は，#11，2.50%

である（表 2.3）．$LR$ プロットは図 2.3 に示されている．

$\hat{\beta}_j$ への影響点は

$$\hat{\beta}_1 \quad \#10$$
$$\hat{\beta}_2 \quad \#10, 11$$
$$\hat{\beta}_3 \quad \#11$$

である（表 3.2）．

$DFFITS$，クックの $D$，$C$，$WL$ はすべて #11 のみが影響点，$1-AP$ は #9, 22 の高い作用点を外れ値として検出している（表 3.10）．

(2.15) 式の微小影響分析を行う．

(1)　$DB_jDY_i$

**表 5.3** の上方に，規準化 $DB_jDY_i$ が絶対値で 2 を超える影響点が示されている．高い作用点や $Y$ 方向の外れ値は現れない．

(2)　$DB_mDX_{ji}$

表 5.3 の下方が，規準化 $DB_mDX_{ji}$，$m=1, 2, 3$，$j=2, 3$ が絶対値で 2 を超える影響点である．高い作用点 #9，22，$Y$ 方向の外れ値 #11 のみが現れる．$DFBETAS$ で $\hat{\beta}_1$，$\hat{\beta}_2$ への影響点であった #10 は現れない．

**図 5.5** は規準化 $DB_3DX_{2i}$ の柱状図とカーネル密度関数および標準正規分布の pdf である．0 近辺で標準正規分布より確率密度が少し高く，#22 の −2.907 により左すそが少し盛り上っているが，正規性からのズレは大きくない．

**表 5.3**　例 2.2，配達時間の規準化 $DB_jDY_i$，規準化 $DB_mDX_{ji}$

| | $\hat{\beta}_1$ | | $\hat{\beta}_2$ | | $\hat{\beta}_3$ | |
|---|---|---|---|---|---|---|
| 規準化 $DB_jDY_i$ | | | | | | |
| $Y$ | #7, | 2.140 | #3, | 2.660 | #14, | −3.663 |
| | #19, | 2.179 | | | | |
| 規準化 $DB_mDX_{ji}$ | | | | | | |
| $X_2$ | #22, | 3.093 | #22, | −2.987 | #9, | −2.919 |
| | | | | | #22, | 2.113 |
| $X_3$ | #11, | 2.004 | #11, | −2.156 | #9, | −2.549 |
| | #22, | 3.167 | #22, | −2.907 | | |

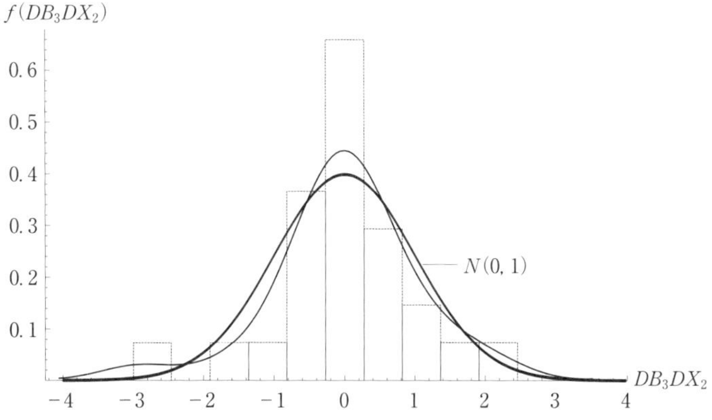


**図 5.5**　例 5.2，規準化 $DB_3DX_2$ の柱状図，カーネル密度関数および標準正規分布

(3)　$DYHAT_iDX_{ji}$

$j=1$, 2, 3 のすべての $j$ ($X_j$) で, 高い作用点 #22 が $\hat{Y}_{22}$ への影響点であり, $j=1$, 2, 3 の順に 3.181, 4.526, 4.044 と規準化された $DYHAT_iDX_{ji}$ の値も 3 を超える.

(4)　$DRSQDY_i$

#11 の $Y$ 方向の外れ値のみが $R^2$ への $Y$ の影響点であり, 規準化 $DRSQDY_i$ の値は −2.062 である. #11 を除くと, $R^2$ は 0.9791 (全データ) から 0.9829 へと高くなる.

(5)　$DT_jDY_i$

**表 5.4** の上方が, 規準化 $DT_jDY_i$ の絶対値が 2 を超える影響点である. #11 の $Y$ 方向の外れ値, #22 の高い作用点のみが現れる. とくに, #22 の $t_2$ への影響が大きい. $DT_2DY_{22}=1.96293$ であり, #22 を除いて (2.15) 式を推定すると, 全データの $\hat{\beta}_2=1.4196$ (11.23) から $\hat{\beta}_2=1.4063$ (7.85) へと変わる. $\hat{\beta}_2$ の変化は大きくないが, $t$ 値は 11.23 から 7.85 へと小さくなる.

(6)　$DT_mDX_{ji}$

表 5.4 の下方が規準化 $DT_mDX_{ji}$, $m=1$, 2, 3, $j=2$, 3 が絶対値で 2 を超える影響点である. すべての $t_m$, $m=1$, 2, 3 に対して, #22 は $X_2$, $X_3$ ともに影響点である. $Y$ 方向の外れ値 #11 は, $X_2$, $X_3$ ともに $t_1$, $t_3$ への影響点である. $X_3$ の #20 のみ $t_2$ への影響点である.

(2.15) 式を #11 と #22 を除いて推定すると次式が得られる. 全データの推定結果 (2.16) 式と比較されたい.

**表 5.4**　例 2.2, 配達時間の規準化 $DT_jDY_i$, 規準化 $DT_mDX_{ji}$

| | $T_1$ | $T_2$ | $T_3$ |
|---|---|---|---|
| 規準化 $DT_jDY_i$ | | | |
| $Y$ | #11, −2.613 | #22, 3.716 | #11, −2.350 |
| | | | #22, −2.904 |
| 規準化 $DT_mDX_{ji}$ | | | |
| $X_2$ | #11, −2.082 | #22, 3.716 | #11, −2.095 |
| | #22, −3.949 | | #22, −3.839 |
| $X_3$ | #11, −2.436 | #20, 2.072 | #11, −2.350 |
| | #22, −3.132 | #22, 2.675 | #22, −2.904 |

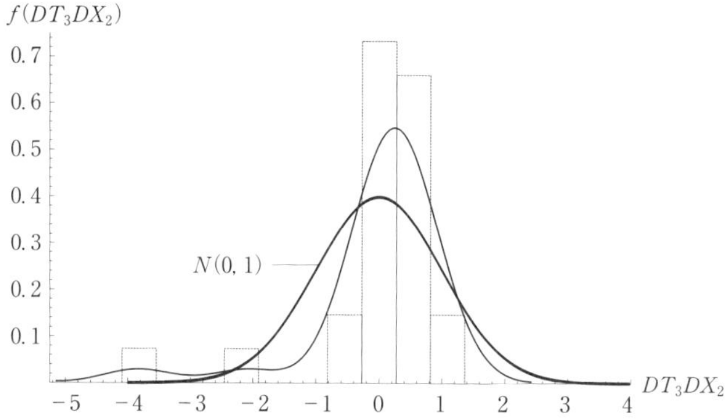


**図 5.6**　例 5.2，規準化 $DT_3DX_2$ の柱状図，カーネル密度関数および標準正規分布

$$\underset{(7.24)}{Y=7.1650}+\underset{(6.99)}{1.2096X_2}+\underset{(7.24)}{0.9926X_3}$$

$\bar{R}^2=0.9783$,　$s=2.100$

BP = 0.09130 (0.955),　W = 4.19913 (0.521)

RESET(2) = 0.639696 (0.434)

RESET(3) = 0.949293 (0.406)

SW = 0.96482 (0.567),　JB = 0.90551 (0.636)

$\bar{R}^2$ の値は余り変わらず，均一分散，定式化ミスなし，正規性も成立しているが，$\beta_j$ の推定値，$t$ 値はかなり変化している．

**図 5.6** は規準化 $DT_3DX_{2i}$ の柱状図とカーネル密度関数および標準正規分布の pdf である．左すそが長く，#11 の −2.095，#22 の −3.839 の近辺ですそが盛り上っており，モードも 0 より右に位置し，正規性からのズレは大きい．実際，$DT_3DX_{2i}$ の標本歪度 −2.832，標本尖度 12.395 と正規性からはほど遠い（規準化 $DT_3DX_{2i}$ も標本歪度，標本尖度は上に同じ）．

### ▶例 5.3　肝臓手術後の生存時間

例 4.4，(4.4) 式の回帰モデルの微小影響分析を行う．全データの推定結果は表 4.7 にある．均一分散であり，定式化ミスはないが，正規性は成立していない．

$h_{ii}>\dfrac{3k}{n}=0.2222$ は，#38，0.2547

$\frac{2k}{n}=0.1481<h_{ii}<\frac{3k}{n}$ は，#13，0.1830，　#32，0.1805，　#37，0.1645，

#28，0.1493，　#22，0.1491，　#5，0.1487

である．

平方残差率 $a_i^2$ が $100\times\frac{3}{n}=5.56\%$ を超えるのは

#22，28.88%，　#9，15.24%，　#27，14.03%，

#32，8.72%，　#30，6.39%，　#39，5.65%

と6個あり，この6個で残差平方和の78.91%を占める．スチューデント化残差 $|t_i|$ が2以上なのは，#9，3.03，　#22，5.02，　#27，2.88，　#32，2.42である．*LR* プロットは図4.4に示されている．

*DFBETAS* が切断点を超える $\hat{\gamma}_j$ への影響点は

$\hat{\gamma}_1$ は #22，32

$\hat{\gamma}_2$ は #18，22

$\hat{\gamma}_3$ は #22，27，32，38

$\hat{\gamma}_4$ は #9，18，22，32

であり，$Y$ 方向の一番大きい外れ値 #22 はすべての $\hat{\gamma}_j$ に対して影響点である．

*DFFITS*，クックの $D$，$C$，$WL$，$1-AP$ のすべてが，#22, 32, 38 を影響点として検出する（表4.8）．

$\max t_j(i)$，$\max DFTSTAT_j(i)$ は，$i=22$ を除いたとき達成される（表4.9）．

(1)　$DB_jDY_i$

規準化 $DB_jDY_i$ が絶対値で2を超える $Y_i$ の $\hat{\gamma}_j$ への影響点を**表5.5**上方に示した．$Y$ 方向の外れ値で #32 のみ $\hat{\gamma}_2$ の影響点であり，高い作用点は，#13 が $\hat{\gamma}_3$ に，#32 が $\hat{\gamma}_2$ に，#37 が $\hat{\gamma}_1$ と $\hat{\gamma}_3$ に現れる．

**図5.7**は規準化 $DB_2DY_i$ の柱状図とカーネル密度関数および標準正規分布の pdf である．#15の $-3.010$，#31の $-4.030$ 近辺で左すそが上がり，確率密度が0のまわりで高く，両すそも長い非正規性を示している．

(2)　$DB_mDX_{ji}$

規準化 $DB_mDX_{ji}$，$m=1, 2, 3, 4$，$j=2, 3, 4, 5$ が絶対値で2を超える $X_{ji}$ の $\hat{\gamma}_m$ への影響点も表5.5にある．

$X_{ji}$ の $\hat{\gamma}_m$ への影響点は多いが，3を超えるのは $\hat{\gamma}_1$ への $X_2$ #22の3.202，$\hat{\gamma}_3$ へ

**表 5.5**　例 4.4，肝臓手術後の生存時間の規準化 $DB_jDY_i$，規準化 $DB_mDX_{ji}$

| | $\hat{\gamma}_1$ | $\hat{\gamma}_2$ | $\hat{\gamma}_3$ | $\hat{\gamma}_4$ |
|---|---|---|---|---|
| 規準化 $DB_jDY_i$ | | | | |
| $Y$ | #17, 3.096 | #15, −3.010 | #1, 3.166 | #3, −2.156 |
| | #18, −2.628 | #16, 2.795 | #2, −2.100 | #7, 2.959 |
| | #29, −2.776 | #31, −4.030 | #13, −2.824 | #8, −2.318 |
| | #37, −2.488 | #32, 2.141 | #17, 2.632 | #15, −3.124 |
| | #50, −2.403 | | #37, −3.542 | #51, 2.656 |
| 規準化 $DB_mDX_{ji}$ | | | | |
| $X_2$ | #22, 3.202 | #5, 2.243 | #13, −2.145 | #5, 2.563 |
| | #28, −2.104 | #22, −2.657 | #23, 2.232 | #13, −2.244 |
| | #37, 2.418 | #28, 2.275 | #38, 2.714 | #18, 2.042 |
| | | #43, 2.191 | | #22, 2.386 |
| $X_3$ | #28, −2.409 | #18, −2.395 | #13, −2.157 | #5, −2.099 |
| | #31, 2.102 | #28, 2.395 | #22, −2.290 | #13, −2.165 |
| | #32, −2.866 | | #23, 2.180 | #18, 2.495 |
| | #37, 2.484 | | #38, 2.266 | |
| | | | #42, 2.046 | |
| $X_4$ | #28, −2.456 | #5, 2.295 | #23, 2.139 | #5, −2.579 |
| | #31, 2.150 | #13, 2.064 | #38, 3.025 | #13, −2.319 |
| | #32, −2.074 | #28, 2.478 | | #18, 2.209 |
| | #37, 2.697 | #43, 2.085 | | |
| $X_5$ | #22, 2.696 | #5, 2.232 | #13, −2.111 | #5, −2.463 |
| | #28, −2.295 | #22, −2.731 | #23, 2.219 | #13, −2.063 |
| | #31, 2.012 | #28, 2.245 | #38, 2.835 | #22, 3.017 |
| | #37, 2.580 | #43, 2.198 | | |
| 規準化 $DYHAT_iDX_{ji}$ | | | | |
| $X_2$ | #32, −3.157 | | | |
| $X_3$ | #22, 2.059 | | | |
| | #32, −2.110 | | | |
| | #37, 2.536 | | | |
| | #45, 2.047 | | | |
| | #50, 2.015 | | | |
| $X_4$ | #37, 2.675 | | | |
| | #45, 2.170 | | | |
| | #50, 2.232 | | | |
| $X_5$ | #37, 2.677 | | | |
| | #45, 2.275 | | | |
| | #50, 2.453 | | | |

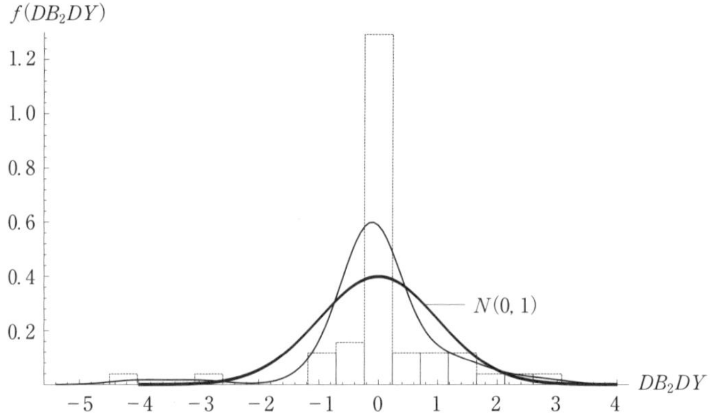


**図 5.7** 例 5.3, 規準化 $DB_2DY$ の柱状図, カーネル密度関数および標準正規分布

の $X_4$ #38 の 3.025, $\hat{\gamma}_4$ への $X_5$ #22 の 3.017 の 3 個のみであり, その他はすべて, 絶対値で 3 未満である. #38 は高い作用点, #22 は $Y$ 方向の一番大きな外れ値であり, $h_{ii}$ も $2k/n$ を超える.

$X_2$ の #22 は $\hat{\gamma}_m$, $m=1, 2, 4$, #38 は $\hat{\gamma}_3$ の影響点である. #13 は $\hat{\gamma}_m$, $m=3, 4$, #28 は $\hat{\gamma}_m$, $m=1, 2$ に現れる. #13, 28 ともに $h_{ii}$ が $2k/n$ を超える.

$X_3$ の #22, #38 は $\hat{\gamma}_3$ のみに, #13 は $\hat{\gamma}_m$, $m=3, 4$, #28 は $\hat{\gamma}_m$, $m=1, 2$, #18 は $\hat{\gamma}_m$, $m=2, 4$ の影響点である.

$X_4$ の #22 はすべての $\hat{\gamma}_m$ に現れず, #38 は $\hat{\gamma}_3$ にのみ現れる. #5, #13 は $\hat{\gamma}_m$, $m=2, 4$ の影響点である.

$X_5$ の #22 は $\hat{\gamma}_m$, $m=1, 2, 4$, #38 は $\hat{\gamma}_3$ のみの影響点である. #5 は $\hat{\gamma}_m$, $m=2, 4$, #13 は $\hat{\gamma}_m$, $m=3, 4$, #28 は $\hat{\gamma}_m$, $m=1, 2$ に現れる.

*DFBETAS* からは $Y$ 方向の外れ値 #22 がすべての $\hat{\gamma}_m$ への影響点として検出され, #32 も $\hat{\gamma}_m$, $m=1, 3, 4$ の影響点であった.

**図 5.8** は規準化 $DB_4DX_5$ の柱状図とカーネル密度関数および標準正規分布の pdf である. #22 の 3.017 の近辺で右すそが少し盛り上っているが, 正規性からのズレは小さい. $DB_4DX_5$ の標本歪度 = 0.078, 標本尖度 = 3.900 である.

(3) $DYHAT_iDX_{ji}$

規準化 $DYHAT_iDX_{ji}$ が絶対値で 2 を超える影響点は表 5.5 下方に示した.

高い作用点 #38 は $\hat{Y}_i$ への影響点として検出されない. #38 より $h_{ii}$ の小さ

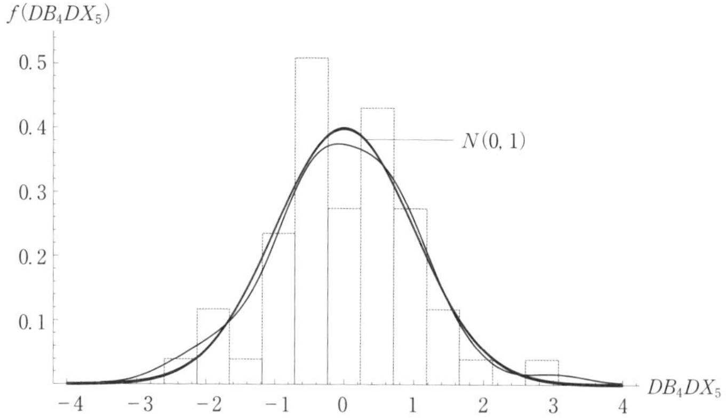


**図 5.8**　例 5.3，規準化 $DB_4DX_5$ の柱状図，カーネル密度関数および標準正規分布

い #37 が $X_{ji}$，$j=3$，4，5 に現れる．高い作用点ではない #45（$h_{ii}=0.0939$，$a_i^2=0.13\%$），#50（$h_{ii}=0.0971$，$a_i^2=0.00\%$）が $X_{ji}$，$j=3$，4，5 に現れる．絶対値で 3 を超えるのは $X_2$ の #32 のみである．

（4）　$DRSQDY_i$

規準化 $DRSQDY_i$ が絶対値で 2 を超える $Y_i$ の $R^2$ への影響点は

#9，2.918，　#22，−3.974，　#27，−2.714，　#32，−2.398

であり，すべて $Y$ 方向の外れ値である．

この 4 個を除いて（4.4）式を推定すると次の結果が得られる．

$$
\underset{(36.08)}{Y=0.9621\,X_2}+\underset{(13.98)}{0.2334\,X_3}+\underset{(51.46)}{0.4406\times10^{-2}X_4}+\underset{(36.76)}{0.3686\times10^{-2}X_5}
$$

$R^2=0.9940$，　$\bar{R}^2=0.9936$，　$s=0.0509$

BP = 0.17391（0.996），　W = 7.05679（0.933）

RESET (2) = 0.37012（0.546）

RESET (3) = 1.38194（0.262）

SW = 0.7484（0.000），　JB = 155.230（0.000）

$R^2$ は全データの 0.9787 から 0.9940，$\bar{R}^2$ は 0.9774 から 0.9936 まで高くなる．$\gamma_j$ の推定値も変化するが，$t$ 値はきわめて高くなる（表 4.7 に全データ，#22，#38，#22 と 38 削除の推定結果が示されている）．

均一分散であり，定式化ミスもないが，正規性は成立していない．

**図 5.9** は規準化 $DRSQDY_i$ の柱状図とカーネル密度関数および標準正規分布

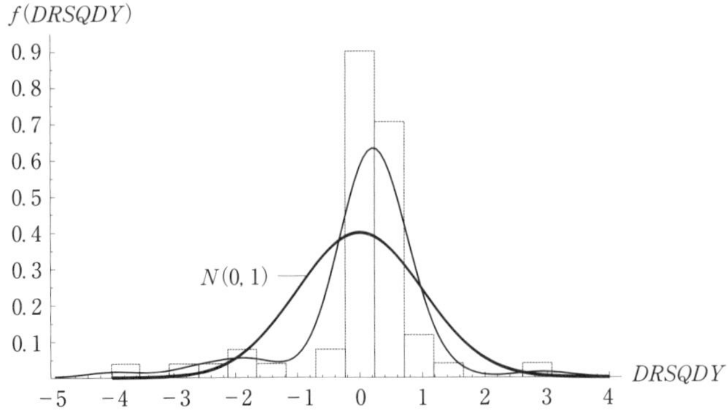


**図 5.9**　例 5.3，規準化 *DRSQDY* の柱状図，カーネル密度関数および標準正規分布

**表 5.6**　例 4.4，肝臓手術後の生存時間の規準化 $DT_jDY_i$，規準化 $DT_mDX_{ji}$

| | $T_1$ | | $T_2$ | | $T_3$ | | $T_4$ | |
|---|---|---|---|---|---|---|---|---|
| 規準化 $DT_jDY_i$ | | | | | | | | |
| $Y$ | #9, | 2.830 | #18, | 2.065 | #22, | −5.910 | #22, | −6.095 |
| | #22, | −4.477 | #22, | −2.739 | #32, | 3.263 | | |
| | #27, | −2.618 | | | | | | |
| 規準化 $DT_mDX_{ji}$ | | | | | | | | |
| $X_2$ | #9, | 2.830 | #18, | 2.252 | #9, | 2.841 | #9, | 2.996 |
| | #22, | −4.477 | #22, | −2.194 | #22, | −3.649 | #22, | −4.453 |
| | #27, | −2.618 | #27, | −2.009 | #27, | −2.855 | #27, | −2.550 |
| | | | | | #38, | −2.110 | #30, | −2.002 |
| $X_3$ | #9, | 2.629 | #18, | 2.065 | #9, | 2.707 | #9, | 2.763 |
| | #22, | −5.165 | #22, | −2.739 | #22, | −4.402 | #22, | −5.173 |
| | #27, | −2.298 | | | #27, | −2.646 | #27, | −2.266 |
| $X_4$ | #22, | −6.726 | #13, | −2.626 | #22, | −5.910 | #22, | −6.412 |
| | #32, | 2.123 | #22, | −3.419 | #37, | 3.263 | #32, | 3.016 |
| | | | #28, | 2.525 | | | | |
| | | | #32, | 2.624 | | | | |
| | | | #37, | 3.251 | | | | |
| $X_5$ | #22, | −6.132 | #13, | −3.117 | #22, | −5.302 | #22, | −6.095 |
| | | | #22, | −2.031 | #37, | 2.181 | | |
| | | | #28, | 3.027 | | | | |
| | | | #37, | 3.750 | | | | |

の pdf である．0 のまわりの確率密度が高く，両すそが外れ値の近辺で盛り上り，正規性からのズレは大きい．

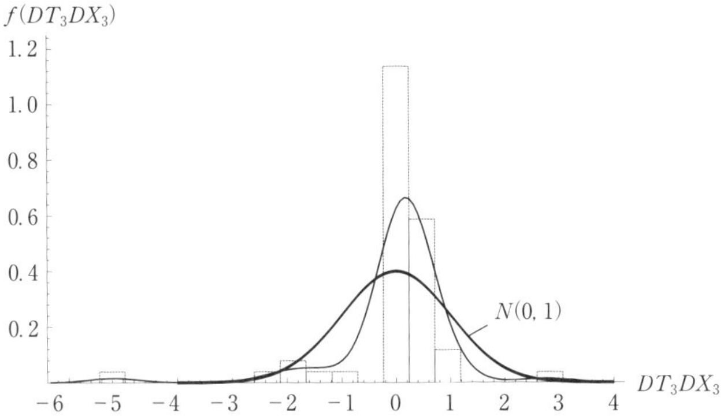


**図 5.10**　例 5.3，規準化 $DT_3DX_3$ の柱状図，カーネル密度関数および標準正規分布

(5)　$DT_jDY_i$

規準化 $DT_jDY_i$ の絶対値で 2 を超える $Y_i$ の $t_j$ への影響点が**表 5.6** 上方に示されている．$Y$ 方向の外れ値 #22 はすべての $t_j$，$j=1$，2，3，4 に対して影響点であり，$t_2$ を除いて絶対値で 3 を超え，$t_3$，$t_4$ に対してはそれぞれ −5.910，−6.095 ときわめて大きい．#9，27 も $Y$ 方向の外れ値である．

(6)　$DT_mDX_{ji}$

規準化 $DT_mDX_{ji}$，$m$，$j=1$，2，3，4 が絶対値で 2 を超える $X_{ji}$ の $t_m$ への影響点は，表 5.6 の下方にある．

この統計量においても，$Y$ 方向の外れ値 #22 は，すべての $m$，$j$ において影響点であり，しかも，$t_1$，$t_3$，$t_4$ に対して，すべての $X_{ji}$，$j=2$，3，4，5 の $i=22$ は絶対値で 3 を超える強い影響点である．#9，27，32 の $Y$ 方向の外れ値も，すべての $X_j$，$j=2$，3，4，5 で $t_m$ への影響点として現れる．

**図 5.10** は規準化 $DT_3DX_{3i}$ の柱状図とカーネル密度関数および標準正規分布の pdf である．0 のまわりの確率密度の高さ，両すそが長く，盛り上っており，正規分布から相当乖離している．

## 5.5　非線形回帰モデルの微小影響分析

非線形回帰モデル

$$Y_i=f_i(\boldsymbol{\beta}\,;\boldsymbol{x}_i)+u_i,\quad i=1,\cdots,n \tag{5.23}$$

$$u_i \sim \mathrm{iid}(0, \sigma^2)$$

の未知パラメータ $\boldsymbol{\beta}$ $(k\times 1)$ の最小 2 乗量 $\hat{\boldsymbol{\beta}}$ を求める必要条件は次式である.

$$\sum_{i=1}^{n}\left[Y_i - f_i(\boldsymbol{\beta}\,;\boldsymbol{x}_i)\right]\frac{\partial f_i(\boldsymbol{\beta}\,;\boldsymbol{x}_i)}{\partial\boldsymbol{\beta}} = \mathbf{0} \tag{5.24}$$

(5.24) 式を

$$F(\boldsymbol{\beta}, Y, \boldsymbol{x}) = \mathbf{0}$$

と表すと, $F$ に関する偏微分

$$F_{\beta} = \sum_{i=1}^{n}\left[\left(-\frac{\partial f_i}{\partial\boldsymbol{\beta}}\right)\left(\frac{\partial f_i}{\partial\boldsymbol{\beta}}\right)' + (Y_i - f_i)\frac{\partial^2 f_i}{\partial\boldsymbol{\beta}\partial\boldsymbol{\beta}'}\right]$$

$$F_{Y_i} = \frac{\partial f_i}{\partial\boldsymbol{\beta}}$$

$X_{ji}$ に関する偏微分を $F_x$ と表し

$$F_x = \left(-\frac{\partial f_i}{\partial X_{ji}}\right)\frac{\partial f_i}{\partial\boldsymbol{\beta}} + (Y_i - f_i)\frac{\partial^2 f_i}{\partial\boldsymbol{\beta}\partial X_{ji}}$$

が得られる.

$$F_{\beta}d\boldsymbol{\beta} + F_Y dY + F_x d\boldsymbol{x} = \mathbf{0}$$

において $d\boldsymbol{x} = \mathbf{0}$ とおき, $\hat{\boldsymbol{\beta}}$ に関する $Y_i$ の微小変化の影響は

$$\underset{k\times 1}{\frac{\partial\hat{\boldsymbol{\beta}}}{\partial Y_i}} = \underset{k\times k}{\boldsymbol{H}^{-1}}\ \underset{k\times 1}{\frac{\partial f_i}{\partial\boldsymbol{\beta}}} \tag{5.25}$$

となる. ここで

$$\boldsymbol{H} = -F_{\beta} = \sum_{i=1}^{n}\left[\left(\frac{\partial f_i}{\partial\boldsymbol{\beta}}\right)\left(\frac{\partial f_i}{\partial\boldsymbol{\beta}}\right)' - (Y_i - f_i)\frac{\partial^2 f_i}{\partial\boldsymbol{\beta}\partial\boldsymbol{\beta}'}\right] \tag{5.26}$$

であり, (5.25) 式の偏微分はすべて $\boldsymbol{\beta} = \hat{\boldsymbol{\beta}}$ で計算される.

$dY = 0$ とおき次の結果を得る.

$$\underset{k\times 1}{\frac{\partial\hat{\boldsymbol{\beta}}}{\partial X_{ji}}} = \underset{k\times k}{\boldsymbol{H}^{-1}}\left[\underset{1\times 1}{(Y_i - f_i)}\underset{k\times 1}{\frac{\partial^2 f_i}{\partial\boldsymbol{\beta}\partial X_{ji}}} - \underset{1\times 1}{\left(\frac{\partial f_i}{\partial X_{ji}}\right)}\underset{k\times 1}{\left(\frac{\partial f_i}{\partial\boldsymbol{\beta}}\right)}\right] \tag{5.27}$$

$Y_i$ の推定値を

$$\hat{Y}_i = f(\hat{\boldsymbol{\beta}}\,;\boldsymbol{x}_i)$$

とし

$$\underset{n\times 1}{\hat{\boldsymbol{y}}} = \begin{bmatrix} \hat{Y}_1 \\ \vdots \\ \hat{Y}_n \end{bmatrix}$$

とすると

$$\underset{n\times 1}{\frac{\partial \hat{\boldsymbol{y}}}{\partial Y_i}} = \underset{n\times k}{\frac{\partial \hat{\boldsymbol{y}}}{\partial \hat{\boldsymbol{\beta}}}}\underset{k\times 1}{\frac{\partial \hat{\boldsymbol{\beta}}}{\partial Y_i}} = \underset{n\times k}{\boldsymbol{G}}\underset{k\times k}{\boldsymbol{H}^{-1}}\underset{k\times 1}{\frac{\partial f_i}{\partial \boldsymbol{\beta}}} \tag{5.28}$$

が得られる．ここで

$$\underset{n\times k}{\boldsymbol{G}} = \frac{\partial \hat{\boldsymbol{y}}}{\partial \hat{\boldsymbol{\beta}}} = \begin{bmatrix} \dfrac{\partial \hat{Y}_1}{\partial \hat{\beta}_1} & \cdots & \dfrac{\partial \hat{Y}_1}{\partial \hat{\beta}_k} \\ \vdots & & \vdots \\ \dfrac{\partial \hat{Y}_n}{\partial \hat{\beta}_1} & \cdots & \dfrac{\partial \hat{Y}_n}{\partial \hat{\beta}_k} \end{bmatrix}$$

であり，$\boldsymbol{G}$ は $\hat{\boldsymbol{y}}$ のヤコービアン行列とよばれることもある．線形回帰モデルのとき

$$\boldsymbol{G} = \boldsymbol{X}, \quad \boldsymbol{H} = \boldsymbol{X}'\boldsymbol{X}, \quad \frac{\partial f_i}{\partial \boldsymbol{\beta}} = \boldsymbol{x}_i$$

であるから，(5.28) 式は

$$\boldsymbol{X}(\boldsymbol{X}'\boldsymbol{X})^{-1}\boldsymbol{x}_i = \begin{bmatrix} \boldsymbol{x}_1{}'(\boldsymbol{X}'\boldsymbol{X})^{-1}\boldsymbol{x}_i \\ \vdots \\ \boldsymbol{x}_i'(\boldsymbol{X}'\boldsymbol{X})^{-1}\boldsymbol{x}_i \\ \vdots \\ \boldsymbol{x}_n'(\boldsymbol{X}'\boldsymbol{X})^{-1}\boldsymbol{x}_i \end{bmatrix}$$

となり，このベクトルの $i$ 番目の要素は $h_{ii}$ である．

線形回帰モデルのとき，(5.25) 式＝(5.2) 式，(5.27) 式＝(5.4) 式である．

# 6

# ロジットモデルの回帰診断

## 6.1 は じ め に

本章はロジットモデルの回帰診断を説明する．二値変数 $Y_i$ の期待値と分散(6.2節) を求め，6.3節から6.7節でロジットモデルの理論的説明，6.8節はロジットモデルの回帰診断の方法と具体例による回帰診断の実際である．

ロジットモデルを6.3節で示し，パラメータ $\beta_j$ の最尤推定 (6.4節) と MLE $\hat{\boldsymbol{\beta}}_{\mathrm{ML}}$ が漸近的に正規分布すること，この漸近的分布の共分散行列を導く(6.5節)．$\hat{p}_i$ も漸近的に正規分布することを6.6節で示す．6.7節はピアソン残差を説明する．

6.8節でロジットモデルの回帰診断をあつかう．ロジットモデルのハット行列 (6.8.1項)，標準ピアソン残差 (6.8.2項) を示し，6.8.3項でロジットモデルの $DFBETA_i$，$DFBETAS_j(i)$，クックの $D$ を説明する．ロジットモデルで．$DFBETAS$ の切断点は，線形回帰モデルのように決めることはできない．例6.1では規準化 $DFBETAS_j(i)$ の絶対値が2以上のとき，$\hat{\beta}_j$ への影響点とし，3を超える強い影響点の観測値を除いて推定し，推定結果が改善されることがわかった．

6.9節は，例6.1，例6.2で $\hat{\beta}_j-\hat{\beta}_j(i)$ の近似値の精度，この近似値にもとづいて規準化された $SDFBETAS_j(i)$ による $\hat{\beta}_j$ に対する影響点の検出が，適切かどうかを検討する．この検討は，正確な $\hat{\beta}_j-\hat{\beta}_j(i)$ の値を求め，さらにこの $\hat{\beta}_j$ の差を規準化して行う．結果は，$\hat{\beta}_j-\hat{\beta}_j(i)$ の近似値の精度は粗くて余り信頼できないが，規準化した $SDFBETAS_j(i)$ による $\hat{\beta}_j$ の影響点の検出は，充分信頼できることがわかった．

簡単なプログラムを組めば6.9節で示したような正確な $\hat{\beta}_j-\hat{\beta}_j(i)$ の値，規準化による影響点の検出は，ロジットモデルばかりでなく，プロビットモデルでも可能であるから，むしろ近似値には頼らない方がよい．

6.10 節はロジットモデルの説明変数に連続変数があるときの微小影響分析の説明である．

## 6.2　二値変数のモデル

確率変数 $Y_i$ は 0 か 1 の値しかとらない二値変数 binary variable とする．

$$P(Y_i=1)=p_i, \quad i=1, \cdots, n$$

とすると

$$\begin{aligned} E(Y_i) &= 1\times p_i+0\times(1-p_i)=p_i \\ E(Y_i^2) &= 1^2\times p_i+0^2\times(1-p_i)=p_i \end{aligned} \tag{6.1}$$

であるから

$$\mathrm{var}(Y_i)=E(Y_i^2)-\left[E(Y_i)\right]^2=p_i-p_i^2=p_i(1-p_i) \tag{6.2}$$

となる．

## 6.3　ロジットモデル

$$\beta_1+\beta_2X_{2i}+\cdots+\beta_kX_{ki}=\boldsymbol{x}_i'\boldsymbol{\beta}$$

と表すと，ロジットモデル logit model は

$$p_i=\Lambda(\boldsymbol{x}_i'\boldsymbol{\beta}) \tag{6.3}$$

と定式化される．ここで $\Lambda$ は標準ロジスティック分布 logistic distribution の cdf であり

$$\Lambda(z)=\frac{\exp(z)}{1+\exp(z)}$$

である．したがって，ロジットモデルは

$$p_i=\frac{\exp(\boldsymbol{x}_i'\boldsymbol{\beta})}{1+\exp(\boldsymbol{x}_i'\boldsymbol{\beta})} \tag{6.4}$$

となる．上式より

$$\log\left(\frac{p_i}{1-p_i}\right)=\boldsymbol{x}_i'\boldsymbol{\beta} \tag{6.5}$$

が得られる.

## 6.4 ロジットモデルのパラメータ推定

パラメータ推定は最尤法 maximum likelihood（ML）を用いる. $Y_i$ の確率関数は

$$P(Y_i=y_i)=p(y_i)=p_i^{y_i}(1-p_i)^{1-y_i}$$
$$=\left\{\Lambda(\boldsymbol{x}_i'\boldsymbol{\beta})^{y_i}[1-\Lambda(\boldsymbol{x}_i'\boldsymbol{\beta})]^{1-y_i}\right\},\quad i=1,\cdots,n \tag{6.6}$$

となる. 尤度関数

$$L(\boldsymbol{\beta})=\prod_{i=1}^{n}\left\{\Lambda(\boldsymbol{x}_i'\boldsymbol{\beta})^{y_i}[1-\Lambda(\boldsymbol{x}_i'\boldsymbol{\beta})]^{1-y_i}\right\}$$

より, 対数尤度関数は次式になる.

$$\log L(\boldsymbol{\beta})=\sum_{i=1}^{n}\left\{y_i\log\Lambda(\boldsymbol{x}_i'\boldsymbol{\beta})+(1-y_i)\log[1-\Lambda(\boldsymbol{x}_i'\boldsymbol{\beta})]\right\} \tag{6.7}$$

表示を簡略化して, $\Lambda(\boldsymbol{x}_i'\boldsymbol{\beta})=\Lambda$, $\Lambda'(\boldsymbol{x}_i'\boldsymbol{\beta})=f(\boldsymbol{x}_i'\boldsymbol{\beta})=f$ とおくと, $\boldsymbol{\beta}$ の最尤推定量（MLE）は次の必要条件の解として得られる.

$$\frac{\partial\log L(\boldsymbol{\beta})}{\partial\boldsymbol{\beta}}=\sum_{(y_i=1)}\left(\frac{f}{\Lambda}\right)\boldsymbol{x}_i-\sum_{(y_i=0)}\left(\frac{f}{1-\Lambda}\right)\boldsymbol{x}_i=\boldsymbol{0} \tag{6.8}$$

上式は次のように書き直すことができる.

$$\sum_{i=1}^{n}\left(\frac{y_i}{\Lambda}-\frac{1-y_i}{1-\Lambda}\right)f\boldsymbol{x}_i=\sum_{i=1}^{n}\left[\frac{y_i-\Lambda}{\Lambda(1-\Lambda)}\right]f\boldsymbol{x}_i=\boldsymbol{0} \tag{6.9}$$

ロジットモデルは

$$f=\Lambda(1-\Lambda)$$

の関係があるから,（6.9）式は

$$\sum_{i=1}^{n}(y_i-\Lambda)\boldsymbol{x}_i=\boldsymbol{0}$$

すなわち

$$\sum_{i=1}^{n}y_i\boldsymbol{x}_i=\sum_{i=1}^{n}\Lambda(\boldsymbol{x}_i'\boldsymbol{\beta})\boldsymbol{x}_i \tag{6.10}$$

が $\boldsymbol{\beta}$ の MLE の必要条件である.

## 6.5 ロジットモデルの $\boldsymbol{\beta}$ の MLE の漸近的分布

$\hat{\boldsymbol{\beta}}_{\mathrm{ML}}$ を $\boldsymbol{\beta}$ の MLE とすると，一般に

$$\hat{\boldsymbol{\beta}}_{\mathrm{ML}} \xrightarrow{d} N(\boldsymbol{\beta}, \boldsymbol{\Omega}^{-1}) \tag{6.11}$$

が成り立つ．ここで

$$\boldsymbol{\Omega} = -E\left(\frac{\partial^2 \log L}{\partial \boldsymbol{\beta} \partial \boldsymbol{\beta}'}\right)$$

はフィッシャーの情報行列 Fisher's information matrix である．

ロジットモデルの

$$\boldsymbol{\Omega} = \sum_{i=1}^{n} \Lambda(\boldsymbol{x}_i'\boldsymbol{\beta})\left[1 - \Lambda(\boldsymbol{x}_i'\boldsymbol{\beta})\right]\boldsymbol{x}_i\boldsymbol{x}_i'$$

$$= \sum_{i=1}^{n} p_i(1-p_i)\boldsymbol{x}_i\boldsymbol{x}_i' \tag{6.12}$$

によって与えられる（証明は蓑谷（2007）pp. 748-749）．

いま

$$v_i = p_i(1-p_i)$$

$$\boldsymbol{X} = \begin{bmatrix} \boldsymbol{x}_1' \\ \vdots \\ \boldsymbol{x}_n' \end{bmatrix} \begin{matrix} 1\times k \\ \\ 1\times k \end{matrix}, \quad \boldsymbol{V} = \begin{bmatrix} v_1 & & \boldsymbol{0} \\ & \ddots & \\ \boldsymbol{0} & & v_n \end{bmatrix}$$

とすると

$$\boldsymbol{X}'\boldsymbol{V}\boldsymbol{X} = \sum_{i=1}^{n} v_i \boldsymbol{x}_i \boldsymbol{x}_i'$$

であるから，(6.12) 式は

$$\boldsymbol{\Omega} = \boldsymbol{X}'\boldsymbol{V}\boldsymbol{X} \tag{6.13}$$

と表すことができる．したがって，ロジットモデルの $\hat{\boldsymbol{\beta}}_{\mathrm{ML}}$ の漸近的分散行列は

$$\mathrm{var}(\hat{\boldsymbol{\beta}}_{\mathrm{ML}}) = (\boldsymbol{X}'\boldsymbol{V}\boldsymbol{X})^{-1} \tag{6.14}$$

と表すことができる．

## 6.6 $\hat{p}_i$ の漸近的分布

$$p_i = \Lambda(\boldsymbol{x}_i'\boldsymbol{\beta})$$

は

$$\hat{p}_i = \Lambda(\boldsymbol{x}_i'\hat{\boldsymbol{\beta}}_{\mathrm{ML}}) \tag{6.15}$$

によって推定することができる．

$\Lambda(\boldsymbol{x}_i'\hat{\boldsymbol{\beta}}_{\mathrm{ML}})$ を $\boldsymbol{x}_i'\boldsymbol{\beta}$ のまわりでテイラー展開し，1次の項まで求めると

$$\begin{aligned}\hat{p}_i &= \Lambda(\boldsymbol{x}_i'\hat{\boldsymbol{\beta}}_{\mathrm{ML}}) \\ &= p_i + f(\boldsymbol{x}_i'\boldsymbol{\beta})\boldsymbol{x}_i'(\hat{\boldsymbol{\beta}}_{\mathrm{ML}} - \boldsymbol{\beta})\end{aligned} \tag{6.16}$$

となるから，漸近的に

$$E(\hat{p}_i) = p_i \tag{6.17}$$

$$\begin{aligned}\mathrm{var}(\hat{p}_i) &= \left[f(\boldsymbol{x}_i'\boldsymbol{\beta})\right]^2 \boldsymbol{x}_i'\boldsymbol{\Omega}^{-1}\boldsymbol{x}_i \\ &= v_i^2\boldsymbol{x}_i'\boldsymbol{\Omega}^{-1}\boldsymbol{x}_i = v_i^2\boldsymbol{x}_i'(\boldsymbol{X}'\boldsymbol{V}\boldsymbol{X})^{-1}\boldsymbol{x}_i\end{aligned} \tag{6.18}$$

が成立する．

$\hat{\boldsymbol{\beta}}_{\mathrm{ML}}$ は漸近的に正規分布するから，(6.16) 式より

$$\hat{p}_i \xrightarrow{d} N(p_i,\ v_i^2\boldsymbol{x}_i'(\boldsymbol{X}'\boldsymbol{V}\boldsymbol{X})^{-1}\boldsymbol{x}_i) \tag{6.19}$$

すなわち，$\hat{p}_i$ も漸近的に正規分布する．

$E(Y_i) = p_i$ であるから，$Y_i$ の推定値 $\hat{Y}_i = \hat{p}_i$ である．

## 6.7 ピアソン残差

残差 $y_i - \hat{p}_i$ を，$y_i$ の標準偏差 $[p_i(1-p_i)]^{\frac{1}{2}}$ の推定量 $[\hat{p}_i(1-\hat{p}_i)]^{\frac{1}{2}}$ で割った

$$r_{p_i} = \frac{y_i - \hat{p}_i}{\sqrt{\hat{p}_i(1-\hat{p}_i)}} \tag{6.20}$$

はピアソン残差 Pearson residual とよばれる．

## 6.8 回帰診断

### 6.8.1 ハット行列

ロジットモデルの回帰診断を与えたのは Pregibon (1981) である．以下，ロジットモデルの $\boldsymbol{\beta}$ の MLE $\hat{\boldsymbol{\beta}}_{\mathrm{ML}}$ を簡単に $\hat{\boldsymbol{\beta}}$ と記す．

(6.14) 式を

$$\mathrm{var}(\hat{\boldsymbol{\beta}}) = (\boldsymbol{X}'\boldsymbol{V}\boldsymbol{X})^{-1}$$

と表す．

$$\boldsymbol{X}^* = \boldsymbol{V}^{\frac{1}{2}}\boldsymbol{X}$$

とおくと

$$\mathrm{var}(\hat{\boldsymbol{\beta}}) = (\boldsymbol{X}^{*\prime}\boldsymbol{X}^*)^{-1}$$

となり

$$\begin{aligned}\boldsymbol{H}^* &= \boldsymbol{X}^*(\boldsymbol{X}^{*\prime}\boldsymbol{X}^*)^{-1}\boldsymbol{X}^{*\prime}\\ &= \boldsymbol{V}^{\frac{1}{2}}\boldsymbol{X}(\boldsymbol{X}'\boldsymbol{V}\boldsymbol{X})^{-1}\boldsymbol{X}'\boldsymbol{V}^{\frac{1}{2}}\end{aligned} \tag{6.21}$$

がロジットモデルのハット行列と考えることができる．

このH*は，(2.2) 式の$\boldsymbol{H}$と同様に

$$\boldsymbol{H}^* = \boldsymbol{H}^{*\prime}$$
$$\boldsymbol{H}^* = (\boldsymbol{H}^*)^2$$
$$\mathrm{tr}(\boldsymbol{H}^*) = \sum_{i=1}^{n} h_{ii}^* = k$$

を満たす．

### 6.8.2 標準ピアソン残差

Pregibon (1981) は，ロジットモデルの残差は近似的に

$$y_i - \hat{p}_i \approx (1 - h_{ii}^*)y_i \tag{6.22}$$

となることを導いた．したがって

$$\mathrm{var}(y_i - \hat{p}_i) = p_i(1 - p_i)(1 - h_{ii}^*) \tag{6.23}$$

が得られる．$\boldsymbol{H}^*$はベキ等行列であるから，$\boldsymbol{I} - \boldsymbol{H}^*$もベキ等行列になることを上式は用いている．(6.23) 式は線形回帰モデルの 2.2.1 項 (g) と同じである．

残差$y_i - \hat{p}_i$を (6.23) 式の推定量から得られる標準偏差

$$\left[\hat{p}_i(1 - \hat{p}_i)(1 - h_{ii}^*)\right]^{\frac{1}{2}}$$

で割った

$$r_i = \frac{y_i - \hat{p}_i}{\sqrt{\hat{p}_i(1 - \hat{p}_i)(1 - h_{ii}^*)}} = \frac{r_{p_i}}{\sqrt{1 - h_{ii}^*}} \tag{6.24}$$

は標準ピアソン残差とよばれる．

モデルが正しければ，この$r_i$は

$$r_i \xrightarrow{d} N(0, 1)$$

と標準正規分布に収束するから，$|r_i|$ 2 以上は外れ値と判断される．

$r_i$ を求めるための $h_{ii}^*$ は

$$h_{ii}^* = \hat{p}_i(1-\hat{p}_i)\boldsymbol{x}_i'(\boldsymbol{X}'\hat{\boldsymbol{V}}\boldsymbol{X})^{-1}\boldsymbol{x}_i \tag{6.25}$$

によって計算すればよい．

$$\hat{\boldsymbol{V}} = \mathrm{diag}\{\hat{v}_i\}, \quad i=1, \cdots, n$$

$$\hat{v}_i = \hat{p}_i(1-\hat{p}_i), \quad i=1, \cdots, n$$

である．

### 6.8.3 *DFBETA*, *DFBETAS* およびクックの *D*

線形回帰モデルの（3.4）式

$$DFBETA_i = \hat{\boldsymbol{\beta}} - \hat{\boldsymbol{\beta}}(i) = \frac{(\boldsymbol{X}'\boldsymbol{X})^{-1}\boldsymbol{x}_i e_i}{1-h_{ii}}$$

に対応するロジットモデルの，$i$ 番目の観測値をパラメータ推定から除いたときの $\hat{\boldsymbol{\beta}}$ の変化は，モデルを 1 回推定するだけで，近似的に次式で与えられることを Pregibon（1981）は示した．

$$DFBETA_i = \Delta_i\hat{\boldsymbol{\beta}} = (\boldsymbol{X}'\hat{\boldsymbol{V}}\boldsymbol{X})^{-1}\boldsymbol{x}_i \frac{y_i - \hat{p}_i}{1-h_{ii}^*}$$

$$= \hat{\boldsymbol{\Omega}}^{-1}\boldsymbol{x}_i \frac{y_i - \hat{p}_i}{1-h_{ii}^*} \tag{6.26}$$

標準化された $\hat{\beta}_j$ の変化は次式によって与えられる．

$$DFBETAS_j(i) = \frac{\Delta_i\hat{\beta}_j}{\sqrt{\hat{\omega}^{jj}}}, \quad j=1, \cdots, k, \quad i=1, \cdots, n \tag{6.27}$$

$\hat{\omega}^{jj} = \hat{\boldsymbol{\Omega}}^{-1}$ の（$j, j$）要素

ロジットモデルにおけるクックの $D$ は

$$D_i = (\Delta_i\hat{\boldsymbol{\beta}})'(\boldsymbol{X}'\hat{\boldsymbol{V}}\boldsymbol{X})(\Delta_i\hat{\boldsymbol{\beta}}) = \frac{r_i^2 h_{ii}^*}{1-h_{ii}^*} \tag{6.28}$$

となる．

$D_i$ の切断点 $CPD$ を，本書では次の方法で求めた．漸近的にであるが，$r_i^2 \sim \chi^2(1)$ であるから

$$P(D_i > CPD) = P\left(\frac{r_i^2 h_{ii}^*}{1-h_{ii}^*} > CPD\right)$$

$$= P\left(r_i^2 > \frac{(1-h_{ii}^*)CPD}{h_{ii}^*}\right)$$

において，$\chi^2(1)$ の上側5% 点を $\chi^2_{0.05}(1)$ とすると

$$\frac{(1-h_{ii}^*)CPD}{h_{ii}^*} = \chi^2_{0.05}(1) = 3.8415$$

さらに，$h_{ii}^*$ を平均 $k/n$ で評価し，上式より

$$CPD = 3.8415\left(\frac{k}{n-k}\right) \tag{6.29}$$

を $D_i$ の切断点とした.

### ▶例 6.1　前立腺がんのロジットモデル

**表 6.1** は前立腺がん 53 人の患者のデータである.

$Y$ = リンパ節への転移があれば 1，なければ 0

$AP$ = 血清中の酸性ホスファターゼ（酵素の総称，とくにヒトの前立腺に多いエステラーゼ）

$XRAY$ = X 線検査で深刻な状況のとき 1，そうでないとき 0

$STAGE$ = 触診によって発見される．おおまかではあるが，腫瘍の段階で 1 は 0 よりも深刻な状況を示す

ロジットモデルで最尤推定を行う.

$$p_i = P(Y_i = 1)$$
$$p_i = \Lambda(\boldsymbol{x}_i'\boldsymbol{\beta})$$
$$\boldsymbol{x}_i'\boldsymbol{\beta} = \beta_1 + \beta_2 AP_i + \beta_3 XRAY_i + \beta_4 STAGE_i$$

最尤推定の結果は**表 6.2** の全データの列にある．$\beta_j$ の MLE を $\hat{\beta}_j$，ニュートン法で計算した $\hat{\beta}_j$ の標準偏差の推定値を $s_j$ とすると，$H_0: \beta_j = 0$ が正しいとき

$$z_j = \frac{\hat{\beta}_j}{s_j} \xrightarrow{d} N(0, 1)$$

は漸近的に標準正規分布する．表 6.2 の $z$ 値はこの値であり，（　）内は $N(0, 1)$ からの $p$ 値である.

$AP$ の $z$ 値 1.63 は有意ではない．しかし，この $AP$ は，後に見るように，わずか 1 個の外れ値を除くことによって有意になる.

表 6.2 のいくつかの決定係数の式を示しておこう.

**表 6.1** 前立腺がんのデータ

| $i$ | $Y$ | $AP$ | $XRAY$ | $STAGE$ | $i$ | $Y$ | $AP$ | $XRAY$ | $STAGE$ |
|---|---|---|---|---|---|---|---|---|---|
| 1 | 0 | 48 | 0 | 0 | 28 | 0 | 50 | 0 | 1 |
| 2 | 0 | 56 | 0 | 0 | 29 | 0 | 50 | 0 | 1 |
| 3 | 0 | 50 | 0 | 0 | 30 | 0 | 40 | 0 | 1 |
| 4 | 0 | 52 | 0 | 0 | 31 | 0 | 55 | 0 | 1 |
| 5 | 0 | 50 | 0 | 0 | 32 | 0 | 59 | 0 | 1 |
| 6 | 0 | 49 | 0 | 0 | 33 | 1 | 48 | 1 | 1 |
| 7 | 0 | 46 | 1 | 0 | 34 | 1 | 51 | 1 | 1 |
| 8 | 0 | 62 | 1 | 0 | 35 | 1 | 49 | 0 | 1 |
| 9 | 1 | 56 | 0 | 0 | 36 | 0 | 48 | 0 | 1 |
| 10 | 0 | 55 | 1 | 0 | 37 | 0 | 63 | 1 | 1 |
| 11 | 0 | 62 | 0 | 0 | 38 | 0 | 102 | 0 | 1 |
| 12 | 0 | 71 | 0 | 0 | 39 | 0 | 76 | 0 | 1 |
| 13 | 0 | 65 | 0 | 0 | 40 | 0 | 95 | 0 | 1 |
| 14 | 1 | 67 | 1 | 0 | 41 | 0 | 66 | 0 | 1 |
| 15 | 0 | 47 | 0 | 0 | 42 | 1 | 84 | 1 | 1 |
| 16 | 0 | 49 | 0 | 0 | 43 | 1 | 81 | 1 | 1 |
| 17 | 0 | 50 | 0 | 0 | 44 | 1 | 76 | 1 | 1 |
| 18 | 0 | 78 | 0 | 0 | 45 | 1 | 70 | 0 | 1 |
| 19 | 0 | 83 | 0 | 0 | 46 | 1 | 78 | 1 | 1 |
| 20 | 0 | 98 | 0 | 0 | 47 | 1 | 70 | 0 | 1 |
| 21 | 0 | 52 | 0 | 0 | 48 | 1 | 67 | 0 | 1 |
| 22 | 0 | 75 | 0 | 0 | 49 | 1 | 82 | 0 | 1 |
| 23 | 1 | 99 | 0 | 0 | 50 | 1 | 67 | 0 | 1 |
| 24 | 0 | 187 | 0 | 0 | 51 | 1 | 72 | 1 | 1 |
| 25 | 1 | 136 | 1 | 0 | 52 | 1 | 89 | 1 | 1 |
| 26 | 1 | 82 | 0 | 0 | 53 | 1 | 126 | 1 | 1 |
| 27 | 0 | 40 | 0 | 1 | | | | | |

出所：Ryan（2009）p. 353, Table 9.7

$L_U$ = モデルの最大尤度

$L_R$ = 定数項のみのモデルの最大尤度

とする.

$R^2 = Y_i$ と $\hat{Y}_i = \hat{p}_i$ の相関係数の 2 乗

$R^2_{MC}$ = McFadden（1974）の擬似決定係数

$$= 1 - \frac{\log L_U}{\log L_R}$$

$R^2_{CU}$ = Cragg and Uhler（1970）の擬似決定係数

$$= \frac{L_U^{2/n} - L_R^{2/n}}{(1 - L_R^{2/n})L_U^{2/n}}$$

表 6.2 例 6.1, ロジットモデルの最尤推定値

| 説明変数 | 全データ | #24 削除 | #9, 24, 37 削除 |
|---|---|---|---|
| 定数項 | −3.5757 | −5.1103 | −6.5837 |
| $z$ 値（$p$ 値） | −3.03(0.002) | −3.11(0.002) | −3.11(0.002) |
| $AP$ | 0.0206 | 0.0463 | 0.0569 |
| $z$ 値（$p$ 値） | 1.63(0.103) | 2.17(0.030) | 2.20(0.028) |
| $XRAY$ | 2.0618 | 1.9522 | 2.8829 |
| $z$ 値（$p$ 値） | 2.65(0.008) | 2.39(0.017) | 2.72(0.007) |
| $STAGE$ | 1.7556 | 1.6198 | 2.4237 |
| $z$ 値（$p$ 値） | 2.38(0.018) | 2.16(0.031) | 2.58(0.010) |
| | | | |
| $R^2$ | 0.3342 | 0.3686 | 0.4702 |
| $R^2_{MC}$ | 0.2789 | 0.3190 | 0.4367 |
| $R^2_{CU}$ | 0.4208 | 0.4704 | 0.5987 |
| $R^2_{ES}$ | 0.3517 | 0.4007 | 0.5334 |
| | | | |
| $\log(L_U)$ | −25.32982 | −23.59496 | −18.70431 |
| $\log(L_R)$ | −35.12608 | −34.64648 | −33.20321 |
| | | | |
| 限界効果（平均） | | | |
| 定数項 | −0.5563 | −0.7493 | −0.7827 |
| $AP$ | 0.003209 | 0.006787 | 0.006770 |
| $XRAY$ | 0.3208 | 0.2862 | 0.3427 |
| $STAGE$ | 0.2731 | 0.2375 | 0.2881 |

$$R^2_{ES} = \text{Estrella (1998) の擬似決定係数}$$
$$= 1 - \left(\frac{\log L_U}{\log L_R}\right)^{-(2/n)\log L_R}$$

本書では説明しなかったが，$R^2_{MC}$ は，二値変数のモデルでは尤離度決定係数 deviance $R^2$ に等しい（蓑谷（2013）p. 131, 161）.

表 6.2 に示されているように，決定係数間で若干の相違がある．$R^2_{MC}$ が一番低く，$R^2_{CU}$ が一番高い.

この全データのロジットモデルの回帰診断を行う.

(1) 標準ピアソン残差，クックの $D$

**表 6.3** にピアソン残差（(6.20) 式)，標準ピアソン残差（(6.24) 式)，$h^*_{ii}$（(6.25) 式)，クックの $D$（(6.28) 式）が示されている.

$$\frac{2k}{n} = 0.1509, \quad \frac{3k}{n} = 0.2264$$

$$\text{クックの } D \text{ の切断点 } CPD = 0.31388$$

**表 6.3** 例 6.1 のピアソン残差，標準ピアソン残差，$h_{ii}^*$ およびクックの $D$

| $i$ | ピアソン残差 | 標準ピアソン残差 | $h_{ii}^*$ | クックの $D$ | $i$ | ピアソン残差 | 標準ピアソン残差 | $h_{ii}^*$ | クックの $D$ |
|---|---|---|---|---|---|---|---|---|---|
| 1 | −0.2745 | −0.2796 | 0.0359 | 0.00019 | 28 | −0.6742 | −0.6952 | 0.0595 | 0.00657 |
| 2 | −0.2981 | −0.3037 | 0.0362 | 0.00026 | 29 | −0.6742 | −0.6952 | 0.0595 | 0.00657 |
| 3 | −0.2803 | −0.2854 | 0.0359 | 0.00021 | 30 | −0.6081 | −0.6301 | 0.0686 | 0.00576 |
| 4 | −0.2861 | −0.2914 | 0.0360 | 0.00022 | 31 | −0.7098 | −0.7308 | 0.0565 | 0.00713 |
| 5 | −0.2803 | −0.2854 | 0.0359 | 0.00021 | 32 | −0.7397 | −0.7610 | 0.0551 | 0.00771 |
| 6 | −0.2774 | −0.2825 | 0.0359 | 0.00020 | 33 | 0.5401 | 0.5703 | 0.1029 | 0.00652 |
| 7 | −0.7539 | −0.8249 | 0.1646 | 0.03097 | 34 | 0.5237 | 0.5511 | 0.0970 | 0.00551 |
| 8 | −0.8892 | −0.9630 | 0.1473 | 0.03951 | 35 | 1.4987 | 1.5461 | 0.0603 | 0.03269 |
| 9 | 3.3542 | 3.4165 | 0.0362 | 0.03285 | 36 | −0.6604 | −0.6815 | 0.0611 | 0.00639 |
| 10 | −0.8273 | −0.8993 | 0.1538 | 0.03546 | 37 | −2.1612 | −2.2522 | 0.0792 | 0.06333 |
| 11 | −0.3172 | −0.3232 | 0.0369 | 0.00033 | 38 | −1.1526 | −1.2178 | 0.1042 | 0.04226 |
| 12 | −0.3480 | −0.3551 | 0.0394 | 0.00050 | 39 | −0.8815 | −0.9091 | 0.0598 | 0.01294 |
| 13 | −0.3271 | −0.3335 | 0.0375 | 0.00038 | 40 | −1.0724 | −1.1231 | 0.0883 | 0.03039 |
| 14 | 1.0681 | 1.1544 | 0.1440 | 0.05580 | 41 | −0.7951 | −0.8178 | 0.0547 | 0.00919 |
| 15 | −0.2717 | −0.2767 | 0.0360 | 0.00018 | 42 | 0.3726 | 0.3853 | 0.0647 | 0.00110 |
| 16 | −0.2774 | −0.2825 | 0.0359 | 0.00020 | 43 | 0.3843 | 0.3976 | 0.0659 | 0.00125 |
| 17 | −0.2803 | −0.2854 | 0.0359 | 0.00021 | 44 | 0.4046 | 0.4192 | 0.0684 | 0.00156 |
| 18 | −0.3741 | −0.3824 | 0.0429 | 0.00071 | 45 | 1.2069 | 1.2421 | 0.0559 | 0.02206 |
| 19 | −0.3939 | −0.4034 | 0.0466 | 0.00093 | 46 | 0.3964 | 0.4104 | 0.0673 | 0.00143 |
| 20 | −0.4598 | −0.4757 | 0.0658 | 0.00230 | 47 | 1.2069 | 1.2421 | 0.0559 | 0.02206 |
| 21 | −0.2861 | −0.2914 | 0.0360 | 0.00022 | 48 | 1.2448 | 1.2804 | 0.0549 | 0.02271 |
| 22 | −0.3627 | −0.3704 | 0.0412 | 0.00061 | 49 | 1.0664 | 1.1035 | 0.0662 | 0.02149 |
| 23 | 2.1526 | 2.2292 | 0.0676 | 0.05260 | 50 | 1.2448 | 1.2804 | 0.0549 | 0.02271 |
| 24 | −1.1515 | −1.7275 | 0.5557 | 0.91476 | 51 | 0.4217 | 0.4375 | 0.0709 | 0.00187 |
| 25 | 0.5242 | 0.5830 | 0.1915 | 0.01361 | 52 | 0.3539 | 0.3656 | 0.0633 | 0.00089 |
| 26 | 2.5652 | 2.6260 | 0.0458 | 0.03792 | 53 | 0.2416 | 0.2492 | 0.0598 | 0.00021 |
| 27 | −0.6081 | −0.6301 | 0.0686 | 0.00576 | | | | | |

である．

標準ピアソン残差が絶対値で 2 を超えるのは #9，23，26，37 である．いわば，$Y$ 方向の外れ値であるが，この 4 個を除いてロジットモデルを最尤法で推定すると，定数項を含め説明変数すべてが有意でない．線形回帰モデルにおける $Y$ 方向の外れ値とは，パラメータ推定において果たす役割が全く異なっている．

$3k/n=0.2264$ より大きい $h_{ii}^*$ は #24 の 0.5557 のみであり，$2k/n=0.1509$ より大きいのは #7，10，25 である．

クックの $D$ が切断点 0.31388 より大きいのは #24 の 0.91476 が異常であり，その他はきわめて小さい．

(2) *DFBETA*, *DFBETAS*

$$DFBETA_j(i) = k\times 1 \text{ ベクトル } \Delta_i\hat{\boldsymbol{\beta}} \text{ の } j \text{ 番目の要素}$$
$$= \Delta_i\hat{\beta}_j \qquad (6.30)$$
$$j=1, \cdots, k, \quad i=1, \cdots, n$$

および $DFBETAS_j(i)$ は**表 6.4(a)**, **6.4(b)** に示した.

線形回帰モデルの場合と異なり, (6.30) 式は近似式である. 表 6.2 の #24 削除の列に, #24 を除いて推定したときのロジットモデルの最尤推定値があるから, 表 6.4(a), (b) の近似値と比較してみよう.

表 6.2 の全データと #24 削除の推定値から

$$\hat{\beta}_1 - \hat{\beta}_1(24) = 1.5346$$
$$\hat{\beta}_2 - \hat{\beta}_2(24) = -0.0257$$
$$\hat{\beta}_3 - \hat{\beta}_3(24) = 0.1096$$

**表 6.4(a)** 例 6.1 の $DFBETA_1$, $DFBETAS_1$, $DFBETA_2$, $DFBETAS_2$

| $i$ | $DFBETA_1$ | $DFBETAS_1$ | $DFBETA_2$ | $DFBETAS_2$ | $i$ | $DFBETA_1$ | $DFBETAS_1$ | $DFBETA_2$ | $DFBETAS_2$ |
|---|---|---|---|---|---|---|---|---|---|
| 1 | −0.0574 | −0.0486 | 0.0004 | 0.0284 | 28 | −0.0892 | −0.0755 | 0.0009 | 0.0719 |
| 2 | −0.0583 | −0.0493 | 0.0003 | 0.0246 | 29 | −0.0892 | −0.0755 | 0.0009 | 0.0719 |
| 3 | −0.0577 | −0.0488 | 0.0003 | 0.0276 | 30 | −0.1144 | −0.0969 | 0.0013 | 0.0994 |
| 4 | −0.0580 | −0.0491 | 0.0003 | 0.0267 | 31 | −0.0729 | −0.0618 | 0.0007 | 0.0544 |
| 5 | −0.0577 | −0.0488 | 0.0003 | 0.0276 | 32 | −0.0580 | −0.0491 | 0.0005 | 0.0384 |
| 6 | −0.0575 | −0.0487 | 0.0004 | 0.0281 | 33 | 0.0108 | 0.0092 | −0.0007 | −0.0528 |
| 7 | −0.2445 | −0.2070 | 0.0021 | 0.1669 | 34 | 0.0012 | 0.0010 | −0.0005 | −0.0410 |
| 8 | −0.1872 | −0.1585 | 0.0012 | 0.0944 | 35 | 0.2070 | 0.1753 | −0.0021 | −0.1686 |
| 9 | 0.6556 | 0.5550 | −0.0035 | −0.2763 | 36 | −0.0950 | −0.0804 | 0.0010 | 0.0782 |
| 10 | −0.2160 | −0.1829 | 0.0016 | 0.1300 | 37 | 0.1310 | 0.1109 | 0.0002 | 0.0180 |
| 11 | −0.0581 | −0.0492 | 0.0003 | 0.0203 | 38 | 0.2472 | 0.2093 | −0.0036 | −0.2811 |
| 12 | −0.0561 | −0.0475 | 0.0001 | 0.0113 | 39 | 0.0278 | 0.0235 | −0.0007 | −0.0523 |
| 13 | −0.0577 | −0.0488 | 0.0002 | 0.0177 | 40 | 0.1759 | 0.1489 | −0.0026 | −0.2070 |
| 14 | 0.1857 | 0.1572 | −0.0009 | −0.0741 | 41 | −0.0272 | −0.0231 | 0.0001 | 0.0057 |
| 15 | −0.0572 | −0.0484 | 0.0004 | 0.0288 | 42 | −0.0537 | −0.0454 | 0.0004 | 0.0320 |
| 16 | −0.0575 | −0.0487 | 0.0004 | 0.0281 | 43 | −0.0515 | −0.0436 | 0.0004 | 0.0286 |
| 17 | −0.0577 | −0.0488 | 0.0003 | 0.0276 | 44 | −0.0469 | −0.0397 | 0.0003 | 0.0218 |
| 18 | −0.0526 | −0.0445 | 0.0000 | 0.0015 | 45 | 0.0100 | 0.0085 | 0.0003 | 0.0230 |
| 19 | −0.0489 | −0.0414 | −0.0001 | −0.0073 | 46 | −0.0489 | −0.0414 | 0.0003 | 0.0247 |
| 20 | −0.0294 | −0.0249 | −0.0006 | −0.0451 | 47 | 0.0100 | 0.0085 | 0.0003 | 0.0230 |
| 21 | −0.0580 | −0.0491 | 0.0003 | 0.0267 | 48 | 0.0346 | 0.0293 | 0.0000 | −0.0009 |
| 22 | −0.0543 | −0.0460 | 0.0001 | 0.0060 | 49 | −0.0773 | −0.0654 | 0.0014 | 0.1074 |
| 23 | 0.1279 | 0.1083 | 0.0028 | 0.2240 | 50 | 0.0346 | 0.0293 | 0.0000 | −0.0009 |
| 24 | 1.2398 | 1.0496 | −0.0222 | −1.7539 | 51 | −0.0423 | −0.0358 | 0.0002 | 0.0152 |
| 25 | −0.1528 | −0.1293 | 0.0025 | 0.2010 | 52 | −0.0564 | −0.0478 | 0.0005 | 0.0367 |
| 26 | 0.3272 | 0.2770 | 0.0004 | 0.0354 | 53 | −0.0553 | −0.0468 | 0.0006 | 0.0456 |
| 27 | −0.1144 | −0.0969 | 0.0013 | 0.0994 | | | | | |

表 6.4(b)　例 6.1 の $DFBETA_3$, $DFBETAS_3$, $DFBETA_4$, $DFBETAS_4$

| $i$ | $DFBETA_3$ | $DFBETAS_3$ | $DFBETA_4$ | $DFBETAS_4$ | $i$ | $DFBETA_3$ | $DFBETAS_3$ | $DFBETA_4$ | $DFBETAS_4$ |
|---|---|---|---|---|---|---|---|---|---|
| 1 | 0.0168 | 0.0216 | 0.0294 | 0.0398 | 28 | 0.0504 | 0.0648 | −0.0483 | −0.0654 |
| 2 | 0.0193 | 0.0249 | 0.0330 | 0.0446 | 29 | 0.0504 | 0.0648 | −0.0483 | −0.0654 |
| 3 | 0.0174 | 0.0224 | 0.0303 | 0.0410 | 30 | 0.0451 | 0.0580 | −0.0367 | −0.0496 |
| 4 | 0.0180 | 0.0232 | 0.0311 | 0.0421 | 31 | 0.0531 | 0.0683 | −0.0550 | −0.0745 |
| 5 | 0.0174 | 0.0224 | 0.0303 | 0.0410 | 32 | 0.0554 | 0.0713 | −0.0608 | −0.0823 |
| 6 | 0.0171 | 0.0220 | 0.0298 | 0.0404 | 33 | 0.1139 | 0.1464 | 0.0556 | 0.0752 |
| 7 | −0.1616 | −0.2078 | 0.1428 | 0.1933 | 34 | 0.1081 | 0.1390 | 0.0540 | 0.0730 |
| 8 | −0.1963 | −0.2524 | 0.1548 | 0.2095 | 35 | −0.1120 | −0.1440 | 0.1058 | 0.1431 |
| 9 | −0.2175 | −0.2797 | −0.3710 | −0.5020 | 36 | 0.0493 | 0.0634 | −0.0458 | −0.0620 |
| 10 | −0.1806 | −0.2322 | 0.1499 | 0.2029 | 37 | −0.4100 | −0.5272 | −0.2228 | −0.3015 |
| 11 | 0.0214 | 0.0276 | 0.0359 | 0.0485 | 38 | 0.0833 | 0.1071 | −0.1553 | −0.2102 |
| 12 | 0.0250 | 0.0321 | 0.0406 | 0.0549 | 39 | 0.0657 | 0.0844 | −0.0905 | −0.1225 |
| 13 | 0.0226 | 0.0290 | 0.0374 | 0.0506 | 40 | 0.0783 | 0.1007 | −0.1353 | −0.1831 |
| 14 | 0.2372 | 0.3050 | −0.1803 | −0.2439 | 41 | 0.0595 | 0.0765 | −0.0720 | −0.0974 |
| 15 | 0.0165 | 0.0213 | 0.0290 | 0.0392 | 42 | 0.0608 | 0.0782 | 0.0376 | 0.0509 |
| 16 | 0.0171 | 0.0220 | 0.0298 | 0.0404 | 43 | 0.0641 | 0.0825 | 0.0390 | 0.0528 |
| 17 | 0.0174 | 0.0224 | 0.0303 | 0.0410 | 44 | 0.0700 | 0.0900 | 0.0413 | 0.0559 |
| 18 | 0.0281 | 0.0362 | 0.0446 | 0.0604 | 45 | −0.0902 | −0.1160 | 0.1151 | 0.1558 |
| 19 | 0.0306 | 0.0394 | 0.0477 | 0.0645 | 46 | 0.0676 | 0.0869 | 0.0404 | 0.0547 |
| 20 | 0.0395 | 0.0508 | 0.0579 | 0.0783 | 47 | −0.0902 | −0.1160 | 0.1151 | 0.1558 |
| 21 | 0.0180 | 0.0232 | 0.0311 | 0.0421 | 48 | −0.0931 | −0.1198 | 0.1143 | 0.1546 |
| 22 | 0.0267 | 0.0344 | 0.0428 | 0.0580 | 49 | −0.0791 | −0.1017 | 0.1174 | 0.1588 |
| 23 | −0.1861 | −0.2393 | −0.2717 | −0.3677 | 50 | −0.0931 | −0.1198 | 0.1143 | 0.1546 |
| 24 | 0.2252 | 0.2895 | 0.1816 | 0.2458 | 51 | 0.0751 | 0.0965 | 0.0432 | 0.0585 |
| 25 | 0.1090 | 0.1401 | −0.0424 | −0.0574 | 52 | 0.0557 | 0.0716 | 0.0354 | 0.0479 |
| 26 | −0.1981 | −0.2548 | −0.3095 | −0.4187 | 53 | 0.0284 | 0.0365 | 0.0216 | 0.0292 |
| 27 | 0.0451 | 0.0580 | −0.0367 | −0.0496 | | | | | |

$$\hat{\beta}_4 - \hat{\beta}_4(24) = 0.1358$$

が得られる．表 6.4(a)，(b) から，上記の値に対応するのは，順に 1.2398, −0.0222, 0.2252, 0.1816 となり，符号は一致しているが，近似の程度は悪い．

(3)　規準化 *DFBETAS*

ロジットモデルの *DFBETAS* の切断点は，線形回帰モデルのようには決められない．*DFBETA* の影響点を検出するため，次のような方法を用いた．

$DFBETAS_j(i)$ を，いま簡単に $W_j(i)$ と表し，$W_j(i)$，$i=1, \cdots, n$ の平均を $\bar{W}_j$，標準偏差を $S_j$ とすると

$$Z_j(i) = \frac{W_j(i) - \bar{W}_j}{S_j}, \quad j=1, \cdots, k, \quad i=1, \cdots, n$$

は規準化 $DFBETAS_j(i) = SDFBETAS_j(i)$ である．

$$|Z_j(i)| \geq 2$$

となる $Z_j(i)$ を $DFBETAS_j(i)$ の影響点と判断した.

$\bar{W}_j$, $S_j$, $j=1, \cdots, k$ は**表 6.5** に示されている. **図 6.1** から**図 6.4** が $SDFBETAS_j(i)$ の $j=1$ から 4 までのグラフであり, 影響点の $Z_j(i)$ の値も示されている.

**表 6.5** $DFBETAS_j(i)$ の平均, 標準偏差

| *DFBETAS* | 平均 | 標準偏差 |
|---|---|---|
| $DFBETAS_1$ | 0.0095751 | 0.18840 |
| $DFBETAS_2$ | −0.016671 | 0.26007 |
| $DFBETAS_3$ | 0.00272 | 0.14443 |
| $DFBETAS_4$ | 0.0027513 | 0.15465 |

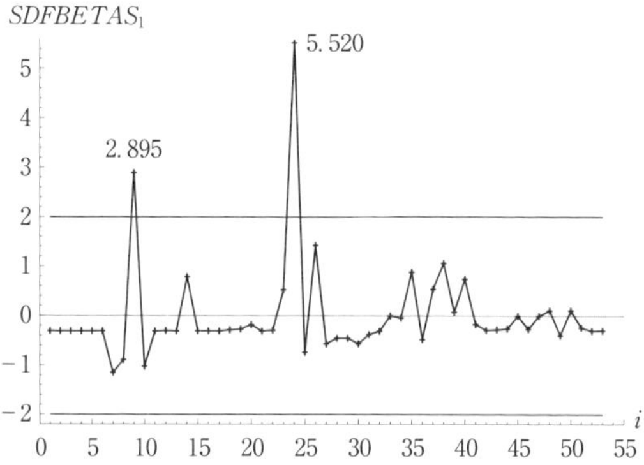


**図 6.1** 例 6.1, $SDFBETAS_1$

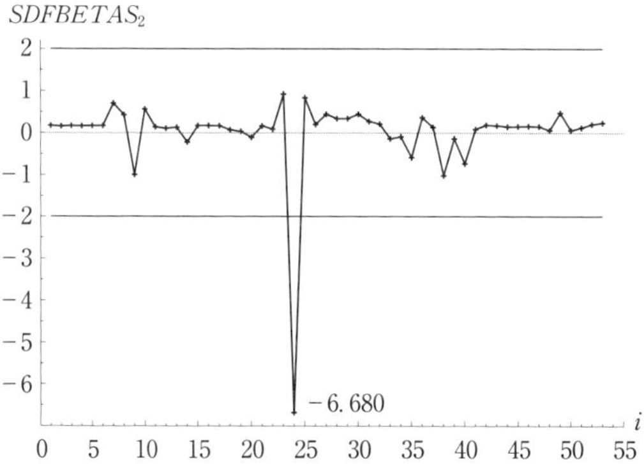


**図 6.2** 例 6.1, $SDFBETAS_2$

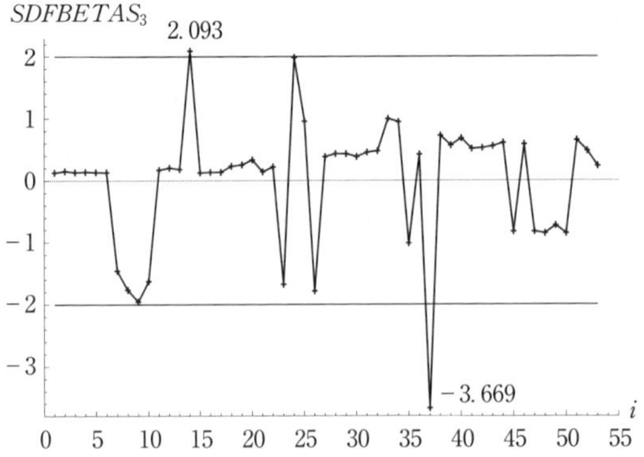


**図 6.3** 例 6.1, $SDFBETAS_3$

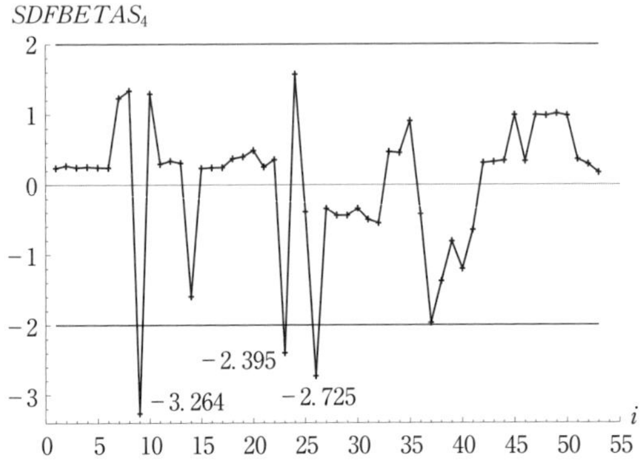


**図 6.4** 例 6.1, $SDFBETAS_4$

$Z_j(i)$ が絶対値で 3 を超える強い影響点は, $j=1$ の #24 $=5.520$, $j=2$ の #24 $=-6.680$, $j=3$ の #37 $=-3.669$, $j=4$ の #9 $=-3.264$ である. 標準ピアソン残差の外れ値 #9, 23, 26 は $j=4$ に現れる.

**図 6.5** から**図 6.7** は $SDFBETAS_j(i)$, $j=2, 3, 4$ の柱状図とカーネル密度関数および標準正規分布の pdf である. 一山分布であるが, 図 6.5 は #24 の $-6.680$ により左すそがきわめて長い. 図 6.5 から図 6.7 いずれも正規性からは乖離しているが, $|Z_j(i)| \geq 2$ を影響点とすることに問題はなさそうである.

(4) #9, 24, 37 削除のケース

$DFBETAS_j(i)$ への強い影響点と判断された #9, 24, 37 を除いてロジットモデ

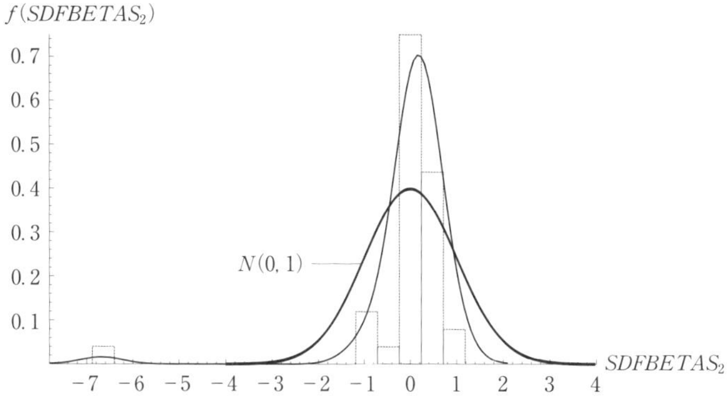


**図 6.5** 例 6.1，$SDFBETAS_2$ の柱状図，カーネル密度関数および標準正規分布

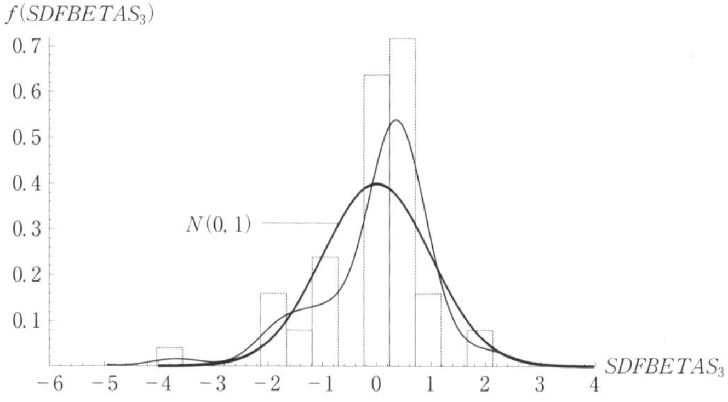


**図 6.6** 例 6.1，$SDFBETAS_3$ の柱状図，カーネル密度関数および標準正規分布

ルを最尤推定した結果は，表 6.2 の #9，24，37 削除の列である．$\hat{\beta}_j$，とくに，$\hat{\beta}_3$，$\hat{\beta}_4$ は大きく変化し，どの決定係数の値も高くなる．

$\hat{\beta}_j$，$j=2, 3, 4$ の値は，表 6.2 のどのケースも正であるから，$XRAY$，$STAGE$ は 0 より 1（より深刻），$AP$ の値も高いほど，リンパ節への転移の危険性は大きくなる．

限界効果

$$\delta_{ij}=\frac{\partial p_i}{\partial X_{ji}}, \quad i=1, \cdots, n, \quad j=1, \cdots, k \tag{6.31}$$

の，$j$ ごとの $\delta_{ij}$ の平均も表 6.2 に示されている．#9，24，37 削除のケースでみると，限界効果の大きい順に，$XRAY=0.3427$，$STAGE=0.2881$，$AP$ は小さく，

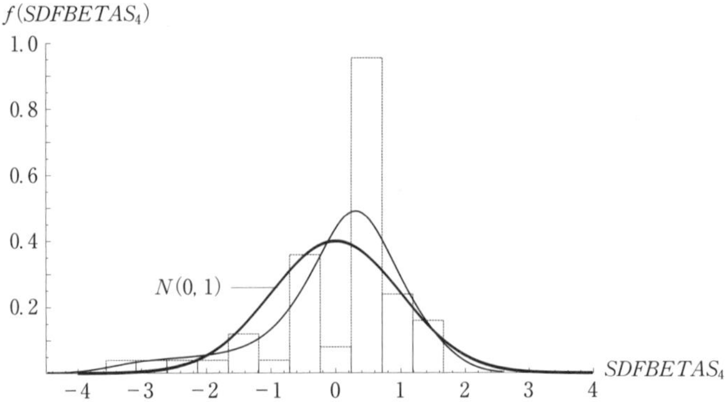


**図 6.7**　例 6.1，$SDFBETAS_4$ の柱状図，カーネル密度関数および標準正規分布

0.006770 である．この順序は全データ，#24 削除のケースも同じである．

**▶例 6.2　地対空ミサイル発射実験**

**表 6.6** のデータは，25 回の地対空ミサイル発射実験の結果である．ミサイルが命中すれば $Y=1$，命中しなければ $Y=0$ である．$X_2$ は攻撃目標の速度（単位:ノット）である．1 ノットは 1 時間に 1 海里（約 1.852 km）進む速さである．したがって 1 秒で約 0.5144 m 進む速さである．たとえば，400 ノットは 1 秒で約 205.8 m 進む速さである．

ロジットモデル

$$p_i = P(Y_i = 1)$$
$$p_i = \Lambda(\boldsymbol{x}_i'\boldsymbol{\beta})$$
$$\boldsymbol{x}_i'\boldsymbol{\beta} = \beta_1 + \beta_2 X_{2i}$$

の最尤推定値は**表 6.7** の全データの列である．当然予想されるように，攻撃目標の速度が速ければ命中確率は低くなるから $X_2$ の係数は負である．限界効果

$$\frac{\partial p_i}{\partial X_{2i}} = \beta_2 p_i (1 - p_i)$$

の推定値の値から，攻撃目標の速度が 100 ノット（≒1 秒で約 51.44 m）速くなれば，命中確率は 0.22 下がる．

回帰診断を行う．

**表 6.6** 地対空ミサイル実験のデータ

| $i$ | $Y$ | $X_2$ | $i$ | $Y$ | $X_2$ | $i$ | $Y$ | $X_2$ |
|---|---|---|---|---|---|---|---|---|
| 1 | 0 | 400 | 10 | 1 | 310 | 19 | 0 | 230 |
| 2 | 1 | 220 | 11 | 1 | 240 | 20 | 0 | 430 |
| 3 | 0 | 490 | 12 | 0 | 490 | 21 | 0 | 460 |
| 4 | 1 | 210 | 13 | 0 | 420 | 22 | 1 | 220 |
| 5 | 0 | 500 | 14 | 1 | 330 | 23 | 1 | 250 |
| 6 | 0 | 270 | 15 | 1 | 280 | 24 | 1 | 200 |
| 7 | 1 | 200 | 16 | 1 | 210 | 25 | 0 | 390 |
| 8 | 0 | 470 | 17 | 1 | 300 | | | |
| 9 | 0 | 480 | 18 | 1 | 470 | | | |

出所：Montgomery et al.（2012）p. 462

**表 6.7** 例 6.2，ロジットモデルの最尤推定値

| 説明変数 | 全データ | #18 削除 | #19 削除 | #18, 19 削除 |
|---|---|---|---|---|
| 定数項 | 6.0709 | 8.2093 | 8.1123 | 12.3584 |
| $z$ 値（$p$ 値） | 2.88(0.004) | 2.77(0.006) | 2.83(0.005) | 2.39(0.017) |
| $X_2$ | −0.0177 | −0.0256 | −0.0226 | −0.0369 |
| $z$ 値（$p$ 値） | −2.91(0.004) | −2.70(0.007) | −2.90(0.004) | −2.33(0.020) |
| | | | | |
| $R^2$ | 0.5088 | 0.6261 | 0.635 | 0.788 |
| $R^2_{\mathrm{MC}}$ | 0.4118 | 0.5646 | 0.5351 | 0.7338 |
| $R^2_{\mathrm{CU}}$ | 0.5797 | 0.7238 | 0.6976 | 0.8511 |
| $R^2_{\mathrm{ES}}$ | 0.5204 | 0.6843 | 0.6524 | 0.8399 |
| | | | | |
| $\log(L_U)$ | −10.18183 | −7.24249 | −7.69464 | −4.23836 |
| $\log(L_R)$ | −17.30867 | −16.63553 | −16.5521 | −15.92064 |
| | | | | |
| 限界効果（平均） | | | | |
| 定数項 | 0.7604 | 0.737 | 0.766 | 0.6488 |
| $X_2$ | −0.0022 | −0.0023 | −0.0021 | −0.0019 |

(1) 残差，$LR$ プロット

$$\hat{p}_i = \Lambda(\boldsymbol{x}_i'\hat{\boldsymbol{\beta}}) = \hat{Y}_i$$

$$e_i = Y_i - \hat{Y}_i$$

$$a_i^2 = 100 \times \frac{e_i^2}{\sum_{i=1}^{n} e_i^2}$$

とし，ハット行列の $h_{ii}^*$ とともに，$Y_i$，$\hat{Y}_i$，$e_i$，$h_{ii}^*$，$a_i^2$ を**表 6.8** に示した．残差の大きいのは #6 の −0.7843，#18 の 0.9047，#19 の −0.8807 であり，したがって $a_i^2$ もそれぞれ 20.07%，26.70%，25.30% と大きい（$100 \times 3/n = 12\%$）．

**表 6.8**　例 6.2，$Y$，$\hat{Y}$，残差 $e$，$h_{ii}^*$，$a_i^2$

| $i$ | $Y$ | $\hat{Y}$ | 残差 $e$ | $h_{ii}^*$ | $a_i^2$ | $i$ | $Y$ | $\hat{Y}$ | 残差 $e$ | $h_{ii}^*$ | $a_i^2$ |
|---|---|---|---|---|---|---|---|---|---|---|---|
| 1 | 0 | 0.2668 | −0.2668 | 0.0935 | 2.32 | 14 | 1 | 0.5568 | 0.4432 | 0.0790 | 6.41 |
| 2 | 1 | 0.8981 | 0.1019 | 0.0735 | 0.34 | 15 | 1 | 0.7528 | 0.2472 | 0.0798 | 1.99 |
| 3 | 0 | 0.0689 | −0.0689 | 0.0778 | 0.15 | 16 | 1 | 0.9132 | 0.0868 | 0.0707 | 0.25 |
| 4 | 1 | 0.9132 | 0.0868 | 0.0707 | 0.25 | 17 | 1 | 0.6812 | 0.3188 | 0.0789 | 3.31 |
| 5 | 0 | 0.0583 | −0.0583 | 0.0731 | 0.11 | 18 | 1 | 0.0953 | 0.9047 | 0.0860 | 26.70 |
| 6 | 0 | 0.7843 | −0.7843 | 0.0800 | 20.07 | 19 | 0 | 0.8807 | −0.8807 | 0.0759 | 25.30 |
| 7 | 1 | 0.9262 | 0.0738 | 0.0674 | 0.18 | 20 | 0 | 0.1762 | −0.1762 | 0.0953 | 1.01 |
| 8 | 0 | 0.0953 | −0.0953 | 0.0860 | 0.30 | 21 | 0 | 0.1117 | −0.1117 | 0.0895 | 0.41 |
| 9 | 0 | 0.0811 | −0.0811 | 0.0821 | 0.21 | 22 | 1 | 0.8981 | 0.1019 | 0.0735 | 0.34 |
| 10 | 1 | 0.6416 | 0.3584 | 0.0785 | 4.19 | 23 | 1 | 0.8382 | 0.1618 | 0.0790 | 0.85 |
| 11 | 1 | 0.8608 | 0.1392 | 0.0777 | 0.63 | 24 | 1 | 0.9262 | 0.0738 | 0.0674 | 0.18 |
| 12 | 0 | 0.0689 | −0.0689 | 0.0778 | 0.15 | 25 | 0 | 0.3028 | −0.3028 | 0.0915 | 2.99 |
| 13 | 0 | 0.2034 | −0.2034 | 0.0955 | 1.35 | | | | | | |

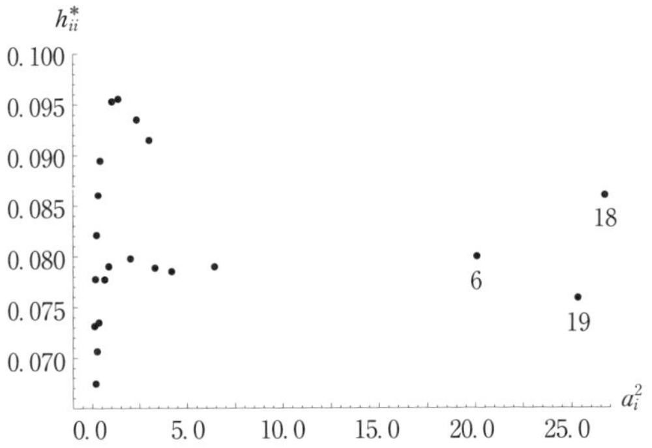


**図 6.8**　例 6.2，$LR$ プロット

**図 6.8** は $LR$ プロットである．$h_{ii}^*$ が $2k/n=0.16$ を超える観測値はない．

(2)　ピアソン残差，クックの $D$

**表 6.9** にピアソン残差，標準ピアソン残差，クックの $D$ が示されている．絶対値で 2 を超える標準ピアソン残差は，#18 と 19 である．クックの $D$ はすべて小さく，切断点 0.3340 を超える観測値はない．

(3)　$DFBETA$，$DFBETAS$

**表 6.10** に $DFBETA_j(i)$，$DFBETAS_j(i)$，規準化 $DFBETAS_j(i)=SDFBETAS_j(i)$，$j=1,\ 2$，$i=1,\ \cdots,\ 25$ を示した．

$j=1,\ 2$ ともに，$SDFBETAS_j(i)$ が絶対値で 2 を超えるのは #18 と 19 であり，この例では標準化ピアソン残差の外れ値と，$DFBETAS_j(i)$ の影響点が一致す

表 6.9　ピアソン残差，標準ピアソン残差，クックの $D$

| $i$ | ピアソン残差 | 標準ピアソン残差 | クックの $D$ | $i$ | ピアソン残差 | 標準ピアソン残差 | クックの $D$ |
|---|---|---|---|---|---|---|---|
| 1 | −0.6032 | −0.6336 | 0.0081 | 14 | 0.8921 | 0.9296 | 0.0183 |
| 2 | 0.3369 | 0.3500 | 0.0009 | 15 | 0.5731 | 0.5974 | 0.0058 |
| 3 | −0.2719 | −0.2832 | 0.0004 | 16 | 0.3084 | 0.3199 | 0.0006 |
| 4 | 0.3084 | 0.3199 | 0.0006 | 17 | 0.6840 | 0.7127 | 0.0094 |
| 5 | −0.2489 | −0.2585 | 0.0003 | 18 | 3.0807 | 3.2225 | 0.0843 |
| 6 | −1.9066 | −1.9877 | 0.0581 | 19 | −2.7167 | −2.8260 | 0.0689 |
| 7 | 0.2823 | 0.2923 | 0.0004 | 20 | −0.4625 | −0.4863 | 0.0036 |
| 8 | −0.3246 | −0.3395 | 0.0009 | 21 | −0.3546 | −0.3717 | 0.0013 |
| 9 | −0.2971 | −0.3101 | 0.0006 | 22 | 0.3369 | 0.3500 | 0.0009 |
| 10 | 0.7474 | 0.7785 | 0.0119 | 23 | 0.4394 | 0.4579 | 0.0024 |
| 11 | 0.4022 | 0.4188 | 0.0018 | 24 | 0.2823 | 0.2923 | 0.0004 |
| 12 | −0.2719 | −0.2832 | 0.0004 | 25 | −0.6590 | −0.6914 | 0.0102 |
| 13 | −0.5053 | −0.5314 | 0.0048 | | | | |

表 6.10　$DFBETA_j$，$DFBETAS_j$，$SDFBETAS_j$，$j=1, 2$

| $i$ | $DFBETA_1$ | $DFBETAS_1$ | $SDFBETAS_1$ | $DFBETA_2$ | $DFBETAS_2$ | $SDFBETAS_2$ |
|---|---|---|---|---|---|---|
| 1 | 0.1443 | 0.0684 | 0.2948 | −0.0007 | −0.1173 | −0.5050 |
| 2 | 0.1906 | 0.0904 | 0.3893 | −0.0005 | −0.0765 | −0.3295 |
| 3 | 0.1196 | 0.0567 | 0.2443 | −0.0004 | −0.0706 | −0.3039 |
| 4 | 0.1734 | 0.0822 | 0.3542 | −0.0004 | −0.0706 | −0.3043 |
| 5 | 0.1086 | 0.0515 | 0.2219 | −0.0004 | −0.0633 | −0.2727 |
| 6 | −0.9504 | −0.4506 | −1.9396 | 0.0020 | 0.3337 | 1.4377 |
| 7 | 0.1566 | 0.0742 | 0.3199 | −0.0004 | −0.0646 | −0.2783 |
| 8 | 0.1413 | 0.0670 | 0.2887 | −0.0005 | −0.0859 | −0.3700 |
| 9 | 0.1306 | 0.0619 | 0.2669 | −0.0005 | −0.0782 | −0.3366 |
| 10 | 0.2415 | 0.1145 | 0.4933 | −0.0004 | −0.0577 | −0.2487 |
| 11 | 0.2242 | 0.1063 | 0.4580 | −0.0005 | −0.0866 | −0.3731 |
| 12 | 0.1196 | 0.0567 | 0.2443 | −0.0004 | −0.0706 | −0.3039 |
| 13 | 0.1658 | 0.0786 | 0.3387 | −0.0007 | −0.1169 | −0.5036 |
| 14 | 0.1800 | 0.0853 | 0.3677 | −0.0001 | −0.0130 | −0.0558 |
| 15 | 0.2663 | 0.1263 | 0.5439 | −0.0005 | −0.0889 | −0.3827 |
| 16 | 0.1734 | 0.0822 | 0.3542 | −0.0004 | −0.0706 | −0.3043 |
| 17 | 0.2576 | 0.1222 | 0.5262 | −0.0004 | −0.0724 | −0.3118 |
| 18 | −1.3407 | −0.6357 | −2.7364 | 0.0050 | 0.8154 | 3.5125 |
| 19 | −1.5331 | −0.7269 | −3.1292 | 0.0037 | 0.6047 | 2.6051 |
| 20 | 0.1676 | 0.0795 | 0.3425 | −0.0007 | −0.1131 | −0.4872 |
| 21 | 0.1510 | 0.0716 | 0.3086 | −0.0006 | −0.0936 | −0.4032 |
| 22 | 0.1906 | 0.0904 | 0.3893 | −0.0005 | −0.0765 | −0.3295 |
| 23 | 0.2393 | 0.1135 | 0.4887 | −0.0005 | −0.0901 | −0.3883 |
| 24 | 0.1566 | 0.0742 | 0.3199 | −0.0004 | −0.0646 | −0.2783 |
| 25 | 0.1222 | 0.0580 | 0.2498 | −0.0007 | −0.1125 | −0.4847 |

る．

規準化で用いた $DFBETAS_j(i)$，$j=1, 2$ の平均と標準偏差は以下の値である．

| | (平均) | (標準偏差) |
|---|---|---|
| $DFBETAS_1$ | $-0.67764\times10^{-3}$ | 0.23228 |
| $DFBETAS_2$ | $-0.16839\times10^{-3}$ | 0.23213 |

**図 6.9** は $SDFBETAS_1$，**図 6.10** は $SDFBETAS_2$ である．図 6.9 は左すそが長く，#6 の −1.940，#18 の −2.736，#19 の −3.129 であるから，−1.940 から −3.129 の近辺まで盛り上っている．図 6.10 の $SDFBETAS_2$ は逆に右すそが長

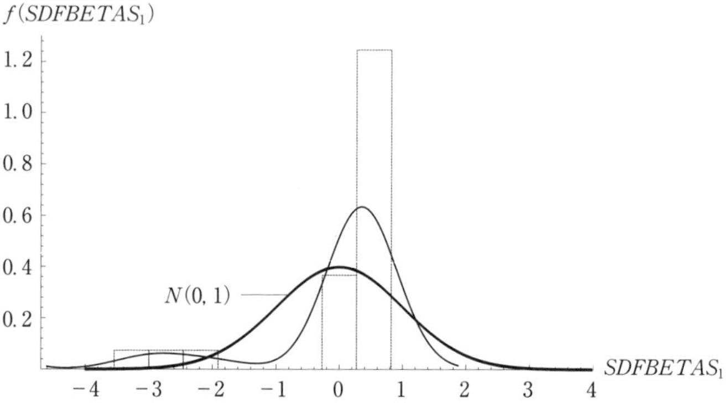


**図 6.9**　例 6.2 の $SDFBETAS_1$ の柱状図，カーネル密度関数および標準正規分布

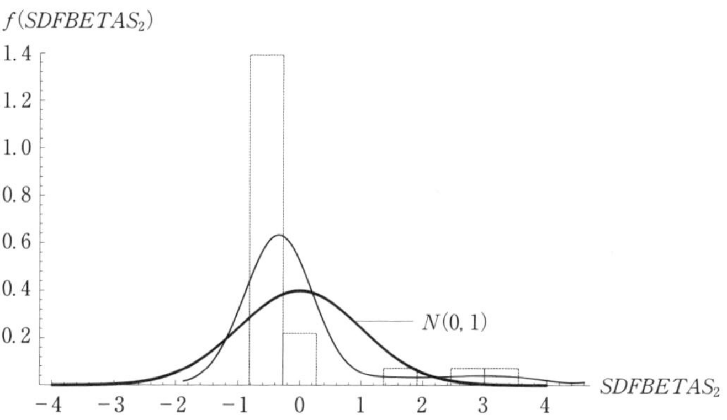


**図 6.10**　例 6.2 の $SDFBETAS_2$ の柱状図，カーネル密度関数および標準正規分布

く，#6 が 1.437，#18 が 3.513，#19 が 2.605 であるから，1.437 から 3.513 の近辺まで右すそは盛り上っている．

(4)　#18，#19 および #18，19 削除

標準ピアソン残差の外れ値であり，*DFBETAS* の影響点でもある #18 のみ，#19 のみ，および #18 と 19 を除いてロジットモデルを推定した結果も表 6.7 に示されている．

$\beta_j$，$j=1$，2 の推定値は，とくに #18, 19 を削除したときに，全データのケースとくらべると大きく変わる．どの $R^2$ も高くなる．しかし，攻撃目標の速度 $X_2$ の限界効果は，表 6.7 の 4 ケースとも約 $-0.002$ である．

#18 は $X_2$ の速度 470 ノット（1 秒で約 242 m 進む速度）と速いが，ミサイルは命中しており，逆に，#19 は速度 230 ノット（1 秒に約 118 m）と遅い速度にもかかわらず，ミサイルは命中していない．#18 のモデルからの $p_i=P(Y_i=1)$ の推定値は 0.0953 と小さく，0.9047 と残差は正で大きい（表 6.8）．逆に，#19 のモデルからの $\hat{p}_i=0.8807$ と大きく，残差は $-0.8807$ と負で大きい．

#18 と 19 を除くということは，この 2 個はミサイル実験の異常値とみなすことに等しい．

## 6.9　$i$ 観測値削除の正確なパラメータ推定値

(6.30) 式の Pregibon (1981) による $i$ 番目の観測値を削除したときの

$$\hat{\beta}_j-\hat{\beta}_j(i),\quad j=1,\cdots,k,\quad i=1,\cdots,n$$

の近似値を与える式は，例 6.1，例 6.2 において，近似の精度はかなり粗いことはすでにみた．この粗い近似値にもとづいて，規準化した $SDFBETAS_j(i)$ から $\hat{\beta}_j$ への影響点を検出した．この影響点の検出をどの程度信頼できるかを検討することが本節の目的である．次の方法を採った．

(1)　$i$ 番目の観測値を削除したときの $\beta_j$ を推定する．この $\hat{\beta}_j(i)$ を $BETA_j(i)$ とする．$j=1,\cdots,k$，$i=1,\cdots,n$．

(2)　全データによる $\beta_j$ の最尤推定値を $\hat{\beta}_j$ とし

$$\hat{\beta}_j-\hat{\beta}_j(i)=\hat{\beta}_j-BETA_j(i)=DIFB_j(i)$$
$$j=1,\cdots,k,\quad i=1,\cdots,n$$

を求める．

(3)　$DIFB_j(i)$ の各 $j$ について，$i=1$ から $n$ までの平均と標準偏差を用いて規準化し，それを $SDIFB_j(i)$ とする．各 $j$ について，$|SDIFB_j(i)|\geq 2$ となる観測値 $i$ を $\hat{\beta}_j$ への影響点とする．

### 6.9.1　例 6.1，前立腺がんのロジットモデル

$i$ 番目の観測値を削除したときの正確な値，$BETA_j(i)$，$DIFB_j(i)$，$SDIFB_j(i)$ の $j=1$ から 4 までが**表 6.11** から**表 6.14** である．

表 6.11，$j=1$ のケースで $SDIFB_1(i)$ が 2 を超えるのは #9 の 2.8074，#24 の 5.7422 である．規準化変数の値は若干異なるが，#9 と 24 の $\hat{\beta}_1$ への影響点は例 6.1 と同じである（図 6.1）．

表 6.12，$j=2$ のとき，$\hat{\beta}_2$ への影響点 #24 の −6.7650 も図 6.2 の #24= −6.680

**表 6.11**　例 6.1，$i$ 番目の観測値を削除したときの正確な $\hat{\beta}_1(i)$ と変化

| $i$ | $BETA_1(i)$ | $DIFB_1(i)$ | $SDIFB_1(i)$ | $i$ | $BETA_1(i)$ | $DIFB_1(i)$ | $SDIFB_1(i)$ |
|---|---|---|---|---|---|---|---|
| 1 | −3.5189 | −0.0568 | −0.3091 | 28 | −3.4881 | −0.0876 | −0.4261 |
| 2 | −3.5181 | −0.0576 | −0.3122 | 29 | −3.4881 | −0.0876 | −0.4261 |
| 3 | −3.5185 | −0.0571 | −0.3103 | 30 | −3.4632 | −0.1125 | −0.5209 |
| 4 | −3.5183 | −0.0573 | −0.3112 | 31 | −3.5042 | −0.0714 | −0.3647 |
| 5 | −3.5185 | −0.0571 | −0.3103 | 32 | −3.5191 | −0.0565 | −0.3082 |
| 6 | −3.5187 | −0.0570 | −0.3097 | 33 | −3.5891 | 0.0135 | −0.0419 |
| 7 | −3.3395 | −0.2362 | −0.9913 | 34 | −3.5793 | 0.0036 | −0.0794 |
| 8 | −3.3992 | −0.1764 | −0.7641 | 35 | −3.7926 | 0.2169 | 0.7316 |
| 9 | −4.3385 | 0.7628 | 2.8074 | 36 | −3.4824 | −0.0933 | −0.4479 |
| 10 | −3.3692 | −0.2064 | −0.8781 | 37 | −3.7556 | 0.1800 | 0.5912 |
| 11 | −3.5183 | −0.0573 | −0.3112 | 38 | −3.8346 | 0.2590 | 0.8916 |
| 12 | −3.5205 | −0.0551 | −0.3028 | 39 | −3.6052 | 0.0296 | 0.0193 |
| 13 | −3.5188 | −0.0569 | −0.3094 | 40 | −3.7584 | 0.1828 | 0.6018 |
| 14 | −3.7805 | 0.2048 | 0.6857 | 41 | −3.5498 | −0.0259 | −0.1916 |
| 15 | −3.5190 | −0.0566 | −0.3085 | 42 | −3.5232 | −0.0525 | −0.2927 |
| 16 | −3.5187 | −0.0570 | −0.3097 | 43 | −3.5254 | −0.0502 | −0.2842 |
| 17 | −3.5185 | −0.0571 | −0.3103 | 44 | −3.5301 | −0.0455 | −0.2663 |
| 18 | −3.5241 | −0.0515 | −0.2890 | 45 | −3.5889 | 0.0132 | −0.0430 |
| 19 | −3.5280 | −0.0476 | −0.2743 | 46 | −3.5281 | −0.0476 | −0.2741 |
| 20 | −3.5482 | −0.0274 | −0.1974 | 47 | −3.5889 | 0.0132 | −0.0430 |
| 21 | −3.5183 | −0.0573 | −0.3112 | 48 | −3.6138 | 0.0381 | 0.0519 |
| 22 | −3.5224 | −0.0533 | −0.2958 | 49 | −3.5014 | −0.0743 | −0.3755 |
| 23 | −3.7488 | 0.1731 | 0.5651 | 50 | −3.6138 | 0.0381 | 0.0519 |
| 24 | −5.1103 | 1.5347 | 5.7422 | 51 | −3.5349 | −0.0408 | −0.2483 |
| 25 | −3.4282 | −0.1474 | −0.6538 | 52 | −3.5203 | −0.0553 | −0.3035 |
| 26 | −3.9656 | 0.3900 | 1.3896 | 53 | −3.5209 | −0.0548 | −0.3014 |
| 27 | −3.4632 | −0.1125 | −0.5209 | | | | |

表 6.12 例 6.1, $i$ 番目の観測値を削除したときの正確な $\hat{\beta}_2(i)$ と変化

| $i$ | $BETA_2(i)$ | $DIFB_2(i)$ | $SDIFB_2(i)$ | $i$ | $BETA_2(i)$ | $DIFB_2(i)$ | $SDIFB_2(i)$ |
|---|---|---|---|---|---|---|---|
| 1 | 0.0203 | 0.0004 | 0.1810 | 28 | 0.0197 | 0.0009 | 0.3243 |
| 2 | 0.0203 | 0.0003 | 0.1679 | 29 | 0.0197 | 0.0009 | 0.3243 |
| 3 | 0.0203 | 0.0003 | 0.1783 | 30 | 0.0194 | 0.0012 | 0.4162 |
| 4 | 0.0203 | 0.0003 | 0.1752 | 31 | 0.0200 | 0.0007 | 0.2657 |
| 5 | 0.0203 | 0.0003 | 0.1783 | 32 | 0.0202 | 0.0005 | 0.2120 |
| 6 | 0.0203 | 0.0004 | 0.1797 | 33 | 0.0213 | −0.0007 | −0.0968 |
| 7 | 0.0186 | 0.0021 | 0.6360 | 34 | 0.0212 | −0.0005 | −0.0562 |
| 8 | 0.0195 | 0.0011 | 0.3851 | 35 | 0.0229 | −0.0022 | −0.5095 |
| 9 | 0.0246 | −0.0040 | −0.9867 | 36 | 0.0197 | 0.0010 | 0.3453 |
| 10 | 0.0190 | 0.0016 | 0.5086 | 37 | 0.0207 | 0.0000 | 0.0739 |
| 11 | 0.0204 | 0.0003 | 0.1535 | 38 | 0.0243 | −0.0037 | −0.9021 |
| 12 | 0.0205 | 0.0001 | 0.1228 | 39 | 0.0213 | −0.0007 | −0.0954 |
| 13 | 0.0204 | 0.0002 | 0.1445 | 40 | 0.0233 | −0.0027 | −0.6351 |
| 14 | 0.0217 | −0.0011 | −0.1999 | 41 | 0.0206 | 0.0001 | 0.1019 |
| 15 | 0.0203 | 0.0004 | 0.1823 | 42 | 0.0202 | 0.0004 | 0.1917 |
| 16 | 0.0203 | 0.0004 | 0.1797 | 43 | 0.0203 | 0.0004 | 0.1801 |
| 17 | 0.0203 | 0.0003 | 0.1783 | 44 | 0.0204 | 0.0003 | 0.1571 |
| 18 | 0.0206 | 0.0000 | 0.0895 | 45 | 0.0204 | 0.0003 | 0.1561 |
| 19 | 0.0207 | −0.0001 | 0.0597 | 46 | 0.0203 | 0.0003 | 0.1669 |
| 20 | 0.0212 | −0.0006 | −0.0698 | 47 | 0.0204 | 0.0003 | 0.1561 |
| 21 | 0.0203 | 0.0003 | 0.1752 | 48 | 0.0207 | 0.0000 | 0.0748 |
| 22 | 0.0206 | 0.0001 | 0.1049 | 49 | 0.0193 | 0.0013 | 0.4408 |
| 23 | 0.0180 | 0.0026 | 0.7917 | 50 | 0.0207 | 0.0000 | 0.0748 |
| 24 | 0.0463 | −0.0257 | −6.7650 | 51 | 0.0204 | 0.0002 | 0.1348 |
| 25 | 0.0181 | 0.0025 | 0.7501 | 52 | 0.0202 | 0.0005 | 0.2076 |
| 26 | 0.0204 | 0.0002 | 0.1350 | 53 | 0.0201 | 0.0006 | 0.2385 |
| 27 | 0.0194 | 0.0012 | 0.4162 | | | | |

と同じ影響点が検出されている．ただし，$\hat{\beta}_2-\hat{\beta}_2(24)$ の近似値は−0.022（表 6.4(a)）であり，正確な値は−0.0257 である．

表 6.13，$j=3$ のとき，$\hat{\beta}_3$ への影響点は #9 の−2.1943，#14 の 2.0249，#37 の−3.9706 の 3 点であり，#14，#37 は図 6.3 に示されている影響点と同じである．しかし，$\hat{\beta}_3-\hat{\beta}_3(i)$，$i=9$，14，37 の値，とくに $i=37$ の値は，表 6.4(b) の−0.4100 に対し，正確な値は−0.4682 とかなり異なる．

表 6.14，$j=4$ のとき，$\hat{\beta}_4$ への影響点は，#9 の−3.5414，#23 の−2.4324，#26 の #2.8364，#37 の−2.1134 の 4 点である．#37 を除き，#9，23，26 は図 6.4 の影響点と同じである．

(6.30) 式の $\hat{\beta}_j-\hat{\beta}_j(i)$ の近似値計算は，その数値に全幅の信頼は置けないが，+，−の符号は信用できる．そしてこの近似値を用いる規準化した $SDFBETAS_j$

**表 6.13**　例 6.1，$i$ 番目の観測値を削除したときの正確な $\hat{\beta}_3(i)$ と変化

| $i$ | $BETA_3(i)$ | $DIFB_3(i)$ | $SDIFB_3(i)$ | $i$ | $BETA_3(i)$ | $DIFB_3(i)$ | $SDIFB_3(i)$ |
|---|---|---|---|---|---|---|---|
| 1 | 2.0452 | 0.0166 | 0.1783 | 28 | 2.0123 | 0.0495 | 0.4596 |
| 2 | 2.0427 | 0.0191 | 0.1993 | 29 | 2.0123 | 0.0495 | 0.4596 |
| 3 | 2.0446 | 0.0172 | 0.1833 | 30 | 2.0176 | 0.0442 | 0.4142 |
| 4 | 2.0440 | 0.0178 | 0.1884 | 31 | 2.0095 | 0.0523 | 0.4834 |
| 5 | 2.0446 | 0.0172 | 0.1833 | 32 | 2.0073 | 0.0545 | 0.5029 |
| 6 | 2.0449 | 0.0169 | 0.1808 | 33 | 1.9509 | 0.1109 | 0.9852 |
| 7 | 2.2270 | −0.1653 | −1.3780 | 34 | 1.9565 | 0.1053 | 0.9374 |
| 8 | 2.2632 | −0.2014 | −1.6870 | 35 | 2.1790 | −0.1172 | −0.9671 |
| 9 | 2.3224 | −0.2606 | −2.1943 | 36 | 2.0134 | 0.0484 | 0.4503 |
| 10 | 2.2467 | −0.1849 | −1.5459 | 37 | 2.5300 | −0.4682 | −3.9706 |
| 11 | 2.0407 | 0.0211 | 0.2169 | 38 | 1.9811 | 0.0807 | 0.7266 |
| 12 | 2.0372 | 0.0246 | 0.2467 | 39 | 1.9971 | 0.0647 | 0.5901 |
| 13 | 2.0396 | 0.0222 | 0.2264 | 40 | 1.9852 | 0.0766 | 0.6913 |
| 14 | 1.8294 | 0.2324 | 2.0249 | 41 | 2.0031 | 0.0586 | 0.5380 |
| 15 | 2.0455 | 0.0163 | 0.1758 | 42 | 2.0021 | 0.0597 | 0.5467 |
| 16 | 2.0449 | 0.0169 | 0.1808 | 43 | 1.9989 | 0.0629 | 0.5741 |
| 17 | 2.0446 | 0.0172 | 0.1833 | 44 | 1.9932 | 0.0686 | 0.6228 |
| 18 | 2.0341 | 0.0277 | 0.2730 | 45 | 2.1541 | −0.0923 | −0.7541 |
| 19 | 2.0317 | 0.0301 | 0.2937 | 46 | 1.9956 | 0.0662 | 0.6028 |
| 20 | 2.0231 | 0.0387 | 0.3671 | 47 | 2.1541 | −0.0923 | −0.7541 |
| 21 | 2.0440 | 0.0178 | 0.1884 | 48 | 2.1573 | −0.0955 | −0.7813 |
| 22 | 2.0355 | 0.0263 | 0.2613 | 49 | 2.1425 | −0.0807 | −0.6546 |
| 23 | 2.2703 | −0.2086 | −1.7485 | 50 | 2.1573 | −0.0955 | −0.7813 |
| 24 | 1.9522 | 0.1096 | 0.9741 | 51 | 1.9883 | 0.0735 | 0.6647 |
| 25 | 1.9556 | 0.1062 | 0.9451 | 52 | 2.0071 | 0.0547 | 0.5040 |
| 26 | 2.2878 | −0.2260 | −1.8978 | 53 | 2.0338 | 0.0280 | 0.2759 |
| 27 | 2.0176 | 0.0442 | 0.4142 | | | | |

$(i)$ による $\hat{\beta}_j$ への影響点検出は充分信頼できることがわかった．

**図 6.11** は $SDIFB_4(i)$ の柱状図，カーネル密度関数と標準正規分布である．図 6.7 とほとんど同じ形状であることがわかる．図は示さなかったが，$SDIFB_j(i)$，$j=1, 2, 3$ も，例 6.1 の $SDFBETAS_j(i)$，$j=1, 2, 3$ と形状は，やはり，ほとんど同じである．

### 6.9.2　例 6.2，地対空ミサイル発射実験のロジットモデル

前項と同じ検討を例 6.2 のロジットモデルで行う．まず，**表 6.15** の $BETA_1(i)$，$DIFB_1(i)$，$SDIFB_1(i)$ を検討する．影響点は #18 の −3.1104，#19 の −2.9647 の 2 点である．この 2 点は表 6.10 の $SDFBETAS_1(i)$ の影響点と同じである．しかし，$\hat{\beta}_1-\hat{\beta}_1(i)$ の $i=18$ の近似値 −1.3407，$i=19$ の −1.5331（表 6.10）は，

**表 6.14**　例 6.1，$i$ 番目の観測値を削除したときの正確な $\hat{\beta}_4(i)$ と変化

| $i$ | $BETA_4(i)$ | $DIFB_4(i)$ | $SDIFB_4(i)$ | $i$ | $BETA_4(i)$ | $DIFB_4(i)$ | $SDIFB_4(i)$ |
|---|---|---|---|---|---|---|---|
| 1 | 1.7265 | 0.0291 | 0.2617 | 28 | 1.8037 | −0.0481 | −0.3691 |
| 2 | 1.7230 | 0.0326 | 0.2902 | 29 | 1.8037 | −0.0481 | −0.3691 |
| 3 | 1.7256 | 0.0299 | 0.2686 | 30 | 1.7922 | −0.0366 | −0.2748 |
| 4 | 1.7248 | 0.0308 | 0.2756 | 31 | 1.8103 | −0.0548 | −0.4233 |
| 5 | 1.7256 | 0.0299 | 0.2686 | 32 | 1.8161 | −0.0606 | −0.4705 |
| 6 | 1.7261 | 0.0295 | 0.2651 | 33 | 1.7021 | 0.0535 | 0.4610 |
| 7 | 1.6179 | 0.1376 | 1.1485 | 34 | 1.7035 | 0.0520 | 0.4491 |
| 8 | 1.6071 | 0.1485 | 1.2372 | 35 | 1.6484 | 0.1071 | 0.8994 |
| 9 | 2.1921 | −0.4365 | −3.5414 | 36 | 1.8012 | −0.0457 | −0.3488 |
| 10 | 1.6115 | 0.1441 | 1.2009 | 37 | 2.0173 | −0.2617 | −2.1134 |
| 11 | 1.7202 | 0.0354 | 0.3134 | 38 | 1.9129 | −0.1573 | −1.2607 |
| 12 | 1.7156 | 0.0400 | 0.3510 | 39 | 1.8460 | −0.0904 | −0.7143 |
| 13 | 1.7187 | 0.0369 | 0.3255 | 40 | 1.8919 | −0.1364 | −1.0898 |
| 14 | 1.9471 | −0.1916 | −1.5408 | 41 | 1.8273 | −0.0717 | −0.5618 |
| 15 | 1.7269 | 0.0287 | 0.2583 | 42 | 1.7187 | 0.0369 | 0.3252 |
| 16 | 1.7261 | 0.0295 | 0.2651 | 43 | 1.7174 | 0.0381 | 0.3358 |
| 17 | 1.7256 | 0.0299 | 0.2686 | 44 | 1.7152 | 0.0404 | 0.3538 |
| 18 | 1.7117 | 0.0439 | 0.3828 | 45 | 1.6396 | 0.1160 | 0.9713 |
| 19 | 1.7087 | 0.0469 | 0.4071 | 46 | 1.7161 | 0.0395 | 0.3465 |
| 20 | 1.6987 | 0.0568 | 0.4885 | 47 | 1.6396 | 0.1160 | 0.9713 |
| 21 | 1.7248 | 0.0308 | 0.2756 | 48 | 1.6404 | 0.1152 | 0.9652 |
| 22 | 1.7134 | 0.0422 | 0.3689 | 49 | 1.6380 | 0.1176 | 0.9845 |
| 23 | 2.0563 | −0.3007 | −2.4324 | 50 | 1.6404 | 0.1152 | 0.9652 |
| 24 | 1.6198 | 0.1358 | 1.1331 | 51 | 1.7134 | 0.0421 | 0.3685 |
| 25 | 1.7997 | −0.0441 | −0.3363 | 52 | 1.7208 | 0.0348 | 0.3080 |
| 26 | 2.1058 | −0.3502 | −2.8364 | 53 | 1.7342 | 0.0214 | 0.1988 |
| 27 | 1.7922 | −0.0366 | −0.2748 | | | | |

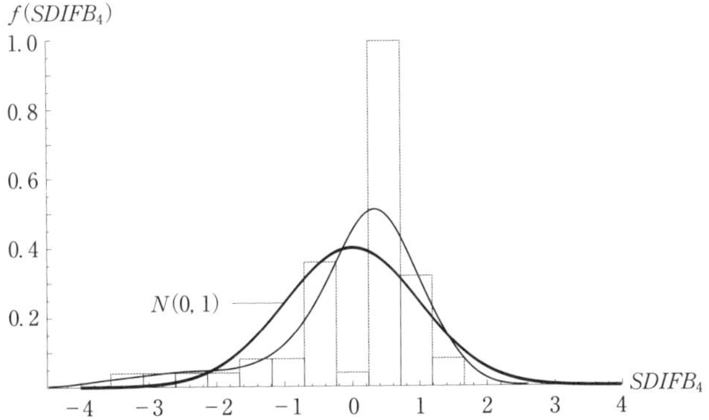


**図 6.11**　$SDIFB_4$ の柱状図，カーネル密度関数および標準正規分布

**表 6.15** 例 6.2, $i$ 番目の観測値を削除したときの正確な $\hat{\beta}_1(i)$, $\hat{\beta}_2(i)$ と変化

| $i$ | $BETA_1(i)$ | $DIFB_1(i)$ | $SDIFB_1(i)$ | $BETA_2(i)$ | $DIFB_2(i)$ | $SDIFB_2(i)$ |
|---|---|---|---|---|---|---|
| 1 | 5.9415 | 0.1294 | 0.2979 | −0.0170 | −0.0007 | −0.4327 |
| 2 | 5.8852 | 0.1857 | 0.3825 | −0.0173 | −0.0005 | −0.3306 |
| 3 | 5.9542 | 0.1167 | 0.2787 | −0.0173 | −0.0004 | −0.3134 |
| 4 | 5.9014 | 0.1695 | 0.3580 | −0.0173 | −0.0004 | −0.3139 |
| 5 | 5.9646 | 0.1063 | 0.2631 | −0.0173 | −0.0004 | −0.2925 |
| 6 | 7.2391 | −1.1682 | −1.6523 | −0.0203 | 0.0025 | 1.1666 |
| 7 | 5.9175 | 0.1534 | 0.3340 | −0.0173 | −0.0004 | −0.2966 |
| 8 | 5.9342 | 0.1367 | 0.3088 | −0.0172 | −0.0005 | −0.3569 |
| 9 | 5.9440 | 0.1269 | 0.2942 | −0.0172 | −0.0005 | −0.3350 |
| 10 | 5.8492 | 0.2217 | 0.4365 | −0.0174 | −0.0003 | −0.2541 |
| 11 | 5.8539 | 0.2170 | 0.4295 | −0.0172 | −0.0005 | −0.3585 |
| 12 | 5.9542 | 0.1167 | 0.2787 | −0.0173 | −0.0004 | −0.3134 |
| 13 | 5.9165 | 0.1544 | 0.3354 | −0.0170 | −0.0007 | −0.4381 |
| 14 | 5.9176 | 0.1533 | 0.3338 | −0.0177 | −0.0000 | −0.1054 |
| 15 | 5.8182 | 0.2527 | 0.4832 | −0.0172 | −0.0005 | −0.3578 |
| 16 | 5.9014 | 0.1695 | 0.3580 | −0.0173 | −0.0004 | −0.3139 |
| 17 | 5.8308 | 0.2401 | 0.4643 | −0.0173 | −0.0004 | −0.3024 |
| 18 | 8.2093 | −2.1384 | −3.1104 | −0.0256 | 0.0079 | 3.8162 |
| 19 | 8.1123 | −2.0414 | −2.9647 | −0.0226 | 0.0049 | 2.3504 |
| 20 | 5.9130 | 0.1579 | 0.3407 | −0.0171 | −0.0007 | −0.4296 |
| 21 | 5.9255 | 0.1454 | 0.3219 | −0.0172 | −0.0005 | −0.3783 |
| 22 | 5.8852 | 0.1857 | 0.3825 | −0.0173 | −0.0005 | −0.3306 |
| 23 | 5.8403 | 0.2306 | 0.4500 | −0.0172 | −0.0005 | −0.3676 |
| 24 | 5.9175 | 0.1534 | 0.3340 | −0.0173 | −0.0004 | −0.2966 |
| 25 | 5.9654 | 0.1054 | 0.2619 | −0.0171 | −0.0006 | −0.4152 |

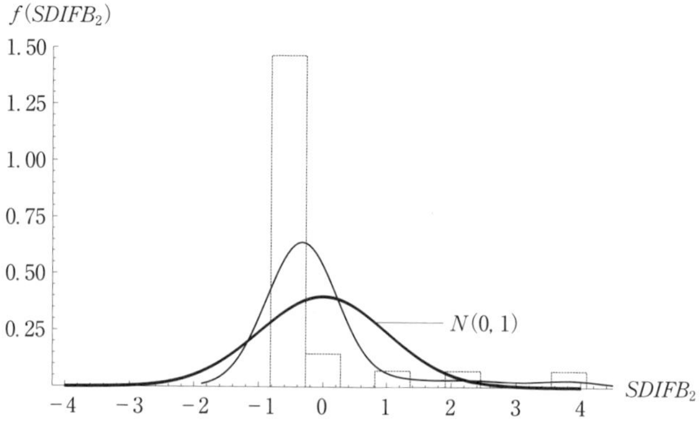


**図 6.12** $SDIFB_2$ の柱状図，カーネル密度関数および標準正規分布

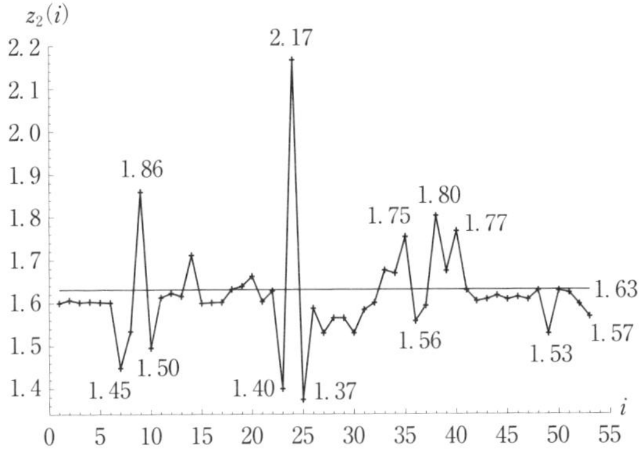


**図 6.13**　例 6.1，$\hat{\beta}_2(i)$ の $z_2(i)$

表 6.15 の正確な値 $i=18$ の $-2.1384$，$i=19$ の $-2.0414$ とくらべ，近似の精度はかなり低い．

次に，表 6.15 の $BETA_2(i)$，$DIFB_2(i)$，$SDIFB_2(i)$ を見てみよう．#18 の 3.8162，#19 の 2.3504 が $\hat{\beta}_2$ への影響点であり，この 2 点は表 6.10 の $SDFBETAS_2(i)$ の影響点と同じである．しかし，$\hat{\beta}_3-\hat{\beta}_3(i)$ の正確な値，$i=18$ の 0.0079，$i=19$ の 0.0049（表 6.15）に対し，表 6.10 に示されている近似値，$i=18$ の 0.0050，$i=19$ の 0.0037 は，やはり，近似の精度は粗い．

**図 6.12** は $SDIFB_2(i)$ の柱状図，カーネル密度関数と標準正規分布である．図 6.10 の $SDFBETAS_2(i)$ とほとんど同じ形状である．$SDIFB_1(i)$ も図 6.9 とほとんど同じ形状である．

結局，$\hat{\beta}_j-\hat{\beta}_j(i)$ の近似値は余り信頼できないが，近似値にもとづいて規準化した $SDFBETAS_j(i)$ による $\hat{\beta}_j$ への影響点の検出は実用に耐えるものであることが，6.9.1 項，6.9.2 項の検討で明らかになった．

$i$ 番目の観測値削除の正確な推定によって，$\hat{\beta}_j(i)$ の $z$ 値，$z_j(i)$ の正確な値も得られる．例 6.1 の $\hat{\beta}_j(i)$ の $z_j(i)$，$j=2, 3, 4$，$i=1, \cdots, 53$ のグラフと主な $z_j(i)$ の値のみ示しておこう．

**図 6.13** が $z_2(i)$，**図 6.14** が $z_3(i)$，**図 6.15** が $z_4(i)$ である．$z_2(i)$ が有意になるのは #24 削除のときのみであること，$z_3(i)$，$z_4(i)$ は #24 削除のとき逆に，全データの $z$ 値より小さくなることがわかる．

$z_3(i)$ が全データの $z_3=2.65$ よりもっとも大きくなるのは，#37 削除のときの

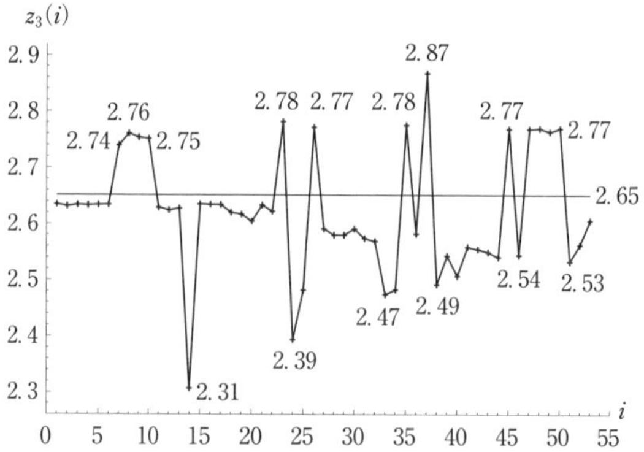


**図 6.14** 例 6.1，$\hat{\beta}_3(i)$ の $z_3(i)$

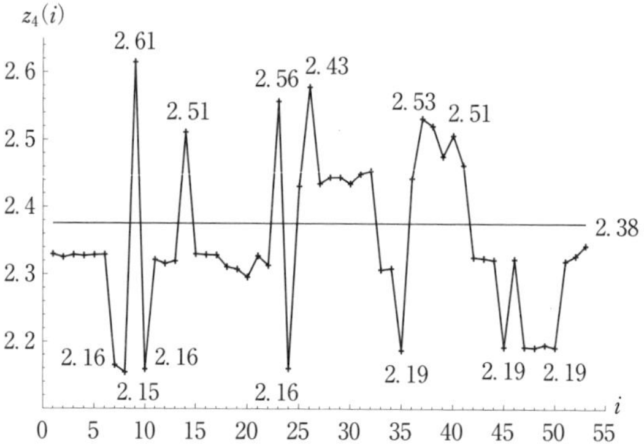


**図 6.15** 例 6.1，$\hat{\beta}_4(i)$ の $z_4(i)$

2.87，もっとも小さくなるのは，#14 削除のときの 2.31 である．

$z_4(i)$ が全データの $z_4=2.38$ よりもっとも大きくなるのは，#9 削除のときの 2.61，逆に，小さくなるのは，#8 削除のときの 2.15 である．

## 6.10 ロジットモデルの微小影響分析

$\boldsymbol{\beta}$ の MLE の必要条件（6.10）式

$$\sum_{i=1}^{n} y_i \left[ \boldsymbol{x}_i - \Lambda(\boldsymbol{x}_i'\boldsymbol{\beta}) \boldsymbol{x}_i \right] = \mathbf{0}$$

を

$$F(\boldsymbol{\beta}, y, \boldsymbol{x}) = \boldsymbol{0} \tag{6.32}$$

と表し，$z_i = \boldsymbol{x}_i'\boldsymbol{\beta}$ とおくと次の結果が得られる．$\lambda = \Lambda'$ である．

$$F_\beta = -\sum_{i=1}^{n} \lambda(z_i)\boldsymbol{x}_i\boldsymbol{x}_i' \tag{6.33}$$

$$F_{X_{ji}} = \boldsymbol{\delta}_j\left[y_i - \Lambda(z_i)\right] - \lambda(z_i)\beta_j\boldsymbol{x}_i \tag{6.34}$$

$$F_{y_i} = \boldsymbol{x}_i \tag{6.35}$$

ロジットモデルの $Y_i$ は 0 か 1 の二値変数であるから

$$\frac{\partial\hat{\boldsymbol{\beta}}}{\partial y_i}$$

は意味をもたない．

説明変数 $X_{ji}$，$j=1, \cdots, k$，$i=1, \cdots, n$ のなかには，例 6.1 の $XRAY$ や $STAGE$ のように連続変数でないものもある．以下の $X_{ji}$ は連続変数の場合に限定される．

### 6.10.1　$X_{ji}$ の $\hat{\boldsymbol{\beta}}$ への影響

(6.33) 式，(6.34) 式の偏微分は $\boldsymbol{\beta} = \hat{\boldsymbol{\beta}}$ で評価し

$$y_i - \Lambda(\hat{z}_i) = y_i - \Lambda(\boldsymbol{x}_i'\hat{\boldsymbol{\beta}}) = e_i$$

と表すと

$$\frac{\partial\hat{\boldsymbol{\beta}}}{\partial X_{ji}} = \boldsymbol{H}^{-1}\left[\boldsymbol{\delta}_j e_i - \hat{\beta}_j\lambda(\boldsymbol{x}_i'\hat{\boldsymbol{\beta}})\boldsymbol{x}_i\right] \tag{6.36}$$

が得られる．ここで，$\boldsymbol{\delta}_j$ は $k\times 1$ のクロネッカーのデルタ

$$\boldsymbol{H} = \sum_{i=1}^{n} \lambda(\boldsymbol{x}_i'\hat{\boldsymbol{\beta}})\boldsymbol{x}_i\boldsymbol{x}_i' \tag{6.37}$$

である．

$$\begin{aligned}
&\left(\frac{\partial\hat{\boldsymbol{\beta}}}{\partial X_{j1}} \ \cdots \ \frac{\partial\hat{\boldsymbol{\beta}}}{\partial X_{jn}}\right) \\
&= \boldsymbol{H}^{-1}\left[\boldsymbol{\delta}_j(e_1 \ \cdots \ e_n) - \hat{\beta}_j(\lambda(\boldsymbol{x}_1'\hat{\boldsymbol{\beta}})\boldsymbol{x}_1 \ \cdots \ \lambda(\boldsymbol{x}_n'\hat{\boldsymbol{\beta}})\boldsymbol{x}_n)\right] \\
&= \underset{k\times k}{\boldsymbol{H}^{-1}}(\underset{k\times 1}{\boldsymbol{\delta}_j}\ \underset{1\times n}{\boldsymbol{e}'} - \hat{\beta}_j \underset{k\times n}{\boldsymbol{A}})
\end{aligned} \tag{6.38}$$

と表すこともできる．ここで

$$\underset{k\times n}{\boldsymbol{A}}=\underset{k\times n}{(\boldsymbol{x}_1\ \cdots\ \boldsymbol{x}_n)}\underset{n\times n}{\begin{bmatrix}\lambda(\boldsymbol{x}_1'\hat{\boldsymbol{\beta}}) & & \mathbf{0}\\ & \ddots & \\ \mathbf{0} & & \lambda(\boldsymbol{x}_n'\hat{\boldsymbol{\beta}})\end{bmatrix}}$$

である.

### 6.10.2 観測値の削除あるいは参入による $\hat{\boldsymbol{\beta}}(w)$ への影響

ウエイト $w_m$ を

$$w_m=\begin{cases} w_i, & m=i\\ 1, & m\neq i\end{cases}$$

とすると, $\boldsymbol{\beta}$ の MLE を $\hat{\boldsymbol{\beta}}(w)$ とすれば, $\hat{\boldsymbol{\beta}}(w)$ は次の必要条件の解として得られる.

$$\sum_{\substack{m=1\\(m\neq i)}}^{n}\left[y_m-\Lambda(\boldsymbol{x}_m'\boldsymbol{\beta})\right]\boldsymbol{x}_m+w_i\left[y_i-\Lambda(\boldsymbol{x}_i'\boldsymbol{\beta})\right]\boldsymbol{x}_i=\mathbf{0} \tag{6.39}$$

(6.39) 式を

$$F(\boldsymbol{\beta},\ w_i,\ y,\ \boldsymbol{x})=\mathbf{0}$$

と表すと

$$F_\beta=-\sum_{\substack{m=1\\(m\neq i)}}^{n}\lambda(z_m)\boldsymbol{x}_m\boldsymbol{x}_m'-w_i\lambda(z_i)\boldsymbol{x}_i\boldsymbol{x}_i' \tag{6.40}$$

$$F_w=\left[y_i-\Lambda(z_i)\right]\boldsymbol{x}_i \tag{6.41}$$

を得る.

したがって次式が得られる.

$$\left.\frac{\partial\hat{\boldsymbol{\beta}}(w)}{\partial w_i}\right|_{w_i=1}=e_i\boldsymbol{H}^{-1}\boldsymbol{x}_i \tag{6.42}$$

(6.42) 式は観測値 ($\boldsymbol{x}_i'$ $y_i$) 参入による $I$-influence である.

$$F_\beta|_{w_i=0}=-\sum_{\substack{m=1\\(m\neq i)}}^{n}\lambda(z_m)\boldsymbol{x}_m\boldsymbol{x}_m'$$

$$=-\sum_{m=1}^{n}\lambda(z_m)\boldsymbol{x}_m\boldsymbol{x}_m'+\lambda(z_i)\boldsymbol{x}_i\boldsymbol{x}_i'$$

であるから, 次の結果が得られる.

$$\left.\frac{\partial\hat{\boldsymbol{\beta}}(w)}{\partial w_i}\right|_{w_i=0}=\left[\boldsymbol{H}-\lambda(z_i)\boldsymbol{x}_i\boldsymbol{x}_i'\right]^{-1}e_i\boldsymbol{x}_i \tag{6.43}$$

$$(\boldsymbol{H}-\boldsymbol{b}\boldsymbol{b}')^{-1}=\boldsymbol{H}^{-1}+\frac{\boldsymbol{H}^{-1}\boldsymbol{b}\boldsymbol{b}'\boldsymbol{H}^{-1}}{1-\boldsymbol{b}'\boldsymbol{H}^{-1}\boldsymbol{b}}$$

であるから $\boldsymbol{b}=\lambda(z_i)^{\frac{1}{2}}\boldsymbol{x}_i$ とおくと

$$\begin{aligned}&\left[\boldsymbol{H}-\lambda(z_i)\boldsymbol{x}_i\boldsymbol{x}_i'\right]^{-1}\\&=\boldsymbol{H}^{-1}+\frac{\boldsymbol{H}^{-1}\lambda(z_i)^{\frac{1}{2}}\boldsymbol{x}_i\boldsymbol{x}_i'\lambda(z_i)^{\frac{1}{2}}\boldsymbol{H}^{-1}}{1-\boldsymbol{x}_i'\lambda(z_i)^{\frac{1}{2}}\boldsymbol{H}^{-1}\lambda(z_i)^{\frac{1}{2}}\boldsymbol{x}_i}\\&=\boldsymbol{H}^{-1}+\frac{\lambda(z_i)\boldsymbol{H}^{-1}\boldsymbol{x}_i\boldsymbol{x}_i'\boldsymbol{H}^{-1}}{1-\lambda(z_i)\boldsymbol{x}_i'\boldsymbol{H}^{-1}\boldsymbol{x}_i}\end{aligned}$$

となり，$\boldsymbol{\beta}$ を $\hat{\boldsymbol{\beta}}$ で評価して次式を得る．

$$\left.\frac{\partial\hat{\boldsymbol{\beta}}(w)}{\partial w_i}\right|_{w_i=0}=\frac{e_i\boldsymbol{H}^{-1}\boldsymbol{x}_i}{1-\lambda(\boldsymbol{x}_i'\hat{\boldsymbol{\beta}})\boldsymbol{x}_i'\boldsymbol{H}^{-1}\boldsymbol{x}_i} \tag{6.44}$$

(6.44) 式は ($\boldsymbol{x}_i'$　$y_i$) 削除の $I$-influence である．

# 参考文献


Abadir, K. M. and Magnus, J. R. (2005). *Matrix Algebra*, Cambridge University Press.

Andrews, D. F. and Pregibon, D. (1978). Finding the outliers that matter, *Journal of the Royal Statistical Society* B, **40**, 85-93.

Anscombe, F. J. and Glynn, W. J. (1983). Distribution of the kurtosis statistic $b_2$ for normal samples, *Biometrika*, **70**, 227-234.

Atkinson, A. C. (1981). Two graphical displays for outlying and influential observations in regression, *Biometrika*, **68**, 13-20.

Atkinson, A. C. (1985). *Plots, Transformations, and Regression—An Introduction to Graphical Methods of Diagnostic Regression Analysis*, Oxford University Press.

Barnett, V. and Lewis, T. (1994). *Outliers in Statistical Data*, 3rd ed., John Wiley & Sons.

Belsley, D. A., Kuh, E. and Welsch, R. E. (1980). *Regression Diagnostics*, John Wiley & Sons.

Breusch, T. S. and Pagan, A. R. (1979). A simple test of heteroskedasticity and random coefficient variation, *Econometrica*, **47**, 1287-1294.

Carroll, R. J. and Ruppert, D. (1988). *Transformation and Weighting in Regression*, Chapman and Hall.

Chave, A. D. and Thomson, D. J. (2003). A bounded influence regression estimator based on the statistics of the hat matrix, *Journal of the Royal Statistical Society* C, **52**, 307-322.

Collins, J. R. (1976). Robust estimation of a location parameter in the presence of asymmetry, *The Annals of Statistics*, **4**, 68-85.

Cook, R. D. (1979). Influential observations in linear regression, *Journal of the American Statistical Association*, **74**, 169-174.

Cook, R. D. (1984). Comment on Belsley (1984), *The American Statistician*, **38**, 78-79.

Cook, R. D. and Wang, P. C. (1983). Transformation and influential cases in regression, *Technometrics*, **25**, 337-343.

Cook, R. D. and Weisberg, S. (1982). *Residuals and Influence in Regression*, Chapman and Hall.

Cragg, J. and Uhler, R. (1970). The demand for automobiles, *Canadian Journal of Economics*, **3**, 386-406.

D'Agostino (1970). Linear estimation of the normal distribution standard deviation, *The American Statistician*, **14**, No. 3, 14.

D'Agostino R. B. and Stephens, M. A. (1986). *Handbook of Goodness-of-Fit Techniques*, Marcel Dekker.

Daniel, W. W. (2010). *Biostatistics—Basic Concepts and Methodology for the Health Sciences*,

9th ed., John Wiley & Sons.
Demidenko, E. (2013). *Mixed Models—Theory and Applications with R*, 2nd ed., John Wiley & Sons.
Estrella, A. (1998). A new measure of fit for estimation with dichotomous dependent variables, *Journal of Business and Economic Statistics*, April, 198-205.
Ezekiel, M. (1924). A method of handling curvilinear correlation for any number of variables, *Journal of the American Statistical Association*, **19**, 431-453.
Godfrey, L. G. (1978). Testing for multiplicative heteroskedasticity, *Journal of Econometrics*, **16**, 227-236.
Graybill, F. A. (1969). *Introduction to Matrices with Applications in Statistics*, Wadsworth Publishing Company.
Hadi, A. S. (1992). A new measure of overall potential influence in linear regression, *Computational Statistics and Data Analysis*, **14**, 1-27.
Hoaglin, D. C. and Welsch, R. E. (1978). The hat matrix in regression and ANOVA, *The American Statistician*, **32**, 17-22.
Hocking, R. R. (2013). *Methods and Applications of Linear Models*, 3rd ed., Wiley.
Huber, P. J. (1981). *Robust Statistics*, John Wiley & Sons.
Jarque, C. M. and Bera, A. K. (1987). A test for normality of observations and regression residuals, *International Statistics Review*, **55**, 163-172.
Kalbfleisch, J. D. and Prentice, R. L. (1980). *The Statistical Analysis of Failure Time Data*, John Wiley & Sons.
Larsen, W. A. and McCleary, S. J. (1972). The use of partial residual plots in regression analysis, *Technometrics*, **14**, 781-790.
Lawless, J. F. (2003). *Statistical Models and Methods for Lifetime Data*, 2nd ed., Wiley-Interscience.
Mallows, C. L. (1986). Augmented partial residual plots, *Technometrics*, **28**, 313-319.
McFadden, D. L. (1974). The measurement of urban travel demand, *Journal of Public Economics*, **3**, 303-328.
Mickey, M. R., Dunn, O. J. and Clark, V. (1967). Note on use of stepwise regression in detecting outliers, *Computers and Biomedical Research*, **1**, 105-109.
蓑谷千凰彦 (1996).『計量経済学の理論と応用』, 日本評論社.
蓑谷千凰彦 (2007).『計量経済学大全』, 東洋経済新報社.
蓑谷千凰彦 (2010).『統計分布ハンドブック 増補版』, 朝倉書店.
蓑谷千凰彦 (2012).『正規分布ハンドブック』, 朝倉書店.
蓑谷千凰彦 (2013).『一般化線形モデルと生存分析』, 朝倉書店.
蓑谷千凰彦 (2015).『線形回帰分析』, 朝倉書店.
蓑谷千凰彦 (2016).『頑健回帰推定』, 朝倉書店.
Montgomery, D. C., Peck, E. A. and Vining, G. G. (2012). *Introduction to Linear Regression Analysis*, 5th ed., John Wiley & Sons.
日本規格協会 (1991).『簡約統計数値表』.
Pregibon, D. (1981). Logistic regression diagnostics, *Annals of Statistics*, **9**, 705-724.
Ramsey, J. B. (1969). Tests for specification errors in classical linear least squares regression

analysis, *Journal of the Royal Statistical Society* B, **2**, 350–371.

Ramsey, J. B. (1974). Classical model selection through specification error tests, in Zarembka, P. (ed.) *Frontiers in Econometrics*, Academic Press.

Ramsey, J. B. and Schmidt, P. (1976). Some further results on the use of OLS and BLUS residuals in specification error tests, *Journal of the American Statistical Association*, **71**, 389–390.

Rousseeuw, P. J. and Leroy, A. M. (2003). *Robust Regression and Outlier Detection*, Wiley-Interscience.

Ryan, T. P. (2009). *Modern Regression Methods*, 2nd ed., John Wiley & Sons.

Shapiro, S. S. and Wilk, M. B. (1965). An analysis of variance test for normality, *Biometrika*, **52**, 3 and 4, 591–611.

柴田義貞 (1981). 『正規分布一特性と応用』, 東京大学出版会.

Staudte, R. G. and Sheather, S. J. (1990). *Robust Estimation and Testing*, Wiley-Interscience.

Weisberg, S. (1983). Principles for regression diagnostics and influence analysis, discussion of a paper by Hocking, R. R., *Technometrics*, **25**, 240–244.

Weisberg, S. (2005). *Applied Linear Regression*, 3rd ed., Wiley-Interscience.

Welsch, R. E. (1982). Influence function and diagnostics, in Launer, R. L. and Siegel, A. F. (eds). *Modern Data Analysis*, Academic Press.

White, H. (1980). A heteroskedasticity-consistent covariance matrix estimator and a direct test for heteroskedasticity, *Econometrica*, **18**, 817–838.

Yan, X. and Su, X. G. (2009). *Linear Regression Analysis*, World Scientific.

# 索　　引

## 欧数字

## は　行



## ま　行



## や　行



## ら　行



## わ　行

## 著者略歴


蓑谷千凰彦（みのたに・ちおひこ）

1939 年　岐阜県に生まれる
1970 年　慶應義塾大学大学院経済学研究科博士課程修了
現　在　慶應義塾大学名誉教授
　　　　博士（経済学）
主　著『計量経済学大全』（東洋経済新報社，2007）
　　　『計量経済学ハンドブック』（編集，朝倉書店，2007）
　　　『数理統計ハンドブック』（みみずく舎，2009）
　　　『応用計量経済学ハンドブック』（編集，朝倉書店，2010）
　　　『統計分布ハンドブック［増補版］』（朝倉書店，2010）
　　　『正規分布ハンドブック』（朝倉書店，2012）
　　　『一般化線形モデルと生存分析』（朝倉書店，2013）
　　　『統計ライブラリー 線形回帰分析』（朝倉書店，2015）
　　　『統計ライブラリー 頑健回帰推定』（朝倉書店，2016）



統計ライブラリー
**回 帰 診 断**　　定価はカバーに表示

2017 年 3 月 25 日　初版第 1 刷

著　者　蓑 谷 千 凰 彦
発行者　朝　倉　誠　造
発行所　株式会社 朝 倉 書 店
東京都新宿区新小川町 6-29
郵 便 番 号　162-8707
電　話　03（3260）0141
F A X　03（3260）0180
http://www.asakura.co.jp

〈検印省略〉





印刷・製本 東国文化

ISBN 978-4-254-12838-3　C 3341　Printed in Korea